Construction of a Monitoring, Assessment, and Early-Warning Decision-Making Platform for Agricultural Producing Area

国家出版基金项目
NATIONAL PUBLICATION FOUNDATION

"十四五"国家重点
出版物出版规划项目

农产品产地环境监测、安全预警与风险管控丛书

农产品产地
监测评估与预警决策平台构建

Construction of a Monitoring, Assessment, and Early-Warning Decision-Making Platform for Agricultural Producing Area

任顺 王玮 丁健 等著

化学工业出版社
·北京·

内容简介　　本书以农产品产地信息化管理为主线，细致而全面地展示了农产品产地监测评估与预警决策平台的系统功能及平台构建，融入了许多为解决实际问题而进行的研究和实践经验，旨在将各类农产品产地数据与地理空间科学数据相结合，实现对农产品产地的合理利用和科学管理。

本书具有较强的针对性和可操作性，可供从事农产品产地土壤环境监测预警研究的科研人员以及工程技术人员参考，也可供高等学校环境科学与工程、生态工程、农业工程及相关专业师生参阅。

图书在版编目（CIP）数据

农产品产地监测评估与预警决策平台构建 / 任顺等著. -- 北京 : 化学工业出版社, 2025. 6. --（农产品产地环境监测、安全预警与风险管控丛书）. -- ISBN 978-7-122-46817-8

Ⅰ. X83

中国国家版本馆CIP数据核字第2024W3N464号

责任编辑：卢萌萌　刘　婧　刘兴春
文字编辑：郭丽芹
责任校对：宋　夏
装帧设计：王晓宇

出版发行：化学工业出版社
（北京市东城区青年湖南街13号　邮政编码100011）
印　　装：北京建宏印刷有限公司
787mm×1092mm　1/16　印张16¼　彩插2　字数332千字
2025年10月北京第1版第1次印刷

购书咨询：010-64518888
售后服务：010-64518899
网　　址：http://www.cip.com.cn
凡购买本书，如有缺损质量问题，本社销售中心负责调换。

定　　价：138.00元

《农产品产地监测评估与预警决策平台构建》

著 者 名 单

著　者（按照姓氏笔画排序）：

丁　健　王　玮　王成龙　任　东　任　顺　孙　正

李　迪　肖　配　肖　敏　张　清　张家璇　靳　专

楚　家　熊　彪

前言

PREFACE

农产品产地环境主要包括土壤环境、大气环境、水环境等，产地环境安全是农产品质量安全的源头。随着我国经济的高速发展、工业化进程的持续加快，农产品产地环境已经受到不同程度的破坏，大量污染物及有毒有害物质的排放导致农产品产地环境趋于恶化。为进一步加强农产品产地环境质量安全，2016 年 5 月，国务院印发了《土壤污染防治行动计划》（又称“土十条”），这是党中央、国务院推进生态文明建设，坚决向污染宣战的一项重大举措，是系统开展污染治理的重要战略部署，对确保生态环境质量改善、各类自然生态系统安全稳定具有重要作用。与已经出台的《大气污染防治行动计划》（又称“气十条”）和《水污染防治行动计划》（又称“水十条”）一起，针对我国当前面临的大气、水、土壤环境污染问题，通过较完善的立法文件来加强农产品产地环境质量安全。

为科学管理和高效利用农产品产地环境质量例行监测数据，贯彻落实《土壤污染防治行动计划》关于提升产地环境信息化管理水平的意见，本书在农业农村部环境保护科研监测所的帮助下，借助现代信息科学技术，构建了农产品产地监测评估与预警决策平台。该平台集产地环境监测与评估系统、产地环境样品保藏与管理系统、产地环境监测全程质量控制系统、产地环境类别划分系统和产地环境预警与决策系统等系统功能于一体，可实现对全国范围内农产品产地土壤重金属污染普查等产地环境质量安全相关数据的管理和应用，切实发挥土壤环境大数据在污染防治、城市规划、土地利用、农业生产中的作用，为各级政府和农业管理部门科学决策提供强有力的技术支持，对保障农产品质量安全、促进农业可持续发展具有重要意义。

本书共分 7 章，内容包括农产品产地环境现状、农产品产地监测评估与预警决策平台构建的意义，农产品产地监测评估与预警决策平台数据字典与数据库构建，农产品产地环境监测与评估系统设计，农产品产地环境监测全程质量控制系统设计，农产品产地环境类别划分系统设计，农产品产地环境预警与决策系统设计，以及农产品产地环境样品保藏与管理系统。全书由任顺、王玮、丁健等著，具体编写分工如下：第 1 章由任顺、王成龙著，第 2 章由熊彪、任东、丁健著，第 3 章由任顺、王成龙、肖配著，第 4 章由肖敏、靳专、张家璇、任顺著，第 5 章由任顺、张清著，第 6 章由肖敏、任顺、孙正、李迪、楚家著，第 7 章由王玮、丁健著。全书最后由任顺统稿并定稿。本书的撰写和出版得到国家重点研发计划项目课题“面源污染智能监测与调控决策支持平台集成与示范”（课题编号：2024YFD1702005）的资助；同时，本书在撰写过程中，参考了国内外一些优秀的相关研究，在此也一并表示诚挚的感谢。

技术和业务在不断发展，限于著者水平及撰写时间，书中不足和疏漏之处在所难免，敬请广大读者提出修改建议。

著　者

2025 年 6 月

目录

CONTENTS

第1章

概述

1.1 农产品产地环境现状与挑战

农产品产地环境是农业生产的基础，也是农产品质量和安全的重要保障[1,2]。然而，随着我国经济社会的快速发展，农业生产方式的转变，以及人口、资源和环境的压力，我国农产品产地环境面临着严峻的挑战。

一方面，农产品产地环境受到了多种污染源的影响[3]。主要包括化肥、农药、畜禽粪便、工业废水、生活污水、固体废物等[4]。这些污染源通过大气、水体、土壤等途径进入农田生态系统，造成农田土壤、地下水、表层水、作物等的污染[5]。污染物质主要有重金属、有机物、病原体、放射性物质等[6]。这些污染物质不仅影响农产品的质量和安全，还危害人体健康和生态安全。

另一方面，农产品产地环境也面临着资源枯竭和生态退化的问题[7]。主要表现在土地资源的减少和退化、水资源的短缺和污染、生物多样性的丧失和退化等[8]。这些问题导致了农业生产力的下降、农业可持续发展的困难以及农村社会经济的不稳定。

1.2 农产品产地环境监测评估的需求与重要性

1.2.1 农产品产地环境监测评估的目的和意义

农产品产地环境监测评估是指对农产品生产过程中涉及的土壤、水、空气、作物等环境要素进行定量或定性的检测和评价，以了解其环境质量状况和变化趋势，为农业生产管理和农产品质量安全保障提供科学依据[9,10]。

农产品产地环境监测评估的目的如下。

（1）保障农产品质量安全[11]

通过对农产品产地环境进行监测评估，可以及时发现和控制环境污染因素，防止污染物质进入农产品，保证农产品的质量和安全，维护消费者的健康和权益。

（2）提高农业生产效率和质量

通过对农产品产地环境进行监测评估，可以合理利用和保护土地、水等资源，优化农业结构和区域布局，提高农业生产效率和质量，增加农业收入和生态环境效益[12]。

（3）推进现代农业建设

通过对农产品产地环境进行监测评估，可以引入智慧农业技术和管理模式，利用物联网、云计算、大数据、人工智能等技术手段，实现农业生产的数字化、智能化、精准化。

（4）保护生态环境

通过对农产品产地环境进行监测评估，可以有效防治土壤侵蚀、水土流失、荒漠化等生态问题，恢复和提升生态功能，促进生物多样性保护，实现人与自然和谐共生。

农产品产地环境监测评估是保障农产品质量安全、推进现代农业建设的必要措施。

1.2.2 农产品产地环境监测评估的内容和方法

1.2.2.1 农产品产地环境监测评估的内容

农产品产地环境监测评估主要涉及以下几个环节。

（1）农田土壤环境监测评估

主要包括土壤肥力、土壤有机质、土壤重金属、土壤有机污染物、土壤病原体等指标的监测和评估，以及土壤质量等级的划分和标识[13]。

（2）农田水环境监测评估[14]

主要包括灌溉水、地下水、表层水等水源的水量、水质、水生态等指标的监测和评估，以及水资源利用效率和水环境保护措施的评价。

（3）农田气候环境监测评估

主要包括温度、湿度、风速、风向、降雨量、日照时间（以小时计）等气象要素的监测和评估，以及气候变化对农业生产的影响和适应性分析[15]。

1.2.2.2 农产品产地环境监测评估的方法

农产品产地环境监测评估主要方法有现场采样检测法、遥感监测法、物联网监测法和大数据分析法。

（1）现场采样检测法

即通过现场采集土壤、水、空气、作物等样品，运用化学分析、生物分析、光谱分析等仪器设备，进行实验室或现场快速检测，获取各项指标数据。

（2）遥感监测法

即通过卫星遥感、无人机遥感、地面遥感等平台，利用多光谱、高光谱、红外线等传感器，获取农田土壤、水、空气、作物等信息，进行数据处理和分析[16,17]。

（3）物联网监测法

即通过布设各类传感器、控制器、通信器等设备，实现对农田土壤、水、空气、作物等信息的实时采集和传输，进行数据存储和分析。

（4）大数据分析法

即通过整合各类数据源，如遥感数据、物联网数据、社会经济数据等，运用人工智能、云计算等技术手段，进行数据挖掘和模型建立，进行数据分析和评价[18]。

1.3 农产品产地监测评估与预警决策平台

1.3.1 平台构建的目标

农产品产地监测评估与预警决策平台是指利用物联网、云计算、大数据、人工智能等技术手段，实现对农产品产地环境进行全面、实时、精准监测评估和预警决策的综合性信息化平台[19]。

农产品产地监测评估与预警决策平台构建的目标如下。

（1）建立数据采集系统

根据监测指标的要求，选择合适的传感器、控制器、通信器等设备，对采集到的环境数据进行处理和存储，包括数据清洗、校准和存储等，确保数据源的准确性和完整性。

（2）建立数据处理系统

整合各类数据源，进行数据统计分析，了解数据的基本特征，运用数据挖掘技术（如聚类分析、分类分析、关联规则挖掘等）挖掘数据中的潜在模式和规律，发现环境数据中的异常和趋势[20]。

（3）建立数据展示系统

通过设计友好的用户界面，提供多种数据展示方式，如图表、地图、报告等，实现数据可视化和交互式查询，形成数据信息。

（4）建立数据应用系统

根据不同的目的和需求，提供多种数据应用功能，如风险评估、预警提示、管理建议等，实现数据支持和服务，形成数据价值。

1.3.2 平台构建的功能

该平台的主要功能是实现对农产品产地环境状况的全面监测、评估、预警和决策，为农产品质量安全和农业面源污染防治提供技术支持和政策依据[21]。具体包括以下几个方面。

（1）产地环境数据字典与数据库构建

该功能是为了建立一个统一的产地环境数据标准和规范，以及一个完整的产地环境数据存储和管理系统，实现对产地环境监测数据的采集、整理、归档、查询、分析和共享[22]。

（2）产地环境监测与评估系统设计

该功能是为了开展对农产品产地土壤、水体、大气等多介质的监测和评估，包括监测方案制定、监测技术选择、监测点位布设、监测数据获取、监测结果分析等，以及对土壤污染风险、水环境影响、生态风险等进行评估，为制定治理措施和修复方案提供科学依据。

（3）产地环境监测全程质量控制系统设计

该功能是为了保证产地环境监测数据的真实性、准确性和可靠性，包括对监测仪器设备、监测人员、监测样品、监测方法等进行全程质量控制，以及对监测数据进行质量评价和校验，确保监测数据符合质量要求[23]。

（4）产地环境类别划分系统设计

该功能是为了根据产地环境监测评估结果划分不同的污染风险等级区域，包括区域划分原则、区域划分方法、区域划分标准等以及对区域划分结果进行动态更新和调整，为实施差别化的治理政策和措施提供依据[24]。

（5）产地环境预警与决策系统设计

该功能是为了利用物联网、大数据、人工智能等技术手段实现对产地环境状况的实时监测和数据采集，通过数据分析和机器学习对农产品质量安全和农业面源污染进行预测和预警，并根据不同的预警等级和类型制定相应的响应措施和流程，明确责任主体和协调机制，建立有效的信息沟通和反馈机制，确保预警信息的及时发布和处置。

（6）产地环境样品保藏与管理系统

该功能是为了建立一个规范的产地环境样品保藏与管理系统，包括样品采集、运输、登记、存储、使用、销毁等各个环节的管理规范以及样品信息的记录和查询系统，为样品的长期保存和再利用提供条件。

1.3.3 平台构建的意义

构建农产品产地监测评估与预警决策平台的意义如下。

① 保障农产品质量安全，实现对农产品产地环境状况的全面掌握，对农产品质量安全和农业面源污染进行有效监管。

② 加快构建全国农业面源污染综合监测评估体系，提升监测预警能力和水平，为制定防治措施和政策提供科学依据。

③ 利用物联网、大数据、人工智能等技术手段实现对产地环境状况的实时监测和数据采集，并通过数据分析和机器学习对农产品质量安全和农业面源污染进行预测和预警，及时发现和处理异常情况，提高应对能力[25,26]。

1.3.4 平台构建的思路

构建农产品产地监测评估与预警决策平台是为了帮助农业管理者、农民以及利益相关者更好地监测农产品产地的情况，评估潜在风险，并及时做出预警和决策。构建该平台的一般思路如下。

（1）需求调研与用户分析

确定研究的目的和范围，明确需要调研的问题和目标，确定调研的重点和关注点，例如用户需求、市场竞争情况、技术发展趋势等[27]。结合研究目标和调研对象的特点选择合适的调研方法，可以包括问卷调查、深度访谈、焦点小组讨论、用户观察等。采用定性和定量相结合的方法，综合分析不同维度的数据和信息。

制定调研计划，包括调研的时间安排、调研对象的选择、调研方法的确定等，并根据调研方法设计相应的调研工具，如问卷、访谈指南等，确保调研工具的问题清晰明了，能够准确获取目标信息[28]。根据计划开展调研活动，与目标用户进行沟通和交流，收集相关信息和数据，确保调研过程中信息和数据的质量和可靠性，避免因为误差或偏差导致调研结果失真。对收集到的数据和信息进行整理和分析，提取关键信息和发现潜在问题。

根据调研结果，总结用户需求、行业趋势、竞争情况等重要信息，分析用户需求和行业动态，提出建议，并撰写调研报告，为后续平台建设和优化提供参考。将调研结果与相关团队和利益相关者分享，征求反馈意见，不断完善和优化调研结果。在平台建设和运营过程中，持续关注用户需求和行业变化，及时调整平台的功能和服务，保持与市场的紧密联系。

（2）数据收集与整合

确定平台所需数据的类型和范围，包括农业生产数据、气象数据、土壤数据、市场数据等，明确需要收集和整合的数据内容以及数据的来源和格式[29]。确定数据来源，包括政府部门、科研机构、农业企业、传感器设备、卫星遥感等，调研市场上已有的数据提供商和数据平台，了解可以获取的外部数据资源。

开发数据采集系统，用于从不同来源收集数据，包括自动化采集和人工采集两种方式，设计数据采集接口和协议，与数据提供方进行对接，实现数据的实时获取和同步更新。对采集到的数据进行预处理，确保数据的准确性和完整性。设计数据整合方案，将来自不同数据源的数据整合为统一的数据模型和数据集，建立数据仓库或数据库，存储和管理整合后的数据，保证数据的安全性和可靠性。

开发数据访问接口，为平台的其他模块和功能提供数据查询和访问服务，设计灵活的数据查询和检索功能，支持多种条件查询和定制化需求。利用数据分析技术和工具，对整合后的数据进行挖掘和分析，发现数据之间的关联和规律，为用户提供数据可视化、数据报告、数据分析等服务。

（3）数据处理与分析

对数据进行清洗及规范化处理，包括去除重复数据、处理缺失值、异常值处理等，确保数据质量，并对数据进行格式转换和标准化，确保不同数据来源的数据在后期处理规范化。建立数据仓库或数据库，存储和管理清洗预处理后的数据，保证数据的安全性和可靠性，通过设计合理的数据存储结构，便于数据的查询和检索，并考虑数据的备份和恢复机制[30]。

应用数据分析和挖掘技术，对数据进行深入挖掘，发现数据之间的关联和规律，通过统计分析、机器学习、深度学习等方法，对农业生产数据进行预测和建模、实时监测和监控，根据监测结果和预警模型，对潜在风险进行预警和提示，帮助用户及时采取应对措施。

（4）预警模型与决策支持

确定需要预警的问题和目标，对可能出现的风险和问题进行分析，确定预警模型的关键指标和预警阈值。准备相关数据，包括农业生产数据、气象数据、土壤数据、市场数据等，进行数据清洗和预处理，进行特征提取和特征工程，为预警模型建立提供数据基础[31,32]。

根据需求和数据特点，选择合适的预警模型，可以包括统计模型、机器学习模型、深度学习模型等，建立预警模型，根据历史数据进行训练和优化，确定预警规则和参数。对建立的预警模型进行验证和评估，使用交叉验证等方法评估模型的性能和准确性，根据评估结果对模型进行调整和优化，确保模型的预警效果和可靠性。

结合预警模型，设计决策支持系统，包括用户界面、数据可视化、决策推荐等功能，实现预警信息的实时监测、预警提示和决策推荐，支持用户决策的实时响应，提供针对性的决策建议和措施，帮助用户及时应对风险和问题。

（5）可视化展示与交互设计

根据用户需求和平台功能，将平台的可视化展示和交互设计划分为不同的功能模块，如数据监测、预警信息、决策支持等，确定每个功能模块的主要功能和信息展示内容，为后续设计提供方向。

设计用户界面的整体布局和结构，包括主页面布局、菜单栏设置、功能模块划分等。采用直观清晰的界面设计，确保用户能够快速找到需要的信息和功能，减少操作复杂度。根据功能模块的特点和数据内容，选择合适的数据可视化方式，如图表、地图、仪表盘等，设计直观易懂的数据图表，通过颜色、形状、大小等视觉元素突出重点信息，提高信息的传达效果[33]。

设计用户交互的方式和操作流程，包括点击、拖拽、滚动等操作方式，确保用户可以顺畅地使用平台。设计清晰明了的导航菜单和链接，提供多样化的导航路径，方便用户快速切换和浏览不同功能模块。采用响应式设计，确保界面在不同设备和屏幕尺寸下都能够良好展示和使用，同时应考虑不同浏览器和操作系统的兼容性，确保平台在各种环境下都能够正常运行和使用。

（6）技术架构与平台开发

根据系统需求和团队技术实力，选择合适的前端框架、后端框架、数据库等技术。考虑到平台的实时性和性能要求，选择高效稳定的技术组件，确保平台的可靠性和稳定性。搭建部署开发环境，包括开发工具、版本控制系统、测试环境等，为团队的协作开发提供支持。搭建持续集成和持续部署系统，实现自动化测试和发布，提高开发效率和质量。

采用前后端分离的开发模式，前端负责界面设计和用户交互，后端负责业务逻辑和数据处理，制定接口规范，确保前后端之间的通信和数据交换顺畅可靠。设计合适的数据存储方案，包括关系型数据库、NoSQL 数据库、文件存储等，结合数据特点和使用场景选择合适的数据存储技术，确保数据的安全性和可靠性。

根据系统设计，分阶段进行开发，先完成核心功能和基础架构，再逐步完善其他功能模块。进行系统集成和测试，确保各个组件之间的协同工作和整体功能的稳定性。加强系统的安全防护，包括数据加密、用户认证、权限管理等，保护用户数据和隐私安全。进行系统性能优化，包括代码优化、数据库优化、网络优化等，提高系统的响应速度和并发能力。

（7）测试与优化

制定全面的测试计划，包括功能测试、性能测试、安全测试、兼容性测试等，确定测试的范围和重点，明确测试的目标和验收标准。对平台的各项功能进行测试，验证功能是否符合需求、是否能够正常使用，测试包括用户注册登录、数据查询展示、预警信息推送等功能的功能性和稳定性。对平台的性能进行测试，包括服务器响应速度、页面加载速度、数据处理速度等，测试平台在不同负载下的性能表现，评估系统的稳定性和吞吐量。对平台的性能进行安全漏洞扫描和渗透测试，评估系统的安全性，发现潜在的安全风险，测试用户认证、数据传输加密、权限控制等安全功能的有效性。对平台的兼容性进行测试，测试平台在不同操作系统、不同浏览器和不同设备上的兼容性，确保平台在各种环境下都能够正常运行和使用，提升用户体验。每次修改和优化后，进行回归测试，确保新版本不会影响已有功能的正常运行，使用版本控制工具管理代码和文档，确保团队协作的顺畅和代码的可追溯性。

（8）部署与运维

部署适合平台的硬件设备和网络环境，包括服务器、存储设备、网络设备等，配置操作系统和基础软件环境，确保系统运行的稳定性和安全性。设计合适的系统架构，包括前端服务器、后端服务器、数据库服务器等组件。设计分布式架构和容灾备份方案。部署平台的应用程序和服务，包括前端界面、后端服务、数据库等，确保部署过程的安全性和稳定性，防止因部署错误导致系统中断或数据丢失。使用配置管理工具管理系统的配置信息，包括服务器配置、应用程序配置、数据库配置等，实现配置的统一管理和动态更新，确保系统配置的一致性和可维护性。定期备份系统数据和配置文件，确保数据的安全性和完整性。设计灾备方案，实现数据的远程备份和快速恢复，应对突发事件和灾难。

1.3.5 平台优化的空间

农产品产地监测评估与预警决策平台在优化方面有很多空间可以探索和改进，一些可能的优化方向如下。

（1）数据质量与多样性

优化数据质量，如开发数据清洗算法，识别和处理数据中的异常值、缺失值和重复值，确保数据的准确性和完整性。标准化不同数据源的数据格式和单位，确保数据的一致性，方便后续的整合和分析。实施数据质量控制措施，建立数据质量评估指标体系，监测和评估数据质量，及时发现和解决问题。

增强数据多样性，如扩展数据来源，包括公共数据、传感器数据、卫星遥感数据、社交媒体数据等，增加数据的多样性和覆盖范围。整合不同领域的数据，包括气象数据、土壤数据、植物生长数据、市场需求数据等，提供更全面的信息支持。引入实时数据采集技术，及时捕捉数据变化和趋势，提高数据的时效性和实用性。

在数据质量与多样性的监控与改进方面，设立数据质量和多样性监控机制，定期对数据进行检查和评估，发现和解决问题。设立用户反馈渠道，收集用户对数据质量和多样性的反馈意见，根据用户需求和建议进行改进。不断优化数据采集、处理和分析流程，改进数据质量控制和多样性增强策略，持续提升数据的质量和多样性水平。

（2）预警模型

引入更多种类的数据，包括气象、土壤、植被指数等多个维度的数据，以提高模型的多样性和泛化能力。从原始数据中提取更有意义、更具预测能力的特征，包括统计特征、时序特征、空间特征等。

尝试多种预测模型，包括传统的统计模型如回归、时间序列模型以及机器学习模型如决策树、随机森林、支持向量机、深度学习等。对模型进行调参，通过交叉验证等方法选择最优的超参数配置，提高模型的预测性能。

不断改进预警模型，提高预测准确性和可靠性，包括引入更多的机器学习算法、深度学习模型等。例如，使用集成学习方法，将多个基础模型的预测结果进行组合，以获得更稳健和准确的预测结果。对模型进行融合，包括模型堆叠、投票等方法，结合不同模型的优势提高整体预测性能。结合领域专家的经验和知识，对预警模型进行指标选择、模型评估等方面的指导，提高模型的合理性和可靠性。并建立与农业专家和相关行业的合作机制，共同研究和优化预警模型，确保模型的实际效用和可操作性。

考虑农产品产地的时空特性，将时间和空间因素纳入模型中，以更准确地捕捉变化趋势和风险信号。利用时序数据分析方法和空间统计模型，对农产品产地的时空分布特征进行建模和预测。

定期对预警模型进行评估和优化，根据实际预警效果和用户反馈不断改进模型，提高其预测准确性和实用性。同时，结合新的数据和技术进展，不断更新和升级预警模型，以适应不断变化的农业生产环境和需求。

（3）实时监测与响应能力

引入先进的传感器技术和物联网技术，实现对农业环境参数的实时监测，包括气象、土壤湿度、光照等指标。利用无人机、卫星等空间技术获取高分辨率的遥感影像数据，实时监测农田的植被状况、土地利用变化等情况。

开发实时数据处理和分析算法，能够即时处理大量实时数据，提取关键信息和指标。利用机器学习和数据挖掘技术，分析历史数据和实时数据，预测未来发展趋势和可能的风险，为决策提供科学依据。

强化平台的实时监测能力，及时捕捉数据变化和风险信号。加强平台的响应能力，提供实时的预警信息和决策建议，帮助用户迅速做出反应。设立用户反馈渠道，收集用户对平台实时监测与响应能力的评价和建议，以不断改进和优化平台的功能和性能。

（4）用户交互与体验

设计简洁清晰、直观易懂的用户界面，避免过多复杂的图表和操作，减少用户学习成本。使用直观的图标和图表展示数据，提供可视化的数据呈现，使用户能够快速理解信息。定期收集用户反馈，持续改进平台的功能和性能，不断提升用户体验。

采用响应式设计，确保平台在不同设备上［如个人电脑（PC）、平板电脑、手机］都能提供良好的用户体验。简化用户操作流程，尽量减少冗长的步骤和烦琐的操作，降低用户使用的认知负担。提供智能化的操作提示和引导，帮助用户快速完成操作并找到需要的信息。

提供交互式数据可视化功能，允许用户通过交互方式探索数据，实时调整图表和参数，发现隐藏的模式和趋势。支持数据图表的缩放、拖动、悬停等交互操作，提高用户对数据的理解和分析能力。

（5）智能决策支持

结合历史数据和实时数据，利用机器学习和数据挖掘技术进行预测性分析，对潜在的风险进行全面评估，包括可能影响农业生产的各种因素和因素之间的关联性，预测未来的农业生产趋势和可能的风险，根据风险的严重程度和影响范围对风险进行优先级排序，为用户提供重点关注的风险和问题。

不断优化决策模型，提高模型预测的准确性和可信度。开发智能调整机制，根据实时数据和环境变化自动调整决策模型的参数和权重，以提高决策的灵活性和适应性。提供直观的决策可视化功能，将决策过程和结果以图表、地图等形式清晰呈现，帮助用户理解决策逻辑和依据。提供决策过程的完整追溯功能，记录决策的各个阶段和决策依据，保证决策过程的透明和可信。

（6）安全与隐私保护

采用安全可靠的数据库和存储系统，对平台中的敏感数据进行加密存储，包括用户个人信息、农业生产数据等，确保数据在传输和存储过程中的安全性。设立多级权限管理机制，根据用户的身份和角色设置不同的数据访问权限，最小化数据泄露风险。配置防火墙、入侵检测系统等网络安全设备，保护平台免受网络攻击和恶意入侵。

使用安全的传输协议，如 SSL/TLS 等，对数据在传输过程中进行加密保护，防止数据被窃取和篡改。加强平台的安全防护措施，确保数据和用户信息的安全性。严格遵守相关法律法规，保护用户的隐私权，确保数据的合法使用和安全存储。

（7）多维度扩展

增加监测内容的多样性，包括农田环境、气象条件、病虫害情况、水质状况等多个方面，扩大监测范围，覆盖更多的农业产地和种植品种，包括不同地区、不同类型的农业生产基地。整合多种数据源，包括传感器数据、卫星遥感数据、地面监测数据、农户自报数据等，以获得更全面的信息支持。结合社交媒体数据、市场需求数据等非传统数据源，了解消费者需求和市场趋势，为决策提供更多元化的参考。

引入新的功能模块，如农产品溯源、智能物联监测、精准农业服务等，提高平台的价值和应用范围。根据用户的偏好和历史行为，开发个性化推荐系统，推荐适合的决策方案和服务内容。与相关行业合作，包括农业、信息技术、金融、保险等，共同推动农产品产地监测评估与预警决策平台的发展。

（8）合作与共享

建立开放的合作框架和机制，吸引更多的合作伙伴参与到平台建设和内容提供中来。提供开放的 API 和数据接口，方便合作伙伴接入平台，共享数据和资源。提供多样化的服务和应用，吸引更多的合作伙伴和用户参与到平台中来，形成良性循环。开展联合研发项目，与合作伙伴共同研发新的技术和产品，推动平台的不断创新和进步。

加强与行业内外合作伙伴的合作，共享资源和技术，共同推动平台的发展和优化。推动数据共享和开放，促进行业内部信息的流通和共享，提高整体效率和效益。

参考文献

[1] 黄碧芬，邵革贤，杨明彬. 农产品产地环境质量影响因素及对策 [J]. 环境与发展，2020, 32(06): 16-17.

[2] 张艳伟. 污染物对农产品产地环境的影响 [J]. 湖南农业，2019(07): 40-41.

[3] 陈秋会，席运官，王磊，等. 产地环境中重金属和有机污染物对农产品质量的影响综述 [J]. 江苏农业科学，2018, 46(01): 5-8.

[4] 黄彩红，席北斗，唐朱睿，等. 南方农产品产地主要环境问题成因与防治策略 [J]. 中国工程科学，2018, 20(05): 52-56.

[5] 梁尧，李刚，仇建飞，等. 土壤重金属污染对农产品质量安全的影响及其防治措施 [J]. 农产品质量与安全，2013(03): 9-14.

[6] 张云霞，豆新社. 种植业农产品产地环境中重金属超标的影响因素与防控措施 [J]. 农业科技与信息，2019(16): 46-47.

[7] 李本银，黄绍敏，张玉亭，等. 长期施用有机肥对土壤和糙米铜、锌、铁、锰和镉积累的影响 [J]. 植物营养与肥料学报，2010, 16 (01): 129-135.

[8] 李庆江，廖超子. 绿色生产视角下的“三品一标”发展研究 [J]. 中国农业资源与区划，2014, 35(05): 135-138.

[9] 张铁亮，王敬，刘潇威，等. 构建新时代农产品产地环境监测网络的思考 [J]. 环境保护，2022, 50(05): 19-24.

[10] 方明星，黄康伦，李颖慧，等. 农产品产地环境质量评价与分区——以泰州市为例 [J]. 江苏农业学报，2019, 35(06): 1476-1483.

[11] 万德慧，孙侥. 海南省农产品产地环境质量影响因素及其监管措施 [J]. 热带农业科学，2018, 38(11): 93-96.

[12] 李军幸，王跃华，师荣光，等. 我国农产品产地环境标准体系现状及发展研究 [J]. 农产品质量与安全，2017(06): 9-12.

[13] 巫建华，许学宏，陈斌，等. 江苏中部典型农区耕地环境质量评价及应用研究——以海安市为例 [J]. 土壤，2003(05): 387-391，407.

[14] 胡莹洁，孔祥斌，张玉臻. 中国耕地土壤肥力提升战略研究 [J]. 中国工程科学，2018, 20 (05): 84-89.

[15] 邓勋飞，吕晓男，郑素英，等. 基于 GIS 的农产品安全溯源体系 [J]. 农业工程学报，2008, 24（增 2): 172-176.

[16] 陆泗进，魏复盛，吴国平，等. 我国农产品产地生态环境状况与农产品安全研究进展 [J]. 食品科学，2014, 35(23): 313-319.

[17] 万俊毅，罗必良. 风险甄别、影响因素、网络控制与农产品质量前景 [J]. 改革，2011(09): 78-85.

[18] 潘立刚，张缙，陆安祥，等. 农产品质量无损检测技术研究进展与应用 [J]. 农业工程学报，2008, 24（增 2): 325-330.

[19] 赵娜，雒鹏飞. 影响农产品产地环境质量因素及其监管机制 [J]. 吉林农业大学学报，2014, 36(06): 735-741.

[20] 李花粉，罗新湖，孟凡乔，等. 伊犁地区绿色和有机农产品产地环境监测与评价方法 [J]. 新疆农业科学，2008（增 3): 77-82.

[21] Jayawardhana D N, Thanh T L C, Yeargin T A, et al. The relationship between environmental characteristics and risk management practices on produce farms: A systematic literature

review[J]. Agriculture, 2020, 10(12):577.

[22] NY/T 395—2025. 农田土壤环境质量监测技术规范.

[23] Hyunjin C, Quyen H T. A study on the system design of eco-friendly smart farm using the internet of things and renewable energy[J]. Strategic Planning for Energy and the Environment, 2023, 42(4): 615-630.

[24] Cho J H. A study on current status of agricultural environment and crop production in vietnam[J]. 한국국제농업개발학회지, 2011, 23(3): 265-275.

[25] Long Y. Agricultural internet of things system based on cloud computing and machine learning[C]//12th International Conference on Intelligent Computation Technology and Automation (ICICTA), Xiangtan, China, 2019: 364-367.

[26] Zhou Q, Xiao M H, Lu L, et al. A data-secured intelligent IoT system for agricultural environment monitoring[J]. Wireless Communications and Mobile Computing, 2022: 4518599.

[27] Ja L S. Design and implementation of agriculture system for Internet of Things[J]. 한국산학기술학회논문지, 2015, 16(12): 8896-8900.

[28] Wei Y, Han C, Yu Z. An environment safety monitoring system for agricultural production based on artificial intelligence, cloud computing and big data networks[J]. Journal of Cloud Computing - Advances Systems and Applications, 2023, 12(1): 83.

[29] Sun L, Sun H, Cao N, et al. Intelligent agriculture technology based on Internet of Things[J]. Intelligent Automation and Soft Computing, 2022, 32(1): 429-439.

[30] Srbinovska M, Gavrovski C, Dimcev V, et al. Environmental parameters monitoring in precision agriculture using wireless sensor networks[J]. Journal of Cleaner Production, 2015, 88: 297-307.

[31] Petersen J E. Energy production with agricultural biomass: Environmental implications and analytical challenges[J]. European Review of Agricultural Economics, 2008, 35(3): 385-408.

[32] Dong M, Sun Z, Yu H, et al. Performance evaluation of the transmission quality of the Internet of Things in farmland environmental monitoring based on ns-3[J]. Mobile Information Systems, 2022, 2022: 3148348.

[33] Zhang L, Yan C, Guo Q, et al. The impact of agricultural chemical inputs on environment: Global evidence from informetrics analysis and visualization[J]. International Journal of Low-carbon Technologies, 2018, 13(4): 338-352.

第2章

农产品产地环境数据字典与数据库构建

>> 数据字典与数据结构化

>> 例行监测采样制样系统数据库

>> 例行监测检测和数据上报系统数据库

>> 采样、制样阶段质量控制数据库

2.1 数据字典与数据结构化

2.1.1 数据字典数据结构化的必要性

数据字典是信息时代的产物，是为了表达数据结构模型，对数据进行存储，同时对数据进行方便快捷操作而诞生的产物[1,2]，在一定程度上，是因为电子信息和计算机技术、关系数据库等一系列技术的发展而得到广泛应用，特别是信息技术和互联网技术的发展，让每个人可以共享网络上开放的数据[3,4]。而这一切的基础正是数据的结构化表达和存储[4]。数据字典是数据结构化表达的规则和存储的基本原则[5]。所以，有效地规划数据字典是信息化和数字化的基础是一切数据利用和分析的基石[6-8]。

多年的数据共享和分析经验，让笔者深刻地认识到好的数据字典对数据表达至关重要。随着数据量和数据类型的增多，好的数据字典是可以不断满足扩展需要的，或稍加改动就能满足客户的数据变更需求[9,10]，而设计不好的数据字典会给使用者带来巨大的麻烦。如若不能有效和规范地设计数据字典[11]，最终会陷入数据凌乱的泥淖当中，致使建立在该数据字典基础上的业务系统和知识表达最终成为失败的项目[12]。

数据字典的设计关乎数据后期的存储利用，做好数据字典设计才能事半功倍，因此一定要深刻理解数据字典的重要性和意义[13]。

2.1.2 数据结构化的方式方法和依据

经过实践和探索，设计数据字典以实现数据结构化有其特定的规则和方法。数据字典不仅有助于数据的规范化管理，还能提升业务对象的可扩展性和展示效果。首先，建立数据结构化的思想。每个事物都可以作为结构化对象，而事物之间的关系也可以进行结构化。因此，在描述业务对象时可以将其分为描述型对象和关系型对象[14,15]。其次，进行数据分层和分类。根据业务需求，将数据分为不同的层次和类别，以便更加清晰地展现数据间的逻辑关系。最后，动态扩展和优化。结构化的过程需要不断进行优化，以适应业务需求的变化，确保数据系统的灵活性和可扩展性。

数据结构化的依据主要包括理论依据、实践依据和技术依据。理论依据基于数据建模和结构化设计的相关理论，确保数据结构化过程的科学性和有效性；实践依据来源于实际应用中的成功经验和行业标准，提供了可靠的指导；技术依据则依托现代信息技术工具，如数据库管理系统和数据建模工具，支持数据的结构化处理与管理。这些依据共同为数据结构化的实现提供了坚实的理论与技术支持。

2.1.3 农田土壤环境监测数据字典设计的意义

多年的农田土壤环境监测数据是一笔宝贵的财富，利用好这一数据，对监测、治理、预警和提供决策支持有着重要意义[16,17]。因此，对这一数据进行电子化、数字化显得特别重要[18]。针对农田土壤环境监测数据进行数据字典的结构化设计是必须进行的操作[19]。只有对农田土壤环境监测数据进行结构化的设计才能方便检索、保存、共享，才能为更多的人提供数据支持，才能够更加有效地分析数据、模拟各种场景下的环境污染趋势[20,21]。

2.2 例行监测采样制样系统数据库

2.2.1 数据文件命名和字段命名规则

2.2.1.1 数据文件命名规则

（1）数据表编码规则

根据系统分类编码原则[22-25]，将数据表命名为如下格式：

T_ 模块标识码 _ 功能代码 _ 表序号

① 模块标识码用字符标识码表示；

② 功能代码用多位字符标识；

③ 表序号为选填项，如需要，用 2 位数字顺序显示。

例：T_SYS_USER 为系统用户表。

（2）系统模块标识码

系统模块对应标识码如表 2-1 所列[26,27]。

表2-1 系统模块标识码

模块名称	标识码
系统	SYS
采样	CY
制样	ZB

续表

模块名称	标识码
检测	JC
统计分析	TJ

（3）功能代码

功能代码如表 2-2 所列。

表2-2　功能代码

功能	模块标识码＋功能标识码
采样年度任务表	CY_A1
备选点位表	CY_A2
区域中心表	CY_A3
区域中心人员表	CY_A4
年度任务分配表	CY_A5
采样记录表	CY_A6
采样记录审核表	CY_A7
待制样品交接表	ZB_A1
晾晒场所信息表	ZB_A2
制样场所及工具设备信息表	ZB_A3
磨样机器性能测试空白试验记录表	ZB_A4
粒径试验记录表	ZB_A5
样品过筛损失率记录表	ZB_A6
样品均匀性检查表	ZB_A7
制样视频记录表	ZB_A8
质控样添加确认表	ZB_A9
制样工具表	ZB_A10
制样设备表	ZB_A11

2.2.1.2 字段命名规则

字段命名规则为属性名称的英文单词或英文单词的缩写组合，连接的英文单词的第一个字母大写，当命名的英文单词较多时将前面的单词组合和后面的单词组合用下划线连接[28-30]。举例如下。

土地利用方式表示为：LandUtilization_Pattern。

2.2.2 样品采集功能模块

2.2.2.1 采样年度任务表

数据文件结构说明如下。

① 数据文件：T_CY_A1。

② 文件组成[31-35]：内部编号、采样年份、监测点类型、当前点位编码、初始点位编码、省、市、县区、乡镇、村、组、行政区划、东经、北纬、海拔高度、土地利用方式、区域类型、土类名称、亚类名称、成土母质、主产农作物 1、主产农作物 2。

③ 文件说明：提前做好样品采集工作部署，并于年度样品采集工作开始前提交年度任务表。

④ 关联表：无。

2.2.2.2 备选点位表

数据文件结构说明如下。

① 数据文件：T_CY_A2。

② 文件组成：内部编号、采样年份、监测点类型、当前点位编码、初始点位编码、省、市、县区、乡镇、村、组、行政区划、东经、北纬、海拔高度、土地利用方式、区域类型、土类名称、亚类名称、成土母质、主产农作物 1、主产农作物 2、备选点位编码、备选点位农作物类型。

③ 文件说明：备选点位启用。

④ 关联表：无。

2.2.2.3 区域中心表

数据文件结构说明如下。

① 数据文件：T_CY_A3。

② 文件组成[36,37]：区域中心编码、区域中心名称、区域中心父机构编码、区域

中心状态。

③ 文件说明：区域中心管理。

④ 关联表：无。

2.2.2.4　区域中心人员表

数据文件结构说明如下。

① 数据文件：T_CY_A4。

② 文件组成：区域中心人员编号、区域中心人员名称、区域中心人员职位、区域中心人员电话。

③ 文件说明：区域中心人员管理。

④ 关联表：无。

2.2.2.5　年度任务分配表

数据文件结构说明如下。

① 数据文件：T_CY_A5。

② 文件组成：内部编号、采样年份、区域中心、采样小组、点位编码、任务状态。

③ 文件说明：年度任务分配。

④ 关联表：区域中心表。

2.2.2.6　采样记录表

数据文件结构说明如下。

① 数据文件：T_CY_A6。

② 文件组成：内部编号、采样年份、采样小组、区域中心、点位编码、样品编码、采样时间、采样照片。

③ 文件说明：采样记录。

④ 关联表：区域中心表。

2.2.2.7　采样记录审核表

数据文件结构说明如下。

① 数据文件：T_CY_A7。

② 文件组成[38]：内部编号、采样年份、采样小组、区域中心、点位编码、样品编码、审核前状态、审核后状态、审核时间、审核人。

③ 文件说明：采样记录审核。

④ 关联表：区域中心表。

2.2.3 样品制备功能模块

2.2.3.1 待制样品交接表

数据文件结构说明如下。

① 数据文件：T_ZB_A1。

② 文件组成：内部编号、采样年份、交接时间、交接环节、土壤样品数量、农产品样品数量、是否为之前拒收样品、是否全部接收、拒收土壤样品数量、拒收农产品样品数量、拒收理由、送样单位。

③ 文件说明：样品交接统计。

④ 关联表：无。

2.2.3.2 晾晒场所信息表

数据文件结构说明如下。

① 数据文件：T_ZB_A2。

② 文件组成：内部编号、制样单位、晾晒场所位置、晾晒场所面积、样品架数量、托盘数量、场所照片、是否使用烘干设备、烘干设备数量、设备是否通过检定、检定证书照片。

③ 文件说明：晾晒场所信息统计。

④ 关联表：无。

2.2.3.3 制样场所及工具设备信息表

数据文件结构说明如下。

① 数据文件：T_ZB_A3。

② 文件组成[39]：内部编号、制样室名称、制样室面积、通风是否良好、土壤和农产品样品是否分开独立制备、制样工位数量、制样工位是否有间隔、是否安装全方位摄像头、制样工具名称、制样工具数量、制样工具编码、制样设备名称、制样设备数量、制样设备编码。

③ 文件说明：制样场所及工具设备信息统计。

④ 关联表：制样工具表、制样设备表。

2.2.3.4 磨样机器性能测试空白试验记录表

数据文件结构说明如下。

① 数据文件：T_ZB_A4。

② 文件组成：内部编号、采样年份、监测指标、第一份样品机器磨样检测值、第一份样品人工磨样检测值、第一份样品相对误差、第二份样品机器磨样检测值、第二份样品人工磨样检测值、第二份样品相对误差、第三份样品机器磨样检测值、第三份样品人工磨样检测值、第三份样品相对误差。

③ 文件说明：磨样机器性能测试空白试验记录。

④ 关联表：无。

2.2.3.5　粒径试验记录表

数据文件结构说明如下。

① 数据文件：T_ZB_A5。

② 文件组成：内部编号、采样年份、糙米试验 1- 过筛残留量占样品总数量百分比＜ 10% 的研磨时间、糙米试验 2- 过筛残留量占样品总数量百分比＜ 10% 的研磨时间、糙米试验 3- 过筛残留量占样品总数量百分比＜ 10% 的研磨时间、麦粒试验 1- 过筛残留量占样品总数量百分比＜ 10% 的研磨时间、麦粒试验 2- 过筛残留量占样品总数量百分比＜ 10% 的研磨时间、麦粒试验 3- 过筛残留量占样品总数量百分比＜ 10% 的研磨时间、玉米试验 1- 过筛残留量占样品总数量百分比＜ 10% 的研磨时间、玉米试验 2- 过筛残留量占样品总数量百分比＜ 10% 的研磨时间、玉米试验 3- 过筛残留量占样品总数量百分比＜ 10% 的研磨时间、糙米平均偏差、麦粒平均偏差、玉米平均偏差、糙米试验 1 试验记录、糙米试验 2 试验记录、糙米试验 3 试验记录、麦粒试验 1 试验记录、麦粒试验 2 试验记录、麦粒试验 3 试验记录、玉米试验 1 试验记录、玉米试验 2 试验记录、玉米试验 3 试验记录、试验日期。

③ 文件说明：粒径试验记录。

④ 关联表：无。

2.2.3.6　样品过筛损失率记录表

数据文件结构说明如下。

① 数据文件：T_ZB_A6。

② 文件组成：内部编号、采样年份、核查日期、样品编码、过筛目数、过筛前样品质量（g）、过筛后样品质量（g）、质量损失率。

③ 文件说明：样品过筛损失率记录。

④ 关联表：无。

2.2.3.7　样品均匀性检查表

数据文件结构说明如下。

① 数据文件：T_ZB_A7。

② 文件组成：内部编号、采样年份、抽查日期、样品编码、监测结果（mg/kg）、相对偏差（%）。

③ 文件说明：样品均匀性检查。

④ 关联表：无。

2.2.3.8 制样视频记录表

数据文件结构说明如下。

① 数据文件：T_ZB_A8。

② 文件组成：内部编号、采样年份、制样小组、视频地址、视频名称、视频大小、视频时长、视频类型。

③ 文件说明：制样视频记录。

④ 关联表：无。

2.2.3.9 质控样添加确认表

数据文件结构说明如下。

① 数据文件：T_ZB_A9。

② 文件组成：内部编号、采样年份、批次号、添加时间、样品类别、样品目数、添加质控样数量（密码平行样）、添加质控样数量（定制密码样）。

③ 文件说明：质控样添加信息记录。

④ 关联表：无。

2.2.3.10 制样工具表

数据文件结构说明如下。

① 数据文件：T_ZB_A10。

② 文件组成：内部编号、制样工具名称、制样工具用途、制样工具排序。

③ 文件说明：制样工具统计。

④ 关联表：无。

2.2.3.11 制样设备表

数据文件结构说明如下。

① 数据文件：T_ZB_A11。

② 文件组成：内部编号、制样设备名称、制样设备用途、制样设备排序。

③ 文件说明：制样设备统计。

④ 关联表：无。

2.3 例行监测检测和数据上报系统数据库

2.3.1　数据文件命名和字段命名规则

2.3.1.1　数据文件命名规则

（1）数据表编码规则

根据系统分类编码原则，将数据表命名为如下格式：

T_ 模块标识码 _ 功能代码 _ 表序号

① 模块标识码用字符标识码表示；

② 功能代码用多位字符标识；

③ 表序号为选填项，如需要，用 2 位数字顺序显示。

例：T_SYS_USER 为系统用户表。

（2）系统模块标识码

系统模块对应标识码如表 2-3 所列。

表2-3　系统模块标识码

模块名称	标识码
系统	SYS
检测	JC

（3）功能代码

功能代码如表 2-4 所列。

表2-4　功能代码

功能	模块标识码 + 功能标识码
样品批次表	JC-A0
检测机构与检测方法对应数据文件	JC_A1
检测机构检测方法明细表	JC_A2

续表

功能	模块标识码 + 功能标识码
接收批次信息表	JC_A3
样品接收详细样品表	JC_A4
检测批次基本情况表	JC_A5
机构收样任务量表	JC_A6
收样人信息表	JC_A7
农产品上报过程记录表	JC_A8
农产品样品检测结果表	JC_A9
土壤上报过程记录表	JC_A10
土壤样品检测结果表	JC_A11
检测机构检测任务量表	JC_A12

2.3.1.2 字段命名规则

字段命名规则同 2.2.1.2 部分字段命名规则。

2.3.2 检测方法初始化功能模块

2.3.2.1 检测机构与检测方法对应数据文件表

数据文件说明如下。

① 数据文件：T_JC_A1。

② 文件组成[40,41]：内部编号、检测机构码、检测指标、检测方法、标准值、检出限、检测仪器、厂商、型号、是否默认。

③ 文件说明：记录检测机构，对应检测指标项的初始化设置信息，同时关联上报检测结果的批次信息，明确具体批次使用的具体检测方法和用于核验数据上报时所使用的检出限。

④ 关联表：样品批次表。

2.3.2.2 检测机构检测方法明细表

数据文件说明如下。

① 数据文件：T_JC_A2。

② 文件组成[42,43]：内部编号、检测机构码、检测指标、检测方法、标准值、检出限、检测仪器、厂商、型号、检测批次号。

③ 文件说明：记录检测机构上报的每个批次所使用的具体机器型号、检出限等参数。

④ 关联表：样品批次表。

2.3.3　样品接收功能模块

2.3.3.1　样品批次表

数据文件说明如下。

① 数据文件：T_JC_A0。

② 文件组成：内部编号、样品名称、样品采集日期、样品批次状态。

③ 文件说明：样品批次表用于记录和管理每个样品批次的基本信息、状态等信息。

④ 关联表：无。

2.3.3.2　接收批次信息表

数据文件说明如下。

① 数据文件：T_JC_A3。

② 文件组成：内部编号、检测批次号、检查项目 1、检查项目 2、检查项目 3、检查项目 4、是否通过、检测机构码、样品类型、出样单位、样品接收时间、样品数量、送达时间、送样人、收样人、送样人电话、收样人电话。

③ 文件说明：记录检测机构接收某一批次样品的相关信息。

④ 关联表：样品批次表。

2.3.3.3　样品接收详细样品表

数据文件说明如下。

① 数据文件：T_JC_A4。

② 文件组成：内部编号、检测机构码、检测批次号、二次样品编码、样品来源、样品序号、备注信息。

③ 文件说明：记录检测机构接收的批次中所有样品的具体信息。

④ 关联表：样品批次表。

2.3.3.4　检测批次基本情况表

数据文件说明如下。

① 数据文件：T_JC_A5。

② 文件组成[44]：内部编号、检测机构码、检测批次号、样品类型、样品数量、区域中心名称、交接时间、备注信息、上报次数、送样人。

③ 文件说明：记录批次的相关信息，包括所属区域中心名称、批次的样品数量、样品上报情况等信息。

④ 关联表：接收批次信息表。

2.3.3.5 机构收样任务量表

数据文件说明如下。

① 数据文件：T_JC_A6。

② 文件组成：内部编号、检测机构码、检测机构名称、任务总量、土壤任务量、农产品任务量。

③ 文件说明：记录各个检测机构的任务量。

④ 关联表：接收批次信息表。

2.3.3.6 收样人信息表

数据文件说明如下。

① 数据文件：T_JC_A7。

② 文件组成：内部编号、收样人、收样人电话、检测机构码。

③ 文件说明：记录各个检测机构的收样人信息。

④ 关联表：接收批次信息表。

2.3.4 检测结果上报功能模块

2.3.4.1 农产品上报过程记录表

数据文件说明如下。

① 数据文件：T_JC_A8。

② 文件组成：内部编号、检测批次号、样品序号、二次样品编码、操作类型、农产品砷、农产品镉、农产品铬、农产品铅、农产品汞、报告时间、上报次数、上报解锁。

③ 文件说明：保存农产品复检和上报数据失败的记录。

④ 关联表：接收批次信息表。

2.3.4.2　农产品样品检测结果表

数据文件说明如下。

① 数据文件：T_JC_A9。

② 文件组成[45]：内部编号、检测批次号、样品序号、二次样品编码、操作类型、农产品砷、农产品镉、农产品铬、农产品汞、农产品铅、报告时间、备注信息、提交状态、上报次数、上报合格。

③ 文件说明：保存农产品样品检测合格的检测结果。

④ 关联表：接收批次信息表。

2.3.4.3　土壤上报过程记录表

数据文件说明如下。

① 数据文件：T_JC_A10。

② 文件组成：内部编号、检测批次号、样品序号、二次样品编码、操作类型、pH 值、有机质、阳离子交换容量（CEC）、土壤黏粒、土壤粉粒、土壤砂粒、土壤砷、土壤镉、土壤铬、土壤铅、土壤汞、土壤铜、土壤锌、土壤镍、报告时间、上报次数、上报解锁。

③ 文件说明：保存土壤复检和上报数据失败的记录。

④ 关联表：接收批次信息表。

2.3.4.4　土壤样品检测结果表

数据文件说明如下。

① 数据文件：T_JC_A11。

② 文件组成：内部编号、检测批次号、样品序号、二次样品编码、操作类型、pH 值、有机质、CEC、土壤黏粒、土壤粉粒、土壤砂粒、土壤砷、土壤镉、土壤铬、土壤铅、土壤汞、土壤铜、土壤锌、土壤镍、报告时间、备注信息、提交状态、上报次数、上报合格。

③ 文件说明：保存土壤样品检测合格的检测结果。

④ 关联表：接收批次信息表。

2.3.4.5　检测机构检测任务量表

数据文件说明如下。

① 数据文件：T_JC_A12。

② 文件组成：内部编号、检测机构码、检测机构名称、任务总量、土壤任务量、农产品任务量。

③ 文件说明：记录检测机构的任务量信息，方便统计任务完成进度。

④ 关联表：接收批次信息表。

2.4 采样、制样阶段质量控制数据库

2.4.1 数据文件命名和字段命名规则

2.4.1.1 数据文件命名规则

（1）数据表编码规则

根据系统分类编码原则，将数据表命名为如下格式：

T_ 模块标识码 _ 功能代码 _ 表序号

① 模块标识码用字符标识码表示；

② 功能代码用多位字符标识；

③ 表序号为选填项，如需要，用 2 位数字顺序显示。

例：T_SYS_USER 为系统用户表。

（2）系统模块标识码

系统模块对应标识码如表 2-5 所列。

表2-5 系统模块标识码

模块名称	标识码
系统	SYS
采样质控	CYZK
制样质控	ZYZK
检测质控	JCZK
统计分析	TJZK

（3）功能代码

功能代码如表 2-6 所列。

表2-6 功能代码

功能	模块标识码＋功能标识码
采样年度任务表	CYZK_A1
备选点位启用情况统计表	CYZK_A2
采样物资准备情况统计表	CYZK_A3
耕地地力监测点位调整申请表	CYZK_A4
采样小组视频表	CYZK_A5
采样完成情况统计表	CYZK_A6
样品交接情况统计表	ZYZK_A1
晾晒场所信息统计表	ZYZK_A2
制样场所及工具设备信息统计表	ZYZK_A3
磨样机器性能测试空白试验记录表	ZYZK_A4
粒径试验记录表	ZYZK_A5
样品过筛损失率记录表	ZYZK_A6
样品均匀性检查表	ZYZK_A7
制样视频表	ZYZK_A8
质控样添加确认表	ZYZK_A9
制样工具表	ZYZK_A10
制样设备表	ZYZK_A11

2.4.1.2 字段命名规则

字段命名规则同2.2.1.2部分字段命名规则。

2.4.2 样品采集质量控制功能模块

2.4.2.1 采样年度任务表

数据文件结构说明如下。

① 数据文件：T_CYZK_A1。

② 文件组成：内部编号、采样年份、监测点类型、当前点位编码、初始点位编码、省、市、县区、乡镇、村、组、行政区划、东经、北纬、海拔高度、土地利用方

式、区域类型、土类名称、亚类名称、成土母质、主产农作物 1、主产农作物 2。

③ 文件说明：提前做好样品采集工作部署，并于年度样品采集工作开始前提交采样年度任务表。

④ 关联表：无。

2.4.2.2 备选点位启用情况统计表

数据文件结构说明如下。

① 数据文件：T_CYZK_A2。

② 文件组成[46]：内部编号、采样年份、当前点位、计划点位坐标、计划农作物类型、备选点位坐标、备选点位农作物类型、调整原因。

③ 文件说明：备选点位启用情况统计。

④ 关联表：无。

2.4.2.3 采样物资准备情况统计表

数据文件结构说明如下。

① 数据文件：T_CYZK_A3。

② 文件组成[47]：内部编号、采样年份、采样小组数量、采样人员数量、采样用车数量、采样物资详情。

③ 文件说明：采样物资准备情况统计。

④ 关联表：无。

2.4.2.4 耕地地力监测点位调整申请表

数据文件结构说明如下。

① 数据文件：T_CYZK_A4。

② 文件组成[48,49]：内部编号、采样年份、点位编码、计划点位坐标、调整原因、证明材料、审核情况。

③ 文件说明：耕地地力监测点位调整申请。

④ 关联表：无。

2.4.2.5 采样小组视频表

数据文件结构说明如下。

① 数据文件：T_CYZK_A5。

② 文件组成：内部编号、采样年份、采样小组、视频地址、视频名称、视频大小、视频时长、视频类型。

③ 文件说明：保存采样小组视频信息。

④ 关联表：无。

2.4.2.6 采样完成情况统计表

数据文件结构说明如下。

① 数据文件：T_CYZK_A6。

② 文件组成：内部编号、采样年份、采样小组、区域中心、拟采样数量、土壤点位数量、普通点位数量、地力监测点位数量、农药监测点位数量、农产品监测点位数量、采样视频数量、采样视频详情、GPS 点位照片数量、经纬度是否与 GPS 一致、作物异常照片数量、作物异常是否属实、样品包装和标签、其他照片数量、样品量是否符合要求、样品量异常类型。

③ 文件说明：采样完成情况统计。

④ 关联表：无。

2.4.3 样品制备质量控制功能模块

2.4.3.1 样品交接情况统计表

数据文件结构说明如下。

① 数据文件：T_ZYZK_A1。

② 文件组成：内部编号、采样年份、交接时间、交接环节、土壤样品数量、农产品样品数量、是否为之前拒收样品、是否全部接收、拒收土壤样品数量、拒收农产品样品数量、拒收理由、送样单位。

③ 文件说明：样品交接情况统计。

④ 关联表：无。

2.4.3.2 晾晒场所信息统计表

数据文件结构说明如下。

① 数据文件：T_ZYZK_A2。

② 文件组成：内部编号、制样单位、晾晒场所位置、晾晒场所面积、样品架数量、托盘数量、场所照片、是否使用烘干设备、烘干设备数量、设备是否通过检定、检定证书。

③ 文件说明：晾晒场所信息统计。

④ 关联表：无。

2.4.3.3 制样场所及工具设备信息统计表

数据文件结构说明如下。

① 数据文件：T_ZYZK_A3。

② 文件组成[50,51]：内部编号、制样室名称、制样室面积、通风是否良好、土壤和农产品样品是否分开独立制备、制样工位数量、制样工位是否有间隔、是否安装全方位摄像头、制样工具名称、制样工具数量、制样工具编码、制样设备名称、制样设备数量、制样设备编码。

③ 文件说明：制样场所及工具设备信息统计。

④ 关联表：制样工具表、制样设备表。

2.4.3.4 磨样机器性能测试空白试验记录表

数据文件结构说明如下。

① 数据文件：T_ZYZK_A4。

② 文件组成：内部编号、采样年份、监测指标、第一份样品机器磨样检测值、第一份样品人工磨样检测值、第一份样品相对误差、第二份样品机器磨样检测值、第二份样品人工磨样检测值、第二份样品相对误差、第三份样品机器磨样检测值、第三份样品人工磨样检测值、第三份样品相对误差。

③ 文件说明：磨样机器性能测试空白试验记录。

④ 关联表：无。

2.4.3.5 粒径试验记录表

数据文件结构说明如下。

① 数据文件：T_ZYZK_A5。

② 文件组成：内部编号、采样年份、糙米试验 1- 过筛残留量占样品总数量百分比＜ 10% 的研磨时间、糙米试验 2- 过筛残留量占样品总数量百分比＜ 10% 的研磨时间、糙米试验 3- 过筛残留量占样品总数量百分比＜ 10% 的研磨时间、麦粒试验 1- 过筛残留量占样品总数量百分比＜ 10% 的研磨时间、麦粒试验 2- 过筛残留量占样品总数量百分比＜ 10% 的研磨时间、麦粒试验 3- 过筛残留量占样品总数量百分比＜ 10% 的研磨时间、玉米试验 1- 过筛残留量占样品总数量百分比＜ 10% 的研磨时间、玉米试验 2- 过筛残留量占样品总数量百分比＜ 10% 的研磨时间、玉米试验 3- 过筛残留量占样品总数量百分比＜ 10% 的研磨时间、糙米平均偏差、麦粒平均偏差、玉米平均偏差、糙米试验 1 试验记录、糙米试验 2 试验记录、糙米试验 3 试验记录、麦粒试验 1 试验记录、麦粒试验 2 试验记录、麦粒试验 3 试验记录、玉米试验 1 试验记录、玉米试验 2 试验记录、玉米试验 3 试验记录、试验日期。

③ 文件说明：粒径试验记录。

④ 关联表：无。

2.4.3.6 样品过筛损失率记录表

数据文件结构说明如下。

① 数据文件：T_ZYZK_A6。

② 文件组成：内部编号、采样年份、核查日期、样品编码、过筛目数、过筛前样品质量 (g)、过筛后样品质量 (g)、质量损失率。

③ 文件说明：样品过筛损失率记录。

④ 关联表：无。

2.4.3.7 样品均匀性检查表

数据文件结构说明如下。

① 数据文件：T_ZYZK_A7。

② 文件组成：内部编号、采样年份、抽查日期、样品编码、检测结果（mg/kg）、相对偏差（%）。

③ 文件说明：样品均匀性检查。

④ 关联表：无。

2.4.3.8 制样视频表

数据文件结构说明如下。

① 数据文件：T_ZYZK_A8。

② 文件组成：内部编号、采样年份、制样小组、视频地址、视频名称、视频大小、视频时长、视频类型。

③ 文件说明：制样视频记录。

④ 关联表：无。

2.4.3.9 质控样添加确认表

数据文件结构说明如下。

① 数据文件：T_ZYZK_A9。

② 文件组成：内部编号、采样年份、批次号、质控样添加时间、样品类别、样品目数、添加质控样数量（密码平行样）、添加质控样数量（定制密码样）。

③ 文件说明：质控样添加信息记录。

④ 关联表：无。

2.4.3.10 制样工具表

数据文件结构说明如下。

① 数据文件：T_ZYZK_A10。

② 文件组成：内部编号、制样工具名称、制样工具用途、制样工具排序。

③ 文件说明：制样工具统计。

④ 关联表：无。

2.4.3.11 制样设备表

数据文件结构说明如下。

① 数据文件：T_ZYZK_A11。

② 文件组成：内部编号、制样设备名称、制样设备用途、制样设备排序。

③ 文件说明：制样设备统计。

④ 关联表：无。

参考文献

[1] 贾代平．信息系统审计视角下的数据资源及其应用途径 [J]．中国内部审计，2022(05): 11-16.

[2] 潘腾，黄澄宁．杭州市环境信息数据字典的构建及应用研究 [J]．环境与可持续发展，2013, 38(02): 76-79.

[3] 严立鹏，王优．我国信息系统审计的现状，创新与探索 [J]．中国新通信，2018, 20 (15): 82.

[4] Miller S S, Staron J V, Oatts M L, et al. A dictionary and self defining protocol for exchanging power system information[J]. IEEE Transactions on Power Systems, 2002, 17(2): 337-341.

[5] 戴玮，何飞．数字化交付框架下高速公路信息要素数据字典研究 [J]．山西建筑，2022, 48(23): 117-119，124.

[6] 江芷悦，申璐璐，田师园，等．企业数据合规实践之个人数据字典研究 [J]．网络安全和信息化，2022(03): 134-139.

[7] 张旻旻，范荣妹，解如风，等．公共信用信息数据字典维护与管理标准研制浅析——基于 ×× 市公共信用信息平台应用实例 [J]．质量探索，2020, 17(04): 23-26.

[8] 蔡晓恒．用“数据字典”解决会计信息化教学中年末结转难题 [J]．现代商贸工业，2016, 37(30): 173-174.

[9] Baran M C, Moseley H, Sahota G, et al. SPINS: Standardized protein NMR storage. A data dictionary and object-oriented relational database for archiving protein NMR spectra[J]. Journal of Biomolecular Nmr, 2002, 24(2): 113-121.

[10] Shakeri Z, Bajwa W U, Sarwate A D. Minimax lower bounds on dictionary learning for tensor data[J]. IEEE Transactions on Information Theory, 2018, 64(4): 2706-2726.

[11] Tang H, Liu H, Xiao W, et al. When dictionary learning meets deep learning: Deep dictionary

learning and coding network for image recognition with limited data[J]. IEEE Transactions on Neural Networks and Learning Systems, 2021, 32(5): 2129-2141.
[12] Yu H, Yang Q, Wang G, et al. A novel discriminative dictionary pair learning constrained by ordinal locality for mixed frequency data classification[J]. IEEE Transactions on Knowledge and Data Engineering, 2022, 34(10): 4572-4585.
[13] 崔鸣，魏晓婷，张雅琪. 供水企业数据字典建立方法的探讨 [J]. 天津科技，2020, 47(08): 63-65.
[14] 汪烁. 公共数据字典应用于智能制造的需求分析和标准化思路 [J]. 标准科学，2019(12): 55-59.
[15] Duck G, Kovacevic A, Robertson D L, et al. Ambiguity and variability of database and software names in bioinformatics[J]. Journal of Biomedical Semantics, 2015, 6: 29.
[16] 李自清. 基于网络的数据库敏感数据加密模型研究 [J]. 计算机测量与控制，2017, 25(05): 184-187，191.
[17] 宋晨阳，寇鹏，滕晓晓. 基于数据字典的数据库索引技术研究 [J]. 通信技术，2015, 48(03): 302-305.
[18] 汪烁，王春喜，刘奕宁，等. 公共数据字典如何改变智能制造 [J]. 中国仪器仪表，2017(05): 36-40.
[19] Zhang K, Xu E L, Zhang H, et al. Data driven automatic modulation classification via dictionary learning[J]. IEEE Wireless Communications Letters, 2018, 7(4): 586-589.
[20] 方勇军，汪新庆. 基于数据字典、需求统一和重用框架的地学应用系统开发新模式 [C]// 中国地质学会数学地质与地学信息专业委员会，中南大学，湖南省国土资源厅，湖南省地质学会. 第十五届全国数学地质与地学信息学术研讨会论文集，2016: 210-213.
[21] 雷明涛，何赟. 基于数据字典的自适应的对象化数据库访问技术研究 [J]. 微电子学与计算机，2015, 32(10): 21-25.
[22] Iqbal A, Nait-Meziane M, Seghouane A K, et al. Adaptive complex-valued dictionary learning: Application to fMRI data analysis[J]. Signal Processing, 2020, 166: 107263.
[23] GB/T 39449—2020. 公共信用信息数据字典维护与管理 .
[24] LY/T 2672—2016. 林业信息数据库数据字典规范 .
[25] Date C J. The New Relational Database Dictionary: Terms, Concepts, and Examples[M]. California: O'Reilly Media Inc, 2016.
[26] Chakraborty S, Mccourt B, Hill C. Reusable tool to dynamically build a data dictionary and study database—Meta-metadata approach[C]. American Medical Informatics Association, 2011.
[27] 祁长兴. 数据库建模工具 StarDbDesigner 的设计与实现 [J]. 电脑编程技巧与维护，2021(12): 86-87，109.
[28] Zhang H, Yang W, Han J. Middleware design for integrating relational database and NOSQL based on data dictionary[C]. International Conference on Transportation (IEEE), 2012.
[29] 贾丽芳，董义明，钟晓睿，等. 基于 MVVM 的数据字典比对工具的前端设计与实现 [J]. 电脑知识与技术，2022, 18(01): 87-89.
[30] 李宇. 用 Excel 制作数据字典 [J]. 电脑编程技巧与维护，2014(19): 63-65.
[31] 丁健，秦莉，安毅. 农田土壤环境监测与质控信息系统数据字典 [M]. 北京：中国农业出版社，

2022.
[32] GB/T 41453—2022. 地理信息权限数据字典 .
[33] GB/T 20258.1—2019. 基础地理信息要素数据字典　第 1 部分：1：500　1：1000　1：2000 比例尺 .
[34] GB/T 20258.2—2019. 基础地理信息要素数据字典　第 2 部分：1：5000　1：10000 比例尺 .
[35] GB/T 20258.3—2019. 基础地理信息要素数据字典　第 3 部分：1：25000　1：50000 1：100000 比例尺 .
[36] GB/T 20258.4—2019. 基础地理信息要素数据字典　第 4 部分：1：250000　1：500000 1：1 000000 比例尺 .
[37] 赵鑫，马聪丽，张静，等.《基础地理信息要素数据字典　第 1 部分：1：500 1：1000 1：2000 比例尺》修订说明 [J]. 测绘标准化，2018, 34(03): 15-18.
[38] 周敏，汪新庆. 基于非规范化和数据字典的地学元数据管理 [J]. 计算机技术与发展，2015, 25(03): 175-179.
[39] 张艳. 基于档案管理系统的数据字典设计 [J]. 佛山科学技术学院学报（自然科学版），2016, 34(05): 58-61.
[40] 谭新宇，胡勤军. 天津市城市地下空间建（构）筑物三维数据编绘系统的设计与实现 [J]. 城市勘测，2022(04): 27-29.
[41] GB/T 41302—2022. 工业产品数据字典通用要求 .
[42] 赵华，唐春娥，刘磊磊. 面向工业应用的测控装备数据字典系统构建方法 [J]. 中国仪器仪表，2021(10): 77-80.
[43] 吴中华. 装备保障异构数据集成关键技术研究与集成环境设计 [D]. 长沙：国防科学技术大学，2008.
[44] GB/T 40216—2021. 智能仪器仪表的数据描述　属性数据库通用要求 .
[45] 国家卫生健康委发布《国家卫生与人口信息数据字典》等两项推荐性卫生行业标准 [J]. 医学信息学杂志，2020(6): 94.
[46] 申智辉，覃蒋圣，梁涛. 农产品电子商务系统数据库的设计与实现 [J]. 机电信息，2019(20): 117，119.
[47] 王瑞雪，张振华，张宾，等. 数据字典在火控系统报文解析中的应用 [J]. 兵器装备工程学报，2019, 40(04): 190-192.
[48] 王瑞雪，张振华，田元元，等. 基于数据字典库的信息系统的设计 [J]. 电脑迷，2018(10): 185.
[49] DB/T 65—2016. 1：50000 活动断层填图数据库规范 .
[50] 徐荣嵘，吴永祥，雷四华，等. 国家水资源监控能力建设数据字典字段定义规范 [J]. 水利信息化，2015(06): 14-17.
[51] 徐永龙，李斌，郭海朋，等. 数据字典驱动的地质数据采集系统设计与开发 [J]. 测绘工程，2014, 23(10): 41-44，49.

第3章

农产品产地环境监测与评估系统设计

3.1 产地环境监测与评估系统基本概念

3.1.1 产地环境监测与评估背景和需求

随着现代工业和农业的快速发展，环境污染问题日益严重。大气污染、水体污染、土壤污染、噪声污染等问题严重威胁着人类的生命健康和生态平衡[1,2]。同时，人们的环保意识和对环境保护的要求不断提高，各国政府和社会组织也逐渐加大了环境保护力度。在这种背景下环境监测和评估系统的重要性逐渐凸显。

传统的环境监测和评估方法往往需要人工采样、实验分析和数据整理等烦琐的步骤，效率低下且成本高昂。而随着信息技术的不断发展和普及，基于云计算、物联网、大数据和人工智能等技术的环境监测和评估系统逐渐崭露头角[3]。这些系统可以自动采集环境数据，并实时传输到数据中心进行处理和分析，提高了环境监测和评估的效率和准确性。

产地环境监测与评估系统是这类系统中的一种，主要用于监测和评估特定产地的环境质量，包括大气、水、土壤、噪声等。通过实时监测和分析产地环境数据，该系统可以及时发现和预警环境污染问题，为环境评估和决策提供依据和支持。同时，还可以进行环境评估，为产地环境管理和规划提供科学依据。

3.1.2 产地环境监测与评估现存问题

目前，产地环境监测与评估仍存在一些问题，主要包括以下几个方面。

（1）数据质量不高

由于环境监测数据的采集和处理过程中存在诸多复杂因素，例如传感器的误差、数据传输的干扰等，环境数据的准确性和可靠性存在较大的差异。这给环境评估和决策带来了困难。

（2）监测点分布不合理

监测点的分布密度和位置往往不能全面反映产地的环境质量状况，尤其是在城市区域和复杂地形地貌区域中，监测点的设置需要更加合理和科学，以提高监测数据的全面性和准确性。

（3）缺乏综合评估指标

目前的产地环境评估指标仍存在着局限性，例如指标体系不够完备、权重分配不合理等，不能全面反映产地环境的质量和变化趋势，难以为决策者提供科学的决策支持。

（4）缺乏智能化的管理手段

产地环境监测与评估系统需要在数据管理、预警、预测、决策等方面加强智能化管理手段的应用，以提高监测和评估的精度和效率。

3.2 常见的产地环境污染评价 / 评估方法

3.2.1 数理统计法

基于数理统计学的划分。就是借助数理统计学方法来研究土壤重金属数据的分布情况，从而获得研究区域土壤重金属的“阈值”或“背景值”[4]。通常将基于数理统计方法获得的“值”作为污染的起始浓度。目前常用的数理统计学方法有平均值 ± 标准差、中位数 ± 中位绝对离差、几何均值 ± 几何标准差、箱式图法、累积频率分析法和单侧置信区间（上限）法。

数理统计学方法在产地环境污染评估中被广泛应用。以下是对这些方法的详细描述。

3.2.1.1 平均值 ± 标准差

此方法通过计算数据集的平均值和标准差来衡量数据的分布和偏差程度。平均值反映了数据的集中趋势，标准差反映了数据的分散程度。在环境监测中，如果产地环境数据的平均值超出了某些标准值，或者标准差特别大，可能表明该地区存在环境污染问题[5]。

在此方法中，首先计算数据的平均值（$\overline{x}$）和标准差（σ），然后将数据分为两类：一类是在平均值加减标准差范围内的数据；另一类是在这个范围之外的数据。这个范围通常是平均值加减 3 倍标准差。如果数据点超出了这个范围，就可以将其视为离群值。

$$\overline{x}=\frac{\sum_{i=0}^{N}x_i}{N} \tag{3-1}$$

式中 x_i——X中的第i个数据；

N——数据的数量。

标准差是衡量数据分散程度的一种方法，它表示每个数据点与平均值之间的差异。标准差越大，表示数据点越分散；标准差越小，表示数据点越集中。

$$\sigma=\sqrt{\frac{1}{N}\sum_{i=1}^{N}\left(x_i-\bar{x}\right)^2} \tag{3-2}$$

式中 x_i——X中的第i个数据；

N——数据的数量；

$\bar{x}$——数据的平均值。

3.2.1.2 中位数±中位绝对离差

中位数是将数据集分为相等两半的中间值。中位绝对离差（MAD）是中位数与每个数据点的绝对离差的中位数。这种方法对异常值更加敏感，可以减少异常值对评估结果的影响。

此方法用来描述数据分布特征较为稳健，它利用中位数来表示数据的中心位置，利用中位绝对离差（MAD）来表示数据的离散程度。中位绝对离差是数据与中位数差值的绝对值的中位数。中位绝对离差越大，说明数据越分散；中位绝对离差越小，说明数据越集中。中位绝对离差可以用来估计标准差，估计标准差=1.4826×MAD。

在统计学中，中位绝对离差（MAD）是衡量定量数据单变量样本变异性的稳健指标。它也可以指基于样本计算的MAD对总体参数的估计。

对于单变量数据集$\{x_1, x_2, \cdots, x_n\}$，MAD定义为各数据点与数据中位数的绝对离差的中位数：

$$\mathrm{MAD}=\mathrm{median}\left(\left|x_i-\mathrm{median}\left(X\right)\right|\right) \tag{3-3}$$

式中 x_i——X中的第i个数据；

$\mathrm{median}\left(X\right)$——$X$的中位数。

从数据中位数的离差开始，MAD是其绝对值的中位数。

3.2.1.3 几何均值±几何标准差

几何均值是一组数据的乘积的n次方根，其中n是数据集的大小。几何标准差是一组数据的指数的标准差，通常用于具有正偏斜性的数据集。此方法可以减少异常值对评估结果的影响[6]。

此方法用来描述数据分布特征，它利用几何均值来表示数据的中心位置，利用几何标准差来表示数据的离散程度。几何标准差是一个无量纲的乘法因数，与输入数值的量纲无关。

若一组数字$\{A_1, A_2, \cdots, A_n\}$的几何均值用$\mu_g$表示，则几何标准差（$\sigma_g$）用下

式表示：

$$\sigma_g = \exp\left(\sqrt{\frac{\sum_{i=1}^{n}\left(\ln\frac{A_i}{\mu_g}\right)^2}{n}}\right) \tag{3-4}$$

式中　μ_g——一组数字$\{A_1, A_2, \cdots, A_n\}$的几何均值；

A_i——数据 A 中的第 i 个数；

n——数据的数量。

3.2.1.4　箱式图法

箱式图是一种用于显示数据分布的图表。它显示了一组数据的中位数、上下四分位数和离群值。箱式图可以帮助识别异常值和分布的形状。

此方法是用来显示数据分布情况的统计图，它利用最小值、第一四分位数、中位数、第三四分位数和最大值来构成一个箱形，反映数据的中心位置、离散程度和对称性[7]。箱式图还可以用来比较多组数据之间的差异以及识别数据中的异常值。

箱式图的基本组成如图 3-1 所示。

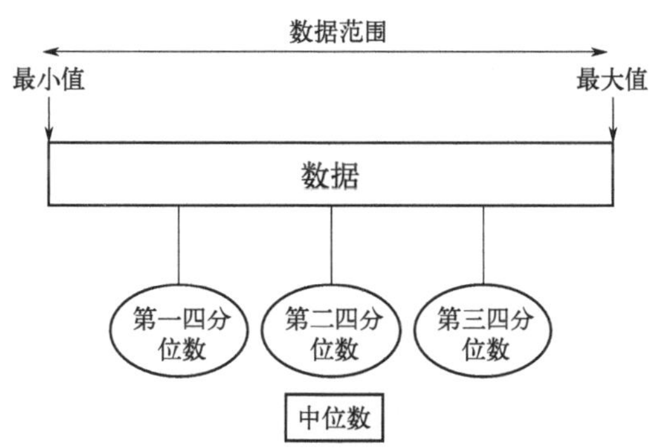

图 3-1　箱式图的基本组成

四分位数（quartile deviation），通常用符号 Q 来表示，将数据按大小排序后，分成 4 等份，处于 3 个分割点上的数为四分位数；这 3 个四分位数按照从小到大的顺序分别为第一四分位数、第二四分位数和第三四分位数。

① 第一四分位数 (Q_1)，又称“较小四分位数”，等于样本数据从小到大排序后第 25% 的数字；

② 第二四分位数 (Q_2)，又称“中位数”，等于样本数据从小到大排序后第 50% 的数字；

③ 第三四分位数 (Q_3)，又称“较大四分位数”，等于样本数据从小到大排序后第

75% 的数字；

④ 四分位距 (IQR: interquartile range) = Q_3-Q_1。

3.2.1.5 累积频率分析法

这种方法通过将数据按升序排列，计算每个数据点的百分位数来分析数据集的分布。它可以帮助确定数据集中的最小值、最大值、中位数和分位数以及数据集的分布形状。

这是一种用来观察数据分布特征的方法，它利用频数或频率逐级累加起来，从而反映某一数值以下或以上的数据占比 [8]。累积频率分析法有向上累积和向下累积两种。向上累积是从变量值小的一方向变量值大的一方累加，向下累积是从变量值大的一方向变量值小的一方累加。累积频率分析法可以用来进行百分位数分析，比较不同数据组之间的差异以及检验数据是否符合某种分布。

计算步骤：首先累积频率，按某种标志对数据进行分组后，分布在各组内的数据个数称为频数或次数，各组频数与全部频数之和的比值称为频率或比重。为了统计分析的需要，有时需要观察某一数值以下或某一数值以上的频率之和，叫作累积频率。

如第一组所占频率为 6%，下一组为 10%，则向上的累积频率为 16%，以此类推。频率的最终累积值为 100%。

3.2.1.6 单侧置信区间（上限）法

这种方法基于一定的置信水平，计算出一个样本的置信区间，然后将样本数据与该置信区间进行比较，如果样本值大于该置信区间上限，则认为样本存在异常或污染 [9]。

这是一种用来估计总体未知参数的上界的方法，它利用样本构造一个统计量，使得参数小于该统计量的概率不低于给定的置信水平。这个统计量称为参数的单侧置信上限。单侧置信区间（上限）法的一般步骤如下：

第一步，根据总体分布和样本信息构造一个关于参数的枢轴量，使得它的分布不依赖参数或其他未知量。

第二步，确定常数 d。

第三步，将不等式中的枢轴量改写成参数的函数，得到参数的单侧置信上限。

3.2.1.7 方法总结

数理统计法可以在产地环境污染评估中互相结合使用，以更准确地评估环境质量和污染程度 [10]。

表 3-1 为不同数理统计法的对比及特点。

表3-1　数理统计法的方法对比

名称	特点
平均值 ± 标准差	数据需满足正态或对数正态分布
中位数 ± 中位绝对离差	数据不需满足正态或对数正态分布
几何均值 ± 几何标准差	数据通常为正偏态分布，减少异常值的影响
箱式图法	数据不需满足正态或对数正态分布
累积频率分析法	数据不需满足正态或对数正态分布
单侧置信区间（上限）法	数据需满足正态或对数正态分布

平均值 ± 标准差法的原则是：首先检验数据是否服从正态分布，如果服从则直接根据平均值 ± 标准差计算异常下限，若不服从则将原始数据转化为对数值再检验是否服从对数正态分布，若服从则根据公式求得异常下限。利用中位数 ± 中位绝对离差来确定土壤元素背景值，不需对原数据进行任何处理，该方法计算过程较平均值 ± 标准差法简便。几何均值 ± 几何标准差方法通常用于正偏斜性数据，它通过几何均值表示数据的中心位置，几何标准差表示数据的离散程度，有助于减少异常值对评估结果的影响。箱式图法可显示土壤重金属数据分散情况的统计图。累积频率分析法认为区域土壤重金属背景含量的数据应服从对数正态分布。在重金属元素的累积频率分布图中，曲线拐点对应的值可用作元素背景含量和异常值的分界点。单侧置信区间（上限）法也同样可用来表征土壤元素背景值，使用该方法前提是数据服从正态分布或对数正态分布。实际应用中按照正态分布和对数正态分布的不同分布类型采用不同的计算方法，多用于确定区域土壤元素背景值上限。

3.2.2　一般指数法

一般指数法是指将通过实验测定的重金属值代入相应的数学公式中，计算获得污染指数，然后与相应评价标准进行比较，最终确定样品污染等级的方法。一般指数法是环境评价中经常采用的方法。一般指数法包括单因子指数法、综合指数法、富集因子法、地累积指数法和潜在生态危害指数法[11]。

3.2.2.1　单因子指数法

单因子指数法（single factor index method，SFIM）又称单因子污染指数法，其是根据一个指标的变化趋势对环境污染程度进行评价。评价指数（I）的计算公式为：

$$I = \frac{C - P}{P} \times 100\%$$

式中　C——观测值；

P——国家或地方的污染物排放标准。

该方法虽简单易行，但只考虑了单一污染物的影响，忽略了多个污染物共同作用的影响[12]。

这是一种用来评价水质或土壤质量的方法，它通过计算各个污染物的超标倍数，然后选取最大的超标倍数作为综合污染指数，从而确定水质或土壤的污染等级。单因子指数法计算公式为：

$$P_i = \frac{C_i}{S_i} \tag{3-5}$$

式中　P_i——土壤、生产（灌溉）用水、环境空气中污染物i的单因子污染指数；

C_i——土壤、生产（灌溉）用水、环境空气中污染物 i 的含量，单位与 S_i 保持一致；

S_i——土壤、生产（灌溉）用水、环境空气中污染物 i 的评价标准。

根据综合污染指数和分级标准确定水质或土壤的污染等级。不同的评价对象有不同的分级标准，一般分为非污染、轻度污染、中度污染和重度污染等级。

3.2.2.2　综合指数法

综合指数法（comprehensive index method，CIM）是综合多个指标，将多个指标计算得到的分值进行综合评价，得到环境质量综合指数。该方法计算简单，综合性强，但对指标权重的确定存在主观性和不确定性[13]。

综合指数法是一种用实际值与标准值进行对比后再使用线性综合汇总得到综合评价分值的方法。它可以用来评价经济效益、环境质量、社会发展等多方面的复杂现象。综合指数法的基本步骤有：

第一步，确定评价目标和评价指标，构建指标体系。

第二步，确定各项指标的权重，可以用层次分析法（AHP）、熵权法、专家打分法等方法。

第三步，计算各项指标的个体指数，即实际值与标准值的比值。

第四步，计算综合指数，即各项指标的个体指数乘以权重后求和。

第五步，根据综合指数的大小对评价对象进行排序或分级。

综合指数法的优点是能够反映多项内容数量总和变动的相对数，具有相对性、综合性和平均性。它也能够根据不同的目的和要求，选择不同的基期、不同度量因素和权重。综合指数法的缺点是可能存在主观性、偏差性和不稳定性，需要根据实际情况进行调整和修正。综合指数法计算公式为：

$$P_{综} = \sqrt{\frac{P_{iavg}^2 + P_{imax}^2}{2}} \tag{3-6}$$

式中　$P_{综}$——各环境要素综合污染指数；

P_{iavg}——各环境要素单因子污染指数平均值；

P_{imax}——各环境要素单因子污染指数最大值。

3.2.2.3　富集因子法

富集因子法（enrichment factor method，EFM）是指通过比较地表物质中某种污染物与其天然含量的比值，评估该污染物的来源及污染程度。该方法适用于研究某种污染物的来源及污染程度，但不能反映环境质量的整体状况[14]。

富集因子是一种用来评价大气颗粒物中元素的富集程度，并判断和评价颗粒物中元素来源（自然来源和人为来源）的因子。富集因子法是一种双重归一化的计算方法，它选择地壳中普遍存在的而人为污染来源较少、化学稳定性好、分析结果精确度高的低挥发性元素作为参考元素，然后计算样品中污染元素浓度与参考元素浓度的比值与背景区中二者浓度比值的比率，即为富集因子。富集因子法可以消除采样、分析、风速、风向等不确定因素的影响，比绝对浓度更能反映元素的富集情况。富集因子法可以用来判别大气颗粒物的主要来源，例如工厂排放物、扬尘、燃煤或燃油飞灰等。

富集因子法结果分析首先根据公式计算出各采样点所测元素的富集因子，然后根据富集因子的高低，结合前人对各类污染源的典型排放物的研究成果来分析各种元素的来源。元素的富集因子是定量评价污染程度与污染来源的重要指标，计算公式为：

$$\mathrm{EF}_i=\frac{\left(\dfrac{C_i}{C_\mathrm{r}}\right)_{颗粒}}{\left(\dfrac{C_i}{C_\mathrm{r}}\right)_{背景}} \tag{3-7}$$

式中　C_i——元素i的浓度；

C_r——被选定的参考元素的浓度；

$\left(\dfrac{C_i}{C_\mathrm{r}}\right)_{颗粒}$——颗粒中元素 i 的相对浓度；

$\left(\dfrac{C_i}{C_\mathrm{r}}\right)_{背景}$——地壳中元素 i 的相对浓度；

EF_i——元素 i 的富集因子值。

3.2.2.4　地累积指数法

地累积指数法（geoaccumulation index method，GIM）是通过比较地层物质中污染物含量与其天然含量的比值，评估污染物的累积程度。该方法能反映污染物在环境中的累积情况，但对天然含量的估算存在不确定性[15]。

地累积指数法是一种用于评价沉积物中重金属污染程度的定量指标，也称为

Müller 指数。它的计算公式是：

$$I_{geo} = \log_2 \frac{C_n}{KB_n} \tag{3-8}$$

式中 C_n——重金属的实际浓度；

B_n——区域土壤中的重金属背景值；

K——用于修正背景值的常数。

地累积指数可分为 7 个级别：

① $I_{geo} < 0$，污染级别为 0 级，表示无污染；

② $0 \leqslant I_{geo} < 1$，污染级别为 1 级，表示无污染到中度污染；

③ $1 \leqslant I_{geo} < 2$，污染级别为 2 级，表示中度污染；

④ $2 \leqslant I_{geo} < 3$，污染级别为 3 级，表示中度污染到强污染；

⑤ $3 \leqslant I_{geo} < 4$，污染级别为 4 级，表示强污染；

⑥ $4 \leqslant I_{geo} < 5$，污染级别为 5 级，表示强污染到极强污染；

⑦ $I_{geo} \geqslant 5$，污染级别为 6 级，表示极强污染。

3.2.2.5 潜在生态危害指数法

潜在生态危害指数法（potential ecological risk index，PERI）是综合考虑了多个指标的权重和影响，通过评估环境质量对生态系统的潜在危害程度，得出环境质量综合评价结果[16]。该方法综合性强，但对指标权重的确定存在主观性和不确定性。

潜在生态危害指数法是一种由瑞典科学家 Hakanson 提出的，用于评价土壤或沉积物中重金属污染的方法。它不仅考虑了重金属的含量，而且综合考虑了多元素协同作用、毒性水平、污染浓度以及环境对重金属污染的敏感性等因素。

潜在生态危害指数法的计算公式如下：

$$C_f^i = \frac{C_s^i}{C_n^i} \tag{3-9}$$

$$E_r^i = T_r^i \times C_f^i \tag{3-10}$$

$$\mathrm{RI} = \sum_{i=1}^{n} E_r^i = \sum_{i=1}^{n} (T_r^i \times C_f^i) = \sum_{i=1}^{n} (T_r^i \times \frac{C_s^i}{C_n^i}) \tag{3-11}$$

式中 E_r^i——第 i 种重金属的潜在生态危害系数；

T_r^i——重金属毒性响应系数；

C_f^i——重金属相对参比值的污染系数；

C_s^i——第 i 种重金属表层沉积物重金属浓度实测值；

C_n^i——计算所需要的参比值；

RI——多元素环境风险综合指数，即潜在生态危害指数；

n——重金属的种类数。

潜在生态危害系数（E_r^i）描述某一污染物（元素）的污染程度，从低到高分为5个等级；而潜在生态危害指数（RI）描述某一点多个污染物潜在生态危害系数的综合值，此值分为4个等级，如表3-2所列。

表3-2 潜在生态危害系数和潜在生态危害指数描述污染程度的等级

E_r^i与污染程度	RI与污染程度
E_r^i<40 轻微生态危害	RI<150 轻微生态危害
40≤E_r^i<80 中等生态危害	150≤RI<300 中等生态危害
80≤E_r^i<160 强生态危害	300≤RI<600 强生态危害
160≤E_r^i<320 很强生态危害	RI≥600 很强生态危害
E_r^i≥320 极强生态危害	

3.2.2.6 方法总结

一般指数法的方法对比如表3-3所列。

表3-3 一般指数法的方法对比

名称	特点
单因子指数法	只能评价单个重金属元素
综合指数法	夸大或缩小某些重金属因子的影响
富集因子法	参比元素的选择有待进一步规范
地累积指数法	该方法需充分注意K值的选择
潜在生态危害指数法	应注意重金属间的作用形式

如表3-3所列，单因子指数法是将研究区域样品中单个重金属的实测含量与某特定标准做对比，大于标准表示该样品已受到污染，小于标准则表示未被污染。该方法只能评价土壤中单个重金属的污染状况。综合指数法可用来评价土壤中的多个重金属的交叉复合污染的情况。其中，以内梅罗综合指数法运用最为广泛。该方法可以避免由于平均作用削弱污染重金属的权值，但也存在人为抬高或降低某些因子影响的局限性。1974年，Zoller首先提出了富集因子法。该方法首先是从土壤中选择一个化学性

质较稳定参比元素，然后将所研究重金属与参比元素进行对比，从而判断该元素是否存在人为污染及污染的程度如何。该方法能够比较准确地判断人为污染状况，如何合理规范地选择参比元素是该方法的关键所在。1969 年，德国海德堡大学 Müller 教授提出了地累积指数法。此方法主要考虑的是母质对土壤重金属含量的影响。潜在生态危害指数法在分析土壤重金属含量高低的基础上还考虑了重金属的生理毒性，引入了重金属毒性响应系数。该方法将环境生态效应与毒理学结合起来，但需要注意不同重金属之间的作用方式（加权或拮抗作用）。

3.2.3 模型指数法

模型指数法是一般指数法的深化和探索，其基础仍然是指数法。该方法的优点和特色在于其在模糊边界以及土壤重金属污染程度灰色性的处理上。现在常用的模型指数法有模糊数学评价法、灰色聚类评价法、层次分析法、人工神经网络法和物元可拓集法[17]。

模型指数法是一种基于模型的环境评估方法，通常使用数学模型将各种环境因素之间的关系建模，并通过模型来评估环境质量。以下是对这些方法的详细描述。

3.2.3.1 模糊数学评价法

模糊数学评价法是一种基于模糊数学理论的环境评价方法。它将环境因素的评价转化为模糊变量，通过构建模糊综合评价模型，计算模糊综合评价值来评估环境质量。模糊数学评价法的优点在于它可以很好地处理环境评价中的主观性和不确定性，适用于多因素、多目标的环境评价。

模糊数学评价法是一种基于模糊数学的综合评价方法，用于处理定性评价转化为定量评价的问题[18]。它的基本步骤如下：

① 建立综合评价的因素集，即影响评价对象的各种因素所组成的集合，通常用 U 表示。

② 建立综合评价的评价集，即评价者对评价对象可能做出的各种结果所组成的集合，通常用 V 表示。

③ 确定各因素的权重，即给各因素一个权重值，反映其重要程度，通常用 A 表示。

④ 进行单因素模糊评价，即确定因素集 U 中每个元素对评价集 V 中每个元素的隶属度，形成一个模糊综合评价矩阵 $\boldsymbol{R}$。

⑤ 建立综合评价模型，即通过模糊变换将 U 上的模糊向量 A 变为 V 上的模糊向量 B，即 $B=AR$。

⑥ 确定系统总得分，即通过 B 和 V 中相应因素的级分 S 计算系统总得分 F，即 $F=BS^{\mathrm{T}}$。

⑦ 模糊数学评价法具有结果清晰、系统性强、适合非确定性问题等优点，但也

有计算复杂、权重确定主观性强、可能出现超模糊现象等缺点。

3.2.3.2 灰色聚类评价法

灰色聚类评价法是一种基于灰色系统理论的环境评价方法。它将环境因素划分为不同的聚类，并利用聚类特征对环境因素进行评价。灰色聚类评价法的优点在于它可以很好地处理环境评价中的不确定性和信息缺失问题，适用于对环境质量的评估和预测[19]。

灰色聚类评价法是一种基于灰色系统理论的综合评价方法，用于对多指标、多层次、多对象的评价问题进行聚类分析。它的基本步骤如下：

① 设定 j 指标关于灰类 k 的可能度函数 $f_j^k(\cdot)$ $(j=1, 2, \cdots, m; k=1, 2, \cdots, s)$。

② 确定各指标的聚类权 η_j $(j=1,2,\cdots,m)$。

③ 由①和②得到的可能度函数 $f_j^k(\cdot)$ $(j=1, 2, \cdots, m; k=1, 2, \cdots, s)$，聚类权 η_j $(j=1, 2, \cdots, m)$ 以及对象 i 关于指标 j 的观测值 x_{ij} $(i=1, 2, \cdots, n; j=1, 2, \cdots, m)$，计算出灰色定权聚类系数 $\sigma_i^k=\sum_{j=1}^{m} f_j^k\left(x_{ij}\right)\eta_j$（$i=1, 2, \cdots, n; k=1, 2, \cdots, s$）。

④ 若 $\max\limits_{1\le k\le s}\left\{\sigma_i^k\right\}=\sigma_i^{k^*}$，则判定对象 i 属于灰类 k。

灰色聚类评价法具有处理不确定性问题、考虑多元素协同作用、反映客观事实等优点，但也有权重确定主观性强、可能出现超模糊现象等缺点。

3.2.3.3 层次分析法

层次分析法是一种基于结构层次分析理论的环境评价方法。它将环境因素分解为多个层次，利用专家判断或数据分析的方法确定各个因素的权重，并通过计算权重综合值来评估环境质量。层次分析法的优点在于它可以将环境因素的复杂性进行分解，提高评价结果的可信度和可行性。

层次分析法是一种将决策目标分解为目标层、准则层和方案层的多层次结构模型，然后通过构造判断矩阵、计算权重向量和进行一致性检验来确定各因素的相对重要性和最优方案的决策方法[20]。它的基本步骤如下：

① 建立层次结构模型，即将决策问题分解为不同的层次和因素，并绘制层次结构图。

② 构造判断矩阵，即对相邻两层的因素进行两两比较，用 1 ～ 9 标度法给出相对重要程度，并形成正互反矩阵。

③ 计算单层权重向量并做一致性检验，即求出判断矩阵的最大特征值和特征向量，归一化后得到权重向量，并用一致性指标和一致性比例来检验判断矩阵的一致性。

④ 计算组合权重向量并做一致性检验，即将各层的权重向量进行合成，得到方案层相对目标层的权重向量，即最终的决策结果，并检验其一致性。

层次分析法具有处理多目标、多准则、多方案的复杂决策问题的优点，但也有主观性强、计算量大、难以处理动态问题等缺点。

3.2.3.4 人工神经网络法

人工神经网络法是一种基于神经网络理论的环境评价方法。它通过构建神经网络模型，将环境因素的评价转化为神经网络的输入，通过网络计算得出环境质量评价结果。人工神经网络法的优点在于它可以很好地处理非线性、复杂的环境问题，并可以进行实时预测和调整[21]。

人工神经网络法是一种利用人工神经网络来预测模型指数的方法。人工神经网络是一种模仿生物神经网络的结构和功能的数学模型或计算模型，用于对函数进行估计或近似。人工神经网络由大量的人工神经元联结进行计算，可以处理多目标、多准则、多方案的复杂决策问题。人工神经网络有多种类型，如反向传播网络（BP 网络）、径向基函数网络（RBF 网络）等，它们各有优缺点和适用场景。人工神经网络法可以用于函数逼近、模式识别分类、数据压缩和时间序列预测等领域。

3.2.3.5 物元可拓集法

物元可拓集法是一种基于多元拓扑学的环境评价方法。它通过构建物元模型，将各种环境因素划分为不同的区域，计算各区域的可拓度，得出环境质量评价结果。物元可拓集法的优点在于它可以很好地处理环境评价中的不确定性和多目标问题，并可以提供较为准确的评价结果[22]。

物元可拓集法是一种利用物元模型和可拓集合来综合评价模型指数的方法。物元模型是一种用有序三元组（事物、特征、量值）来描述事物的方法，可拓集合是一种用区间表示元素的集合，可以处理不确定性和不精确性的信息。物元可拓集法通过确定经典域、节域、待评物元、关联函数、关联度、权重和综合关联度等步骤，来实现对多个评价对象的多个指标的综合评价。物元可拓集法可以有效地解决矛盾问题，为决策提供数据，将不相容问题转化为相容问题，使问题得到合理解决。

3.2.3.6 方法总结

模型指数法的方法对比如表 3-4 所列。

表3-4 模型指数法的方法对比

名称	特点
模糊数学评价法	评价结果受极值影响较大
灰色聚类评价法	白化函数较多，计算过程烦琐

续表

名称	特点
层次分析法	未充分利用数据，准确度欠缺
人工神经网络法	神经元数量的确定是评价的关键
物元可拓集法	经典域、节域的确定是评价的关键

1965 年，美国专家 Zadeh 提出了模糊数学的概念。该方法通过隶属度函数对重金属评价过程中的不确定性加以量化。该方法比较注重极值的作用，使得个别重金属含量对最终评价结果有较大影响。1982 年，邓聚龙基于模糊数学法创立了灰色聚类评价法。灰色聚类法权重分配的计算方法比模糊数学更加客观合理，但计算过程更为复杂，主要表现在白化函数的建立数量与过程上。20 世纪 70 年代，Saaty 创立了层次分析法。该法计算过程简便，在大规模、多因素、多指标的土壤重金属污染评价上有较大用武之地，但该方法具有实测数据不能充分利用和评价结果准确度有欠缺等局限性。人工神经网络是一类模拟生物体神经系统结构的新型信息处理系统。该方法首先建立重金属含量与土壤质量标准之间的全局性映射关系，然后从已知土壤重金属数据推导出获得数据的内在规律。神经元的数量多少是该评价方法结果准确与否的关键。20 世纪 80 年代，蔡文创立了物元可拓集学。该方法以物元为基本元，建立物元模型；以物元为依据，应用物元可拓集法化矛盾问题为相容问题。

3.2.4　生物有效性法

生物有效性是个动态过程，可分为三步描述：

① 污染物在土壤、水源、空气中的有效性；

② 污染物被生物体吸收；

③ 污染物在生物体内的积累和效应。

重金属的生物有效性可以通过物理化学法和生物学评价法来评价 / 表征。

3.2.4.1　物理化学法

物理化学法是基于重金属在环境中的存在形态和性质，通过物理化学分析手段，来表征其在生态系统中的行为和影响。

影响重金属生物有效性的重要因素如下。

① pH 值和溶解态浓度：重金属在不同 pH 值下，其存在形态和化学性质都有所不同。同时，溶解态浓度也是影响其生物有效性的重要因素之一。

② 钝化和活化状态：重金属存在于不同状态下，如在土壤中被吸附于颗粒表面

时，很难与植物根系发生反应，属于钝化状态；而溶解态则属于活化状态，更容易进入植物根系。

③ 沉淀态：有些重金属会以沉淀的形式存在于土壤中，不能被植物吸收利用，因此在生物有效性的评价中应该排除。

④ 有机物质和矿物质的含量：有机物质和矿物质都会对重金属的生物有效性产生影响，其中有机物质可以吸附重金属，减少其在土壤中的活性，而矿物质则可以与重金属发生化学反应，降低其溶解态浓度。

常见的物理化学法有离子选择电极法、阳极溶出伏安法、道南膜技术、树脂交换法、薄膜扩散梯度法、同位素稀释质谱法、化学浸提法和溶液平衡模型计算法等同样也是物理化学法。

其中离子选择电极法、阳极溶出伏安法、道南膜技术、树脂交换法是测定土壤中自由金属离子活度的方法。离子选择电极法通过电位测定可直接获得溶液中的自由离子含量，且不破坏化学形态平衡。该方法的缺点是电极种类有限，选择性和灵敏度较低，线性响应范围都在高浓度区。阳极溶出伏安法根据溶出峰的位置确定被测金属的种类，从氧化波的高低程度来确定被测重金属的含量。该测定方法容易受到腐殖酸等有机质的影响。道南膜技术是根据道南原理提出的一种测定自由重金属离子活度的方法。该方法利用交换膜把待测液和接受液分开，根据 Fick 定律，自由金属离子会从待测液通过交换膜进入接受液，直至平衡。树脂交换法将一定量性质已知的配体加入溶液中，它将与原有的天然配合物竞争金属离子，平衡时，金属在加入的竞争配体与天然配体间分配的量将取决于溶液中的自由金属离子活度，系统通过标准金属 - 配体溶液校准。

溶液平衡模型计算法既可以获得土壤溶液中自由金属离子活度又可以获得土壤中 labile 金属离子浓度。溶液平衡模型计算法是根据物料平衡，溶液中溶解组分的总浓度是其自由态和配合物形态的总和。

薄膜扩散梯度法、同位素稀释质谱法、化学浸提法可以用来测定土壤中 labile 金属离子。化学浸提法是基于化学测定的重金属含量与效应间的相关性。一般来说，重金属的化学浸提剂可分为单一浸提剂和连续浸提剂两种。单一浸提剂包括去离子水、酸性溶液、络合剂和中性盐溶液等；运用较多和比较认可的连续浸提方法有 Tessier 法和 BCR 法。薄膜扩散梯度法是通过模拟实际的金属扩散机制来研究重金属离子与生物配体之间作用规律的方法。同位素稀释质谱法是向已经平衡的土壤悬浮液添加需测定重金属的同位素，从而改变样品中待测重金属的同位素的峰度比，最后用质谱法测定同位素比值来确定样品中待测重金属的浓度。该方法具有元素测定范围广、测量精度和准确度高以及灵敏度高的特点。

3.2.4.2 生物学评价法

生物学评价法是基于生物体对重金属的敏感程度和反应机制，通过生物学实验或调查方法来表征其对生态系统的生物学影响。常见的生物学评价法有生物监测法、生物试验法、模拟实验法。

① 生物监测法：通过采集样本并分析生物体内重金属含量反映重金属在生态系统中的存在和累积情况，以此评价重金属的生物毒性。

② 生物试验法：将不同浓度的重金属加入生物体内或其生长环境中，观察生物对重金属的生理反应和死亡率等指标，从而评价其毒性和生物有效性。

③ 模拟实验法：利用人工生态系统，通过控制重金属添加量、生物体系结构和环境条件等因素，模拟真实生态系统中的重金属污染情况，从而评价其对生态系统的影响[23]。

3.3 农田土壤重金属生态风险评价方法研究

3.3.1 研究区概况

枝江市和当阳市为湖北省的两个辖县级市，由宜昌市代管，研究区域位于湖北省的中西部，东与荆门市交界，东南邻荆州市，西接宜昌市夷陵区、猇亭区，北与远安县接壤，地理坐标为东经 111° 25′ ～ 112° 04′、北纬 30° 16′ ～ 31° 11′，区域面积 3459.71km²。枝江市和当阳市两地分别位于江汉平原和黄陵山地交界的丘陵地带和鄂西山地向江汉平原过渡地带，地形差异较大，地貌类型齐全，包括低山、平原、岗地和丘陵。

研究区域内共布设了 722 个采样点，采用自主研发的导航 APP，实时导入采样点数据进行精确导航，避免采样人员无法准确找到采样点，以网格法为主进行科学布点。为能反映研究区域的真实情况，将采样区划分为重点区域、疑似区域和关注区域，并开展农业投入品、灌溉水及底泥等信息收集和样品采集调查。其中重点区域预研布点采用 50 亩耕地一个点位来进行布设，疑似区域预研布点采用 150 亩耕地一个点位来进行布设，关注区域预研布点采用 300 亩耕地一个点位来进行布设。

按照《土壤环境监测技术规范》中的要求，采用五点取样法，从农田土壤耕作层采集 0 ～ 20cm 的土壤样品。为了确保样本的代表性，采用了混合样本采集计划。将采集的土壤样品自然干燥，去除植物根茎等杂质，在玛瑙研钵中研磨，并通过 150 目尼龙筛，筛下样品密封保存备用。

3.3.2 重金属累积状况评价

选取土壤重金属背景值为评价标准，计算得到的研究区域农田土壤各个采样点的重金属元素的累积因子如表 3-5 所列。

表3-5 研究区域重金属元素的累积因子表

累积程度	重金属				
	As	Hg	Cr	Cd	Pb
EF＜1	31.58%	66.48%	67.04%	8.03%	21.19%
1 ≤ EF＜3	68.42%	32.69%	32.96%	90.17%	78.81%
3 ≤ EF＜6	0.00%	0.55%	0.00%	1.80%	0.00%
EF ≥ 6	0.00%	0.28%	0.00%	0.00%	0.00%
平均值 /（mg/kg）	1.141	0.984	0.947	1.547	1.121

研究区域重金属累积整体处于无或者轻度累积状态；Hg 和 Cr 元素累积因子均值小于 1，As、Cd 和 Pb 均值大于 1，存在一定的累积特征，其中 Cd 元素累积特征最明显。各重金属相对累积水平如图 3-2 所示。

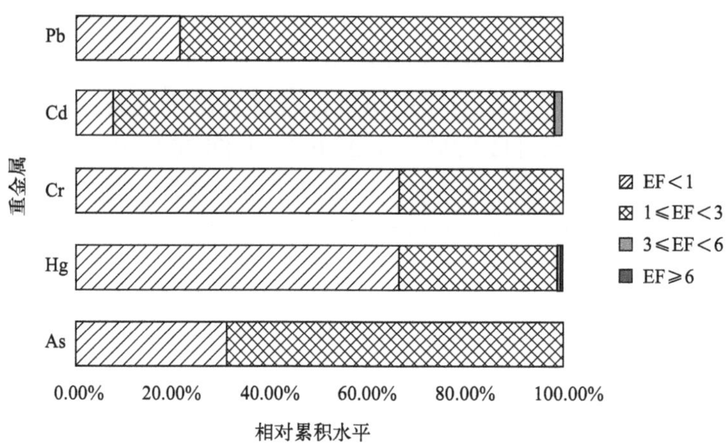

图 3-2 研究区域重金属相对累积水平

值得注意的是 Hg 元素累积均值处于无累积水平，但是处于轻度累积的点位占比 32.69%，且存在少量中高度以上的累积占比，Hg 元素变异系数高达 75%，故推测 Hg 元素整体累积特征不明显，却存在局部区域累积严重现象。Cd 处于轻度累积水平的点位高达 90.17%，说明 Cd 是枝江、当阳两市最主要的重金属污染物。

3.3.3 基于污染指数法的评价结果

运用单因子指数法和内梅罗综合指数法对研究区域中农田土壤重金属污染状况进

行评价，各个重金属单因子污染指数如表3-6所列，研究区域农田土壤As、Hg、Cr、Cd和Pb这5种重金属的单因子污染指数范围分别为0.272～2.774、0.386～17.520、0.494～1.358、0.126～4.955和0.551～1.774。

表3-6　单项及综合污染指数分布

单项污染指数	As	Hg	Cr	Cd	Pb	P_N	综合污染指数(P_N)
$P_i<1$ 非污染	31.44%	66.76%	67.04%	8.03%	21.19%	0.14%	$P_N\leqslant 0.7$ 安全
$1\leqslant P_i<2$ 轻度污染	68.01%	30.61%	32.96%	78.12%	78.81%	3.05%	$0.7<P_N\leqslant 1.0$ 警戒限
$2\leqslant P_i<3$ 中度污染	0.42%	2.08%	0.00%	12.05%	0.00%	90.58%	$1<P_N\leqslant 2$ 轻度污染
$P_i>3$ 重度污染	0.00%	0.83%	0.00%	1.80%	0.00%	5.40%	$2<P_N\leqslant 3$ 中度污染
						0.83%	$3<P_N$ 重度污染

从表3-6可知土壤重金属均存在不同程度的污染。各重金属污染指数平均值分别为1.141、0.984、0.947、1.547和1.121；平均值大小为Cd＞As＞Pb＞Hg＞Cr。其中Cr和Hg元素的非污染点位数占比较大，分别达到67.04%和66.76%，As、Cd和Pb元素的轻度污染点位数占比大，分别达到68.01%、78.12%和78.81%，As、Cr和Pb几乎不存在中度污染的点位，说明这3种元素存在污染，但是污染程度不高；但Hg和Cd元素存在少量中度污染的点位，特别是Cd元素，处于中度污染的点位数占比12.05%，同时Cd元素还存在一定点位的重度污染，这也说明了Cd元素是枝江、当阳农田土壤污染最严重的重金属，应加强对枝江、当阳两市Cd元素的治理。内梅罗综合指数平均值为1.362，处于轻度污染的点位数占比90.58%，处于警戒限的点位数达到3.05%，说明土壤受到污染，达到轻度污染水平。

3.3.4　基于潜在生态危害指数法的评价结果

研究区域5种重金属的潜在生态危害系数分布如表3-7所列，As、Pb、Cr的潜在生态危害系数均＜40，表明在该研究区域农田土壤中，重金属As、Pb、Cr的生态风险较低，处于轻微风险水平。Hg处于轻微风险水平的点位数达到66.48%，中等及以上水平达到33.52%。Cd的生态风险最强，处于中等污染及以上点位数达到

65.24%，处于轻微风险水平的点位数达到 34.76%。所以研究区域 Cd 和 Hg 元素是农田土壤重金属潜在生态风险最主要的原因。

表3-7　土壤重金属单项潜在生态危害系数分布

单项潜在生态危害系数（E_r^i）	As	Hg	Cr	Cd	Pb
E_r^i ＜ 40 轻微	100.00%	66.48%	100.00%	34.76%	100.00%
40 ≤ E_r^i ＜ 80 中等	0.00%	30.61%	0.00%	62.33%	0.00%
80 ≤ E_r^i ＜ 160 强	0.00%	2.49%	0.00%	2.91%	0.00%
160 ≤ E_r^i ＜ 320 很强	0.00%	0.28%	0.00%	0.00%	0.00%
E_r^i ≥ 320 极强	0.00%	0.14%	0.00%	0.00%	0.00%

综合潜在生态危害指数的均值为 104.67（范围为 40.72 ～ 761.84），研究区域稻田土壤重金属综合潜在生态危害指数如表 3-8 所列，其中处于轻微污染风险水平的点位数占比 95.84%，中等、强、很强、极强的点位数各占比 3.88%、0.14%、0.14%、0.00%。多数样本点位处于轻微风险级别。总体处于轻度污染水平。

表3-8　土壤重金属综合潜在生态危害指数分布

潜在生态危害指数	RI＜150	150 ≤ RI ＜300	300 ≤ RI ＜600	600 ≤ RI ＜1200	RI ≥ 1200
危害程度	轻微	中等	强	很强	极强
样品数量	692	28	1	1	0
所占比例	95.84%	3.88%	0.14%	0.14%	0.00%

各个重金属对综合潜在生态危害的贡献率等于其单项潜在生态危害系数与综合潜在生态危害指数的比值，如图 3-3 所示（书后另见彩图），其中 Cd、Hg 对综合潜在生态危害的贡献率分别为 44.48%、36.54%，据此可以推断，Cd 和 Hg 是该农田土壤污染的主要来源，As 次之。

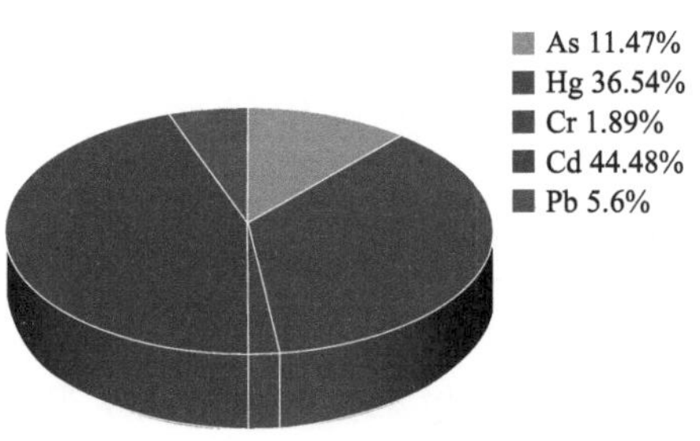

图 3-3　重金属元素对潜在生态危害的贡献率

3.4 产地环境监测与评估系统设计

3.4.1 系统需求分析

3.4.1.1 系统设计目标

产地环境监测与评估系统设计与实现，方便了管理人员实时掌握产地各环境要素数据，为监测数据从存储、查询、处理、共享到信息发布提供了完整的方法和手段，能有效地存储和处理环境监测数据，实现信息资源共享，并以图形和图表的形式反映区域环境状况的变化，为环境监测管理走向科学化、系统化和网络化提供有益探索。

3.4.1.2 系统设计原则

系统总体设计应当根据系统工程的设计思想，使开发的系统满足科学化、合理化、经济化的总体要求。

系统设计一般遵循以下基本原则。

（1）完备性

完备性主要是指系统的功能齐全、完备，能够满足用户的需要，系统要具备数据采集、管理、处理、查询、编辑、显示、分析及输出等功能。

（2）系统性

运用 GIS 软件开发的系统，空间数据和属性数据必须能够有机地结合为一体，各种参数可以互相进行传输。

（3）可靠性

系统的可靠性包括两个方面：一是系统运行的安全性，系统必须保证能够长期安全可靠稳定地运行；二是运用 GIS 软件进行开发采集数据精度的可靠性和符号内容的完整性。

（4）实用性

系统数据组织灵活，可以满足不同应用分析的需求。系统真正做到能够解决用户所关心的问题，为生产实践、科研教学服务。

（5）可扩充性

考虑到计算机技术、用户方未来的发展，系统设计时应采用模块化结构设计，模块的独立性强，模块增加、减少或修改均对整个系统的影响很小，便于对系统进行改进、扩充，使系统处于不断完善的过程中，利于系统的扩充和完善。

（6）易操作性

计算机技术的特点及发展方向决定了它必须方便用户的使用，节省时间和费用，提高效率，只有这样才有其存在的价值和市场。系统用户文化程度参差不齐，低学历所占比例较大，因此系统必须具有友好的用户界面便于用户操作，易于用户学习掌握。

3.4.2 系统总体结构

产地环境监测与评估系统可实现土壤环境质量监测数据的采集、样品的制备与流转、数据的审核管理等全过程的信息管理，提升了土壤环境信息化管理水平，为提高土壤环境质量监测提供了技术支撑。

产地环境监测与评估系统总体设计如图 3-4 所示。

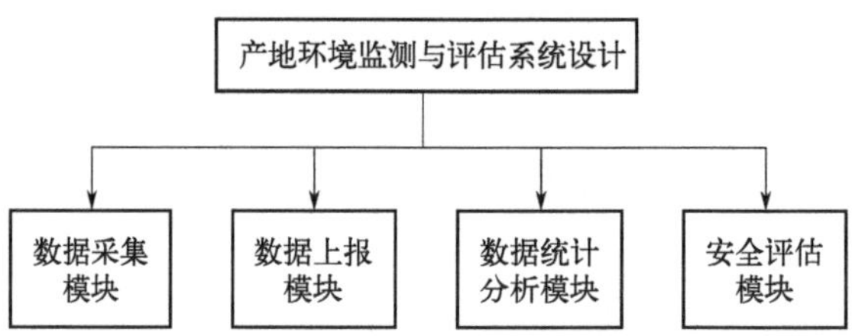

图 3-4　产地环境监测与评估系统总体设计

3.4.3 产地环境监测与评估系统的组成

3.4.3.1 产地环境监测数据采集模块

产地环境监测数据采集模块是产地环境监测与评估系统的一个重要组成部分，主要负责采集产地环境监测数据并将其传输到数据中心进行处理和分析。该模块的主要功能包括以下几个方面。

（1）采样功能

采样是产地环境监测数据采集模块的基本功能之一，包括年度采样工作部署、启用备选点位、区域中心管理、区域中心人员管理、年度任务分配、采样记录和采样审核等功能。它通过选择合适的采样点，采集大气、水体、土壤等环境介质中的样品，以获取相应的环境数据。采样过程需要严格按照国家生态环境局的标准和规范进行，以保证采样数据的准确性和可靠性。采样功能需要提供采样点的定位和管理、采样参数的设置和校准等功能。

（2）制样功能

采集到的样品需要进行制样处理，以方便后续的测试和分析。制样功能主要包括样品的加工、处理和分装等过程。对于大气、水体和土壤等不同的环境介质，制样过程有所不同。例如，对于大气污染物的样品，需要进行过滤、浓缩和萃取等处理；对于水体和土壤的样品，则需要进行 pH 值调节、破碎、混合等操作。制样功能需要提供相应的制样设备和工具，并能够自动记录和管理制样过程的数据。

（3）测样功能

测样是对制样后的样品进行测试和分析的过程，以获取相应的环境数据。测样功能需要提供相应的测试仪器和设备，例如气体质谱仪、液相色谱仪、原子吸收光谱仪等，同时还需要提供相应的测试方法和标准，以保证测试数据的准确性和可靠性。测样功能需要能够自动记录和管理测样过程的数据，并将测样数据上传到数据中心或云端服务器进行存储和备份。

3.4.3.2　产地环境检测数据上报模块

产地环境检测数据上报模块的主要功能包括以下几个方面。

（1）样品接收功能

样品接收是产地环境检测数据上报模块的基本功能之一，包括接收批次信息、接收详细样品信息、检测批次基本情况信息、机构收样任务量、收样人信息等功能。当采样、制样和测样模块完成数据采集和分析后，产生的数据需要被上传到数据中心或云端服务器进行存储和备份。样品接收功能需要提供样品接收的接口和工具，例如电子邮件、短信等，并能够自动识别样品的相关信息，如样品编号、采样日期、样品来源等。

（2）结果上报功能

结果上报功能模块包括农产品上报过程记录、农产品样品检测结果保存、土壤上报过程记录、土壤样品检测结果保存、检测机构任务量信息等功能。结果上报是将样品检测结果向上级机构和相关部门汇报的过程。产地环境检测数据上报模块需要提供相应的结果上报功能，包括数据的格式化、数据的加密和解密、数据的压缩和解压缩等功能。同时，结果上报功能还需要提供自动上报和手动上报两种方式，以便对不同的情况进行适当的处理。

（3）审核功能

审核功能模块包括对上报的数据进行审核。审核是对检测结果进行确认和验证的过程，以确保检测结果的准确性和可靠性。审核功能需要提供相应的审核流程和审核人员，能够对样品检测结果进行逐一审查，并生成审核报告和审核意见。审核功能还需要提供对审核结果的存储和备份，以便后续的数据查询和分析。

3.4.3.3 产地环境监测数据统计分析模块

产地环境监测数据统计分析模块是一种针对不同环境领域（如土壤、生产用水和环境空气等）的数据分析工具，其主要功能如下。

（1）土壤数据统计分析

该模块可以对采集到的土壤样本数据进行统计分析，例如对土壤中的重金属、有机物等成分进行分析和比较，生成相关的图表和报告，帮助用户更好地了解土壤的污染状况。

（2）生产用水数据统计分析

该模块可以对生产用水样本数据进行统计分析，例如对生产用水中的水质指标如COD、BOD、TP、TN等进行分析和比较，生成相关的图表和报告，帮助用户更好地了解生产用水的水质状况。

（3）环境空气数据统计分析

该模块可以对环境空气样本数据进行统计分析，例如对空气中的$PM_{2.5}$、SO_2、NO_x等指标进行分析和比较，生成相关的图表和报告，帮助用户更好地了解环境空气的污染状况。

除了上述功能外，该模块还应该提供数据的可视化分析功能，例如数据的趋势分析、空间分布分析等，帮助用户更好地理解数据，找出其中的规律和趋势。此外，该模块还应该具备数据导出、数据共享和数据安全等功能，以满足不同用户的需求。

3.4.3.4 产地环境安全评估模块

产地环境安全评估模块是一种综合应用不同的评估方法，对产地环境的安全性进行评估和预测的模块。其中，常用的评估方法包括以下几种。

（1）数理统计法

该方法基于统计学原理，通过对大量的环境监测数据进行分析和处理，得出环境质量指数等评估结果。该方法的优点在于可靠性较高，评估结果较为准确。

（2）一般指数法

该方法是一种简单易行的评估方法，通过将不同污染物的浓度值进行综合计算，得出环境质量指数等评估结果。该方法的优点在于简单易行，适用于快速评估。

（3）模型指数法

该方法是通过建立数学模型，模拟污染物在环境中的扩散和转化过程，得出环境质量指数等评估结果。该方法的优点在于可以考虑污染物之间的相互作用，评估结果较为准确。

（4）生物有效性法

该方法是通过对环境中生物响应的观察和评估，得出环境质量指数等评估结果。该方法的优点在于能够反映生态环境的真实情况，评估结果较为可信。

综合应用这些评估方法，可以更全面地评估产地环境的安全性，并为环境保护和生态建设提供科学依据。

3.4.4 产地环境监测与评估系统的应用

产地环境监测与评估系统可以广泛应用于农业、水产业、工业等领域，以提高生产环境的安全性和可持续性。

（1）农业领域

在粮食作物、果蔬、畜牧养殖等领域，产地环境监测与评估系统可以监测土壤、水质、空气质量等环境指标。例如，通过对土壤中农药残留、重金属等有害物质进行监测和评估，可以及时发现潜在的污染源，制定相应的环境保护和管理措施，提高生产环境的安全性和产量稳定性。

（2）水产业领域

在水产养殖、水产捕捞等领域，产地环境监测与评估系统可以监测养殖水质、鱼类营养成分、环境生态等。例如，通过对养殖水体中水质指标如氨氮、亚硝酸盐等进行监测和评估，可以保证水产养殖环境的安全性和质量稳定性。

（3）工业领域

在化工、电力、制造等领域，产地环境监测与评估系统可以监测废水、废气、噪声等污染指标。例如，通过对工业废水中COD、BOD、TP、TN等污染物进行监测和评估，可以制定相应的环境保护和管理措施，提高工业环保水平和企业形象。

在政府环保部门、科研机构、大型农企等单位中，产地环境监测与评估系统可以监测环境质量、评估环境风险、制定环境保护计划等。例如，政府环保部门可以通过对空气质量、水质、土壤等环境指标进行监测和评估，制定相应的环境保护政策和管理措施，保障公众健康和生态安全。科研机构可以利用产地环境监测与评估系统的数据，开展相关的环境科研项目和应用研究。大型农企可以通过对生产环境的监测和评估，提高产品的质量和竞争力，保护企业的品牌形象。

3.5 产地环境监测与评估系统模块设计

3.5.1 产地环境监测数据采集模块

产地环境监测数据采集模块的功能如图 3-5 所示，用于实现对产地环境监测数据的实时采集、传输、存储和管理。

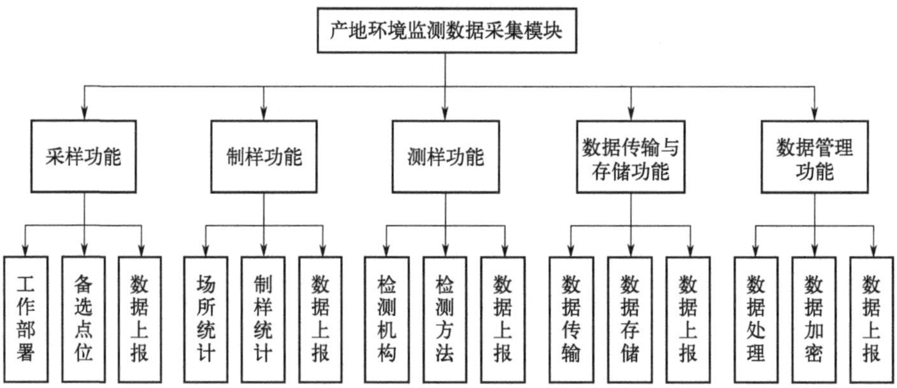

图 3-5 产地环境监测数据采集模块的功能

以下是该模块的设计要点。

（1）采样功能设计

该模块需要具备采集环境数据的功能，可以通过安装各种类型的传感器，对土壤、水体、空气等环境参数进行实时监测。采集的数据需要满足一定的精度和稳定性要求，同时需要进行实时校准和修正。

（2）制样功能设计

对于采集到的环境样品，该模块需要能够对其进行制样和处理，以便后续的实验分析。制样方式应该根据样品类型进行选择，并确保样品的原始信息能够被保存下来。

（3）测样功能设计

该模块需要能够对样品进行各种物理、化学和生物学参数的测量和分析，以便得出环境参数的准确值。测样方式应该根据样品类型和环境参数进行选择，并采用先进的分析技术和设备。

（4）数据传输与存储功能设计

该模块需要能够实现对采集到的数据进行传输和存储。传输方式可以采用无线通信、有线通信等方式，存储方式可以采用云存储、本地存储等方式，以保证数据的安全性和可靠性。

（5）数据管理功能设计

该模块需要具备数据管理的功能，包括数据的录入、处理、查询、分析和报告生成等，以便对环境数据进行综合分析和评估。同时，需要对数据进行加密和备份，以保证数据的安全性和可靠性。

3.5.2　产地环境检测数据上报模块

产地环境检测数据上报模块的功能如图 3-6 所示。产地环境检测数据上报模块是将采集到的产地环境检测数据发送给相关的机构或部门进行审核和管理的重要模块。

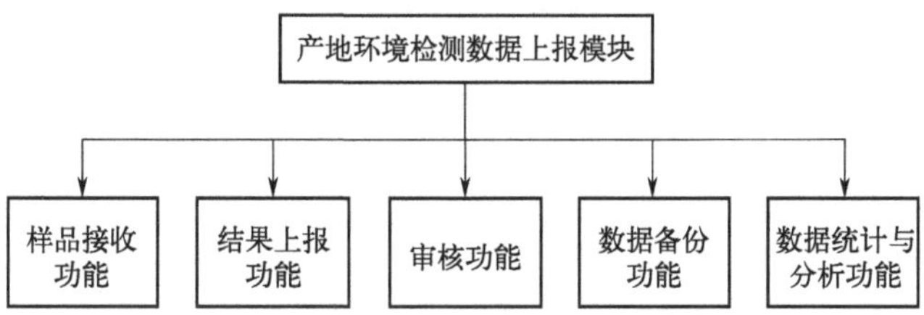

图 3-6　产地环境检测数据上报模块的功能

以下是该模块的设计要点。

（1）样品接收功能设计

该模块需要能够接收采集模块传输的产地环境检测数据，接收方式可以是网络传输或存储设备接收。

（2）结果上报功能设计

该模块需要能够将接收到的产地环境检测数据上传至相关的机构或部门，上传方式可以是网络传输或其他通信方式。

（3）审核功能设计

该模块需要能够对上传的数据进行审核和管理，以保证数据的准确性和可靠性。审核功能可以根据不同的机构或部门进行定制。

（4）数据备份功能设计

该模块需要能够对上传的数据进行备份和存储，以保证数据的安全性和可靠性。

（5）数据统计与分析功能设计

该模块需要能够对上传的数据进行统计和分析，生成报表和图表，以便于机构或部门对产地环境检测数据进行综合分析和评估。

3.5.3 产地环境监测数据统计分析模块

产地环境监测数据统计分析模块的功能如图 3-7 所示。

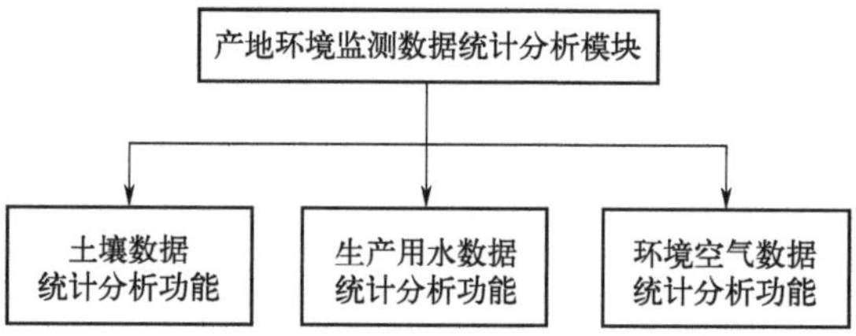

图 3-7 产地环境监测数据统计分析模块的功能

针对土壤、生产用水、环境空气三个方面的产地环境监测数据进行统计分析，设计要点如下。

（1）土壤数据统计分析功能设计

该模块需要能够对采集到的土壤监测数据进行统计分析，包括土壤重金属含量、有机物含量、酸碱度等指标的分析，并可根据不同作物、土地类型、区域等因素对土壤质量进行评估和比较。

（2）生产用水数据统计分析功能设计

该模块需要能够对采集到的生产用水监测数据进行统计分析，包括水质指标、微生物指标、营养物质指标等，可根据不同水源地、用水用途、水处理方式等因素对水质安全进行评估和比较。

（3）环境空气数据统计分析功能设计

该模块需要能够对采集到的环境空气监测数据进行统计分析，包括大气污染物指标、噪声指标、气象指标等，可根据不同时期、区域、天气条件等因素对环境空气质量进行评估和比较。

3.5.4 产地环境安全评估模块

在产地环境监测与评估系统中，产地环境安全评估模块是一个非常重要的组成部分。它能够对产地环境状况进行评估，识别环境风险并提供风险管理建议。接下来介绍如何设计和实现产地环境安全评估模块。

3.5.4.1 模块设计

首先，确定评估指标是评估模块的基础。评估指标应该涵盖环境污染、危险化学品管理、环境安全设施、环境应急能力和环境监测等方面。这些指标应该是可量化和可衡量的，便于数据采集和处理。

其次，数据采集和处理是产地环境安全评估模块的关键步骤。在设计模块时，需要考虑如何从现场采集数据，并进行处理和存储。这些数据可以来自实地采样、现场监测、卫星遥感和其他环境数据来源。需要确保数据的准确性和可靠性，以便进行有效的风险评估。

接下来，风险评估是产地环境安全评估的核心内容。在设计模块时，需要确定风险评估的方法和模型以及评估结果的呈现方式。这些方法和模型可以包括多种评估方法，如定量评估和定性评估等。同时，需要通过可视化和互动的方式呈现评估结果，例如地图、图表和数据可视化等。评估结果需要以清晰、易懂的方式呈现给政府、企业和公众。这样，政府、企业和公众才可以更好地了解产地环境的状况和风险，采取相应的措施。

在设计模块时，还需要考虑如何保护数据的安全和隐私。评估过程中涉及的数据应该受到保护，并且只有授权的用户才可以访问和使用这些数据。

产地环境安全评估模块的结构如图 3-8 所示。产地环境安全评估模块包括土壤镉点位安全评估结果统计分析、土壤汞点位安全评估结果统计分析、土壤砷点位安全评估结果统计分析、土壤铅点位安全评估结果统计分析、土壤铬点位安全评估结果统计分析、土壤铜点位安全评估结果统计分析、土壤锌点位安全评估结果统计分析、土壤镍点位安全评估结果统计分析等功能。

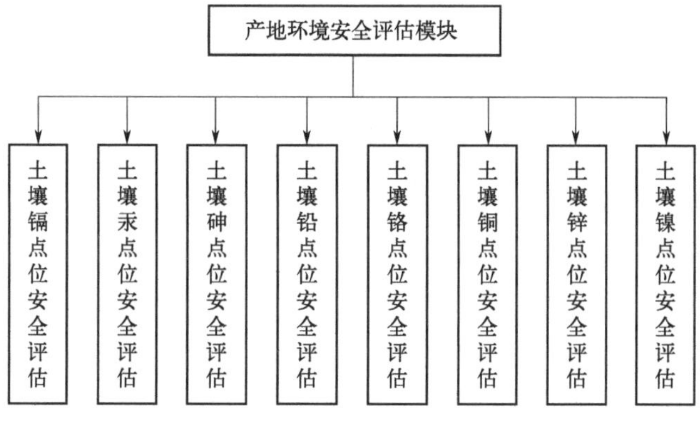

图 3-8　产地环境安全评估模块

3.5.4.2　评价分级与管控

（1）评价指标分类

评价指标分为基本控制项目和选择控制项目，如表 3-9 所列。

表3-9 产地环境质量评价指标分类

环境要素	基本控制项目	选择控制项目
土壤	镉、汞、砷、铅、铬、镍、铜、锌	六六六、滴滴涕、苯并 [*a*] 芘、邻苯二甲酸酯类总量
生产（灌溉）用水	pH 值、化学需氧量、总汞、总镉、总砷、六价铬、总铅	五日生化需氧量、悬浮物、阴离子表面活性剂、水温、全盐量、氯化物、硫化物、粪大肠菌群数、蛔虫卵、总铜、总锌、总硒、总硼、氟化物、氰化物、石油类、挥发酚、苯、丙烯醛、三氯乙醛、氯苯、1,2- 二氯苯、1,4- 二氯苯、硝基苯、甲苯、二甲苯、异丙苯、苯酚、苯胺、4-硝基氯苯、2,4- 二硝基氯苯、邻苯二甲酸二丁酯、邻苯二甲酸二辛酯
环境空气	二氧化硫、二氧化氮、一氧化碳、臭氧、颗粒物（粒径≤ 10μm）、颗粒物（粒径≤ 2.5μm）	总悬浮颗粒物、氮氧化物（NO_x）、氟化物、铅、镉、汞、砷、六价铬、苯并 [*a*] 芘

（2）评价方法

采用单因子指数法和综合污染指数法对产地环境质量进行评价。单因子指数法计算见公式（3-5），综合污染指数法计算见公式（3-6）。

（3）评价结果

土壤、生产（灌溉）用水、环境空气监测项目中污染物 i 浓度满足标准限值要求，即 $P_i \leqslant 1.0$，产地环境质量达标；如各环境要素中任意一项监测项目中污染物 i 浓度超出标准限值要求，即 $P_i > 1.0$，产地环境质量不达标。

农产品产地环境质量评价等级划分如表 3-10 所列。

表3-10 产地环境质量评价等级划分

环境质量等级	土壤单项或综合污染指数	生产（灌溉）用水单项或综合污染指数	环境空气单项或综合污染指数	等级名称
1	≤ 0.7	≤ 0.5	≤ 0.6	清洁
2	0.7 ～ 1.0	0.5 ～ 1.0	0.6 ～ 1.0	尚清洁
3	＞1.0	＞1.0	＞1.0	超标

土壤环境质量指标限值主要依据已有的全国范围的各项环境质量基准值的最低值资料制定。各地监测结果，低于该值，一般无污染问题；高于该值，是否污染应视其对植物、动物、水体、空气和（或）人体健康有无危害而定。所定的超标等级，生产

（灌溉）用水、环境空气可认为污染，而土壤是否污染应做进一步调研，若确对其所影响的植物（生长发育、可食部分超标或用作饲料部分超标）、周围环境（地下水、地表水、大气等）和（或）人体健康有危害，方能确定为污染。

（4）管控要求

各污染物监测结果均低于标准限值，一般无污染问题。其中，产地环境质量为1级时，一般认为环境质量状况较好，应加强环境质量保护。

不同评价时段各环境要素单项或综合污染指数有明显增加趋势，或产地环境质量等级出现明显变化，但并未超过标准限值要求，应查清并管控污染原因，防止产地环境质量恶化。

污染物监测结果高于标准限值，即各环境要素单项或综合污染指数＞1时，应查清超标原因，明确超标项目的超标倍数、超标率、超标面积及超标面积率。其中，当土壤环境质量监测结果超过GB 15618风险管制值，或空气、水环境中任一单项或综合污染指数＞1且有明显增加趋势，应加强风险管控，按照GB 15618、NY/T 2150要求开展农产品产地环境质量调查与风险评价，确定是否需要修复，并对不进行修复的产地进行禁止生产区的确定，不得从事农产品生产。

本章主要介绍了产地环境监测与评估系统的背景、需求以及各个模块的设计。探讨了产地环境监测与评估的背景，包括现存问题和对环境质量的重要性。根据系统的需求，详细描述了数据采集模块、数据上报模块和数据统计分析模块的功能和设计。对于数据采集模块，从采样功能、制样功能和测样功能三个方面进行了介绍。对于数据上报模块，从样品接收功能、结果上报功能和审核功能三个方面进行了描述。对于数据统计分析模块，从土壤、生产用水和环境空气三个方面进行了设计，并介绍了数理统计法、一般指数法、模型指数法和生物有效性法等方法。

综上所述，产地环境监测与评估系统的设计能够有效解决环境监测与评估过程中的问题，实现对产地环境质量的全面监测和评估。通过数据的采集、上报和统计分析，系统能够提供准确、可靠的环境数据，并运用多种评估方法进行环境质量的评价。这将为决策者提供重要的参考信息，以便采取有效的措施保护和改善产地环境，确保产品的安全和可持续发展。

3.6 系统界面及使用说明

本节将在需求分析和系统设计的基础上，根据需求功能说明书对产地环境监测与评估系统的各个功能模块的具体功能进行实现。

3.6.1 系统主界面

系统主界面（图 3-9）由主页、土壤环境采样、土壤样品制样和系统管理四个部分组成。

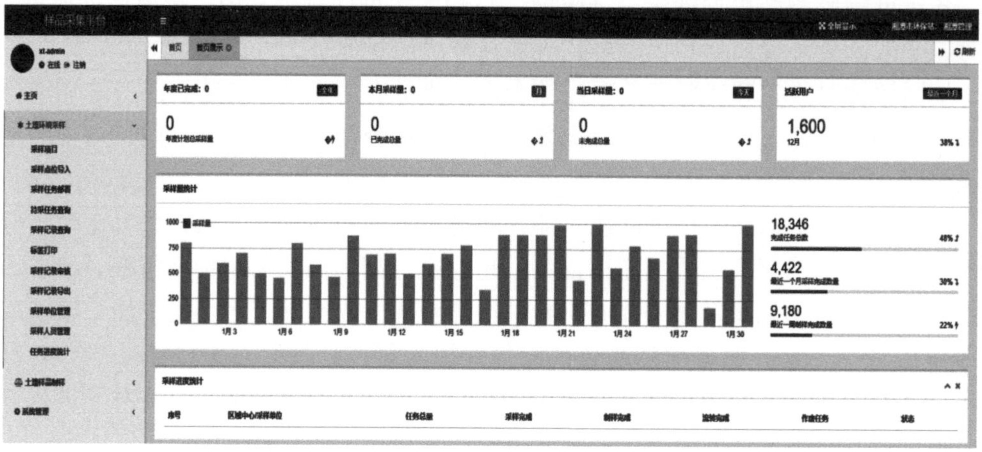

图 3-9 系统主界面

进入系统后，默认进入首页界面，该页面展示了土壤采样的基本信息。

3.6.2 系统管理功能实现

系统管理模块包括 3 个二级功能，分别为用户管理、角色管理和部门管理。

点击“用户管理”，在该页面中可以将所有部门按照树状结构进行显示，方便查看各部门间的隶属关系，效果如图 3-10 所示。

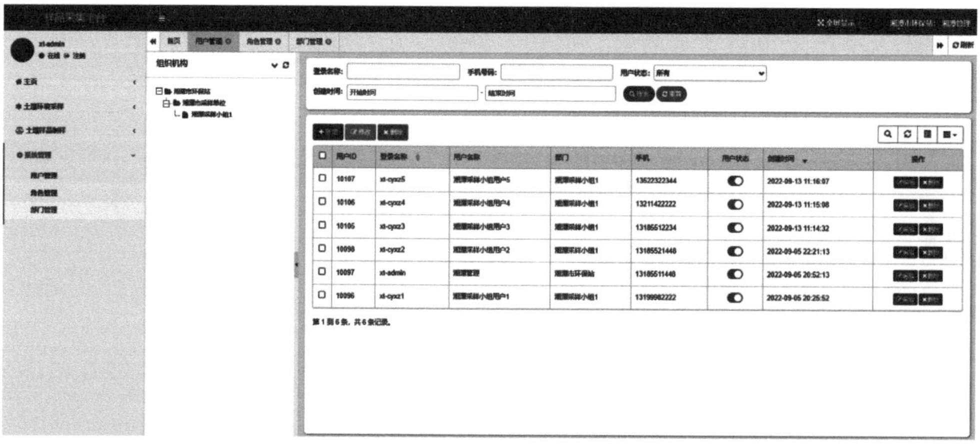

图 3-10 用户管理功能

点击“角色管理”，在该页面中可以查看角色名称等信息，效果如图 3-11 所示。

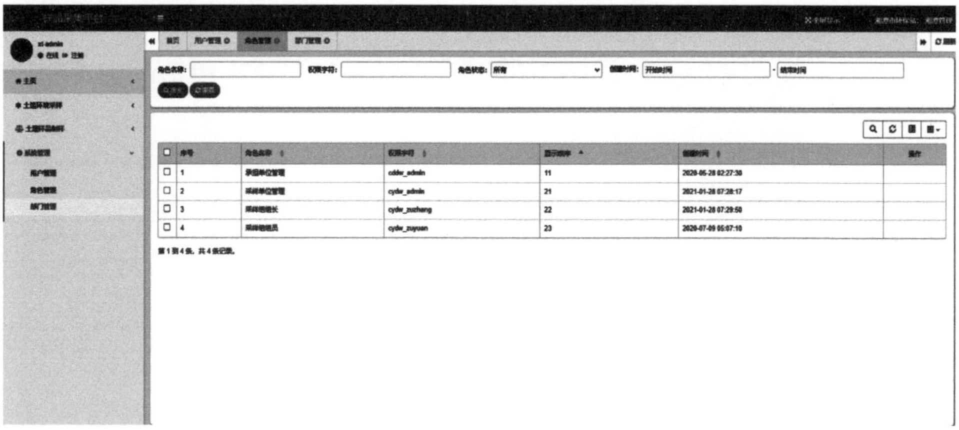

图 3-11　角色管理功能

点击“部门管理”，在该页面中可以新增部门、修改部门信息和删除已创建的部门，效果如图 3-12 所示。

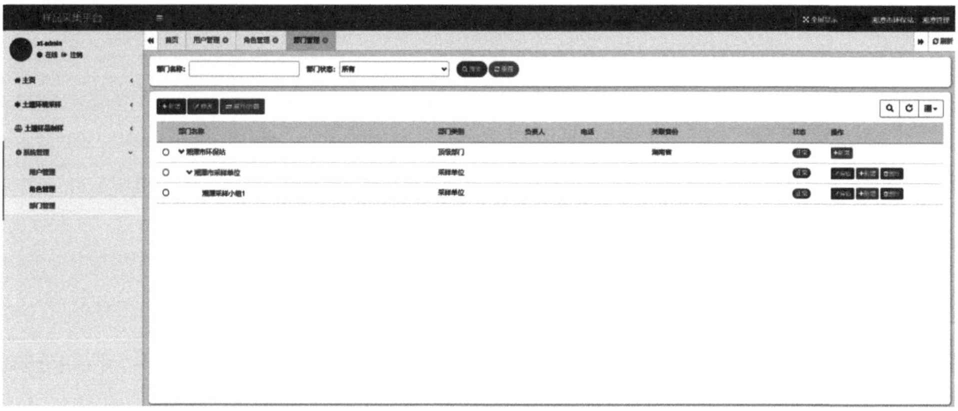

图 3-12　部门管理功能

3.6.3　土壤环境采样功能实现

土壤环境采样功能菜单栏下设采样项目、采样点位导入、采样任务部署、待采任务查询、采样记录查询、标签打印、采样记录审核、采样记录导出、采样单位管理、采样人员管理和任务进度统计 11 个功能。

选中“土壤环境采样”下“采样项目”，添加新的采样项目，可以设置项目名称、项目编码、项目类型、项目模式、开始时间和结束时间等信息。如图 3-13 所示。

选中“土壤环境采样”下“采样点位导入”，导入或添加采样点位，并生成采样任务，也可以根据需要进行坐标转换。如图 3-14 所示。注意：导入采样点位仅允许导入“xls”或“xlsx”格式文件！

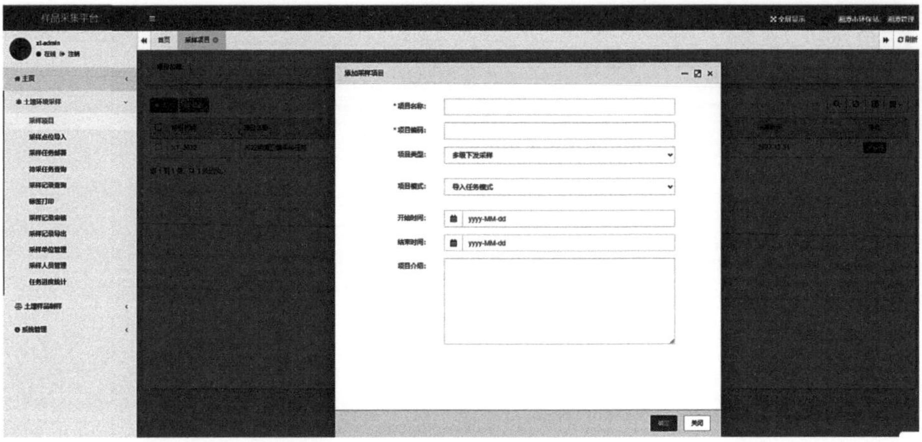

图 3-13 采样项目功能

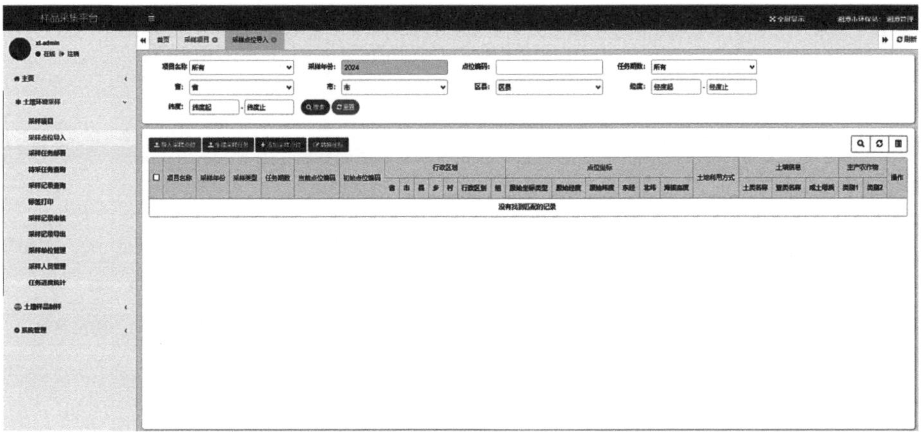

图 3-14 采样点位导入功能

选中“土壤环境采样”下“采样任务部署”，进行区域任务部署，选择任务进行分配，并设置样品制样类型。如图 3-15 所示。注意：在分配土壤点位采集任务时可搜索栏目“采样年份”“项目名称”，但“承担单位 / 采样小组”为必选项！

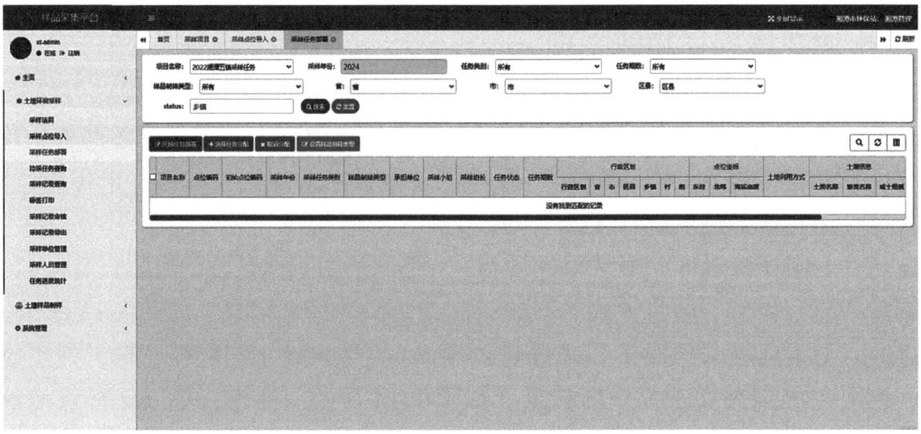

图 3-15 采样任务部署功能

选中“土壤环境采样”下“待采任务查询”，可查询待采样品的基本信息。如图 3-16 所示。

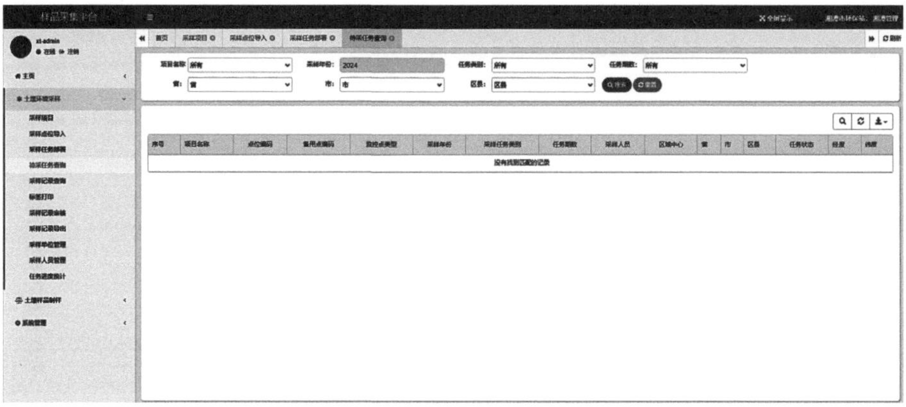

图 3-16　待采任务查询功能

选中“土壤环境采样”下“采样记录查询”，可查询已采样品的基本信息。如图 3-17 所示。

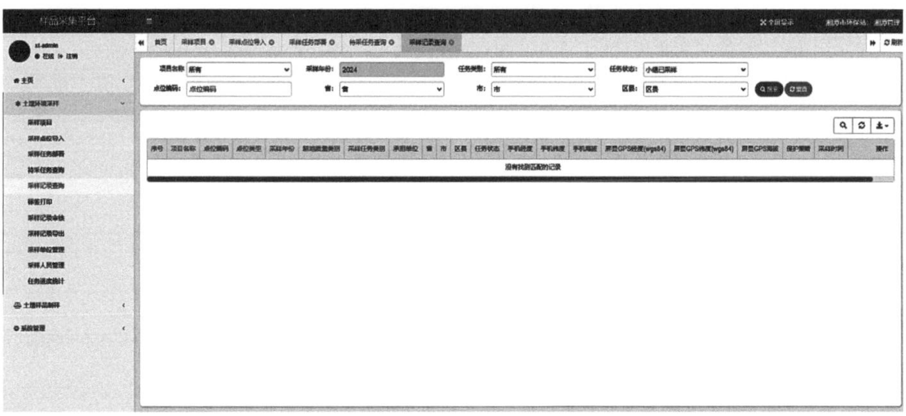

图 3-17　采样记录查询功能

选中“土壤环境采样”下“标签打印”，可打印土壤样品和农产品样品标签。如图 3-18 所示。

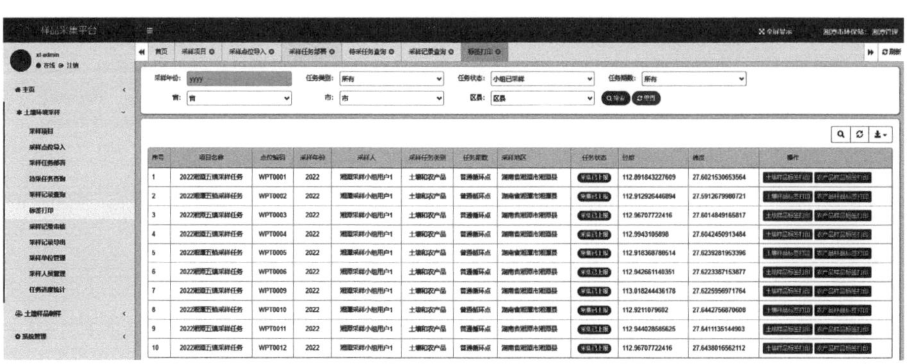

图 3-18　标签打印功能

选中“土壤环境采样”下“采样记录审核”，对上传的信息进行审核。如图 3-19 所示。

图 3-19　采样记录审核功能

选中“土壤环境采样”下“采样记录导出”，导出采样记录信息。如图 3-20 所示。

图 3-20　采样记录导出功能

选中“土壤环境采样”下“采样单位管理”，新增或修改采样单位基本信息。如图 3-21 所示。

图 3-21　采样单位管理功能

选中“土壤环境采样”下“采样人员管理”，新增或修改采样人员基本信息。如图 3-22 所示。

图 3-22　采样人员管理功能

选中“土壤环境采样”下“任务进度统计”，对采样进度进行数据统计。如图 3-23 所示。

图 3-23　任务进度统计功能

3.6.4　土壤样品制样功能实现

土壤样品制样功能下设制样单位管理、检测单位查询、接收样品查询、流转批次查询和样品标签打印 5 个功能。

选中“土壤样品制样”下“制样单位管理”，新增或修改制样单位基本信息。如图 3-24 所示。

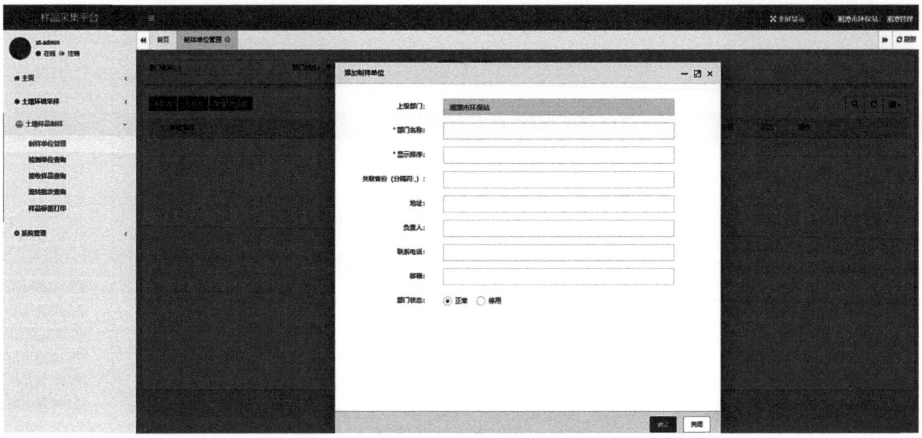

图 3-24　制样单位管理功能

选中“土壤样品制样”下“检测单位查询”，添加检测单位基本信息。如图 3-25 所示。

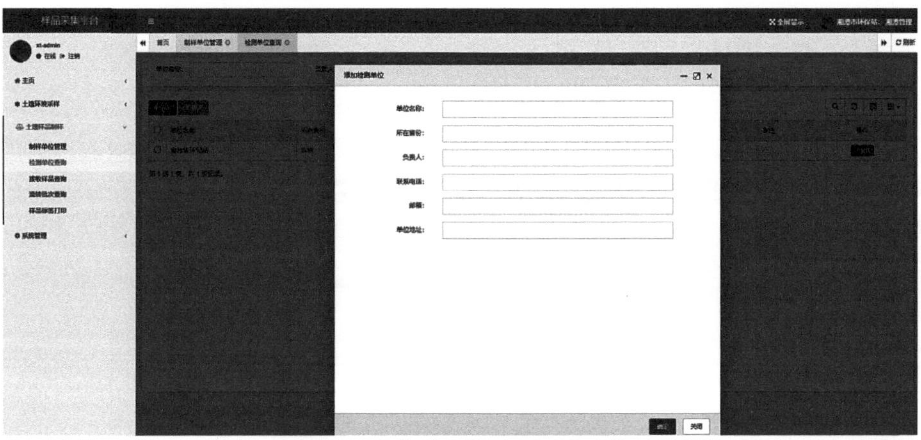

图 3-25　检测单位查询功能

选中“土壤样品制样”下“接收样品查询”，查询已接收的样品信息。如图 3-26 所示。

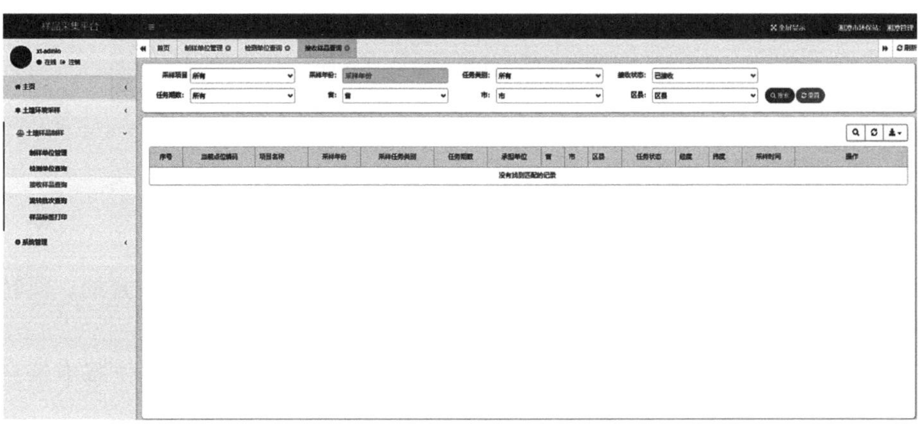

图 3-26　接收样品查询功能

选中“土壤样品制样”下“流转批次查询”，创建批次信息，并在上方向批次内添加样品信息。如图 3-27 所示。

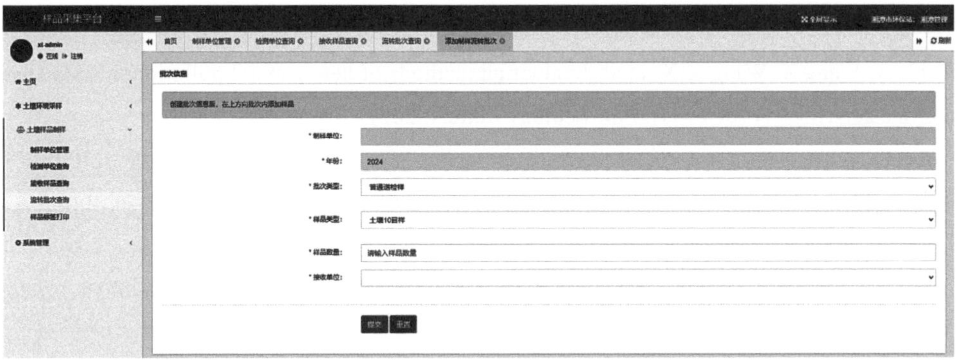

图 3-27　流转批次查询功能

选中“土壤样品制样”下“样品标签打印”，打印样品二维码标签。如图 3-28 所示。

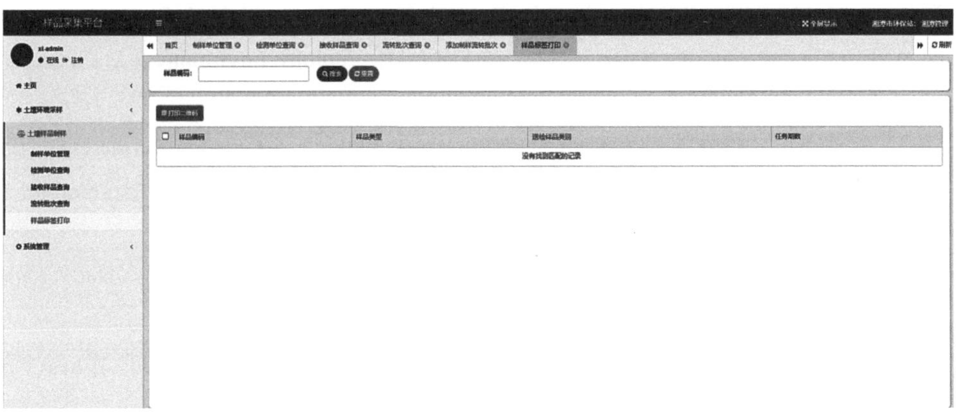

图 3-28　样品标签打印功能

参考文献

[1] 孙萍．水污染评价方法与治理探讨 [J]．环境与发展，2018, 30(08): 231，234.

[2] 张照全，王柏涛．河流水污染评价方法及控制对策分析 [J]．黑龙江科技信息，2011(05): 94.

[3] 刘书田，叶飞，肖洁，等．水污染评价方法研究进展 [J]．农业环境与发展，2008, 25(06): 76-80.

[4] 张娜，崔娇梅，孙晶，等．土壤重金属污染评价方法对比研究 [J]．绿色科技，2022, 24(08): 151-155.

[5] 吕广阔，徐吉平，李志豪．生态清淤污染底泥调查及风险分析评价方法 [J]．价值工程，2022, 41(35): 137-139.

[6] Alyousef R A, Alfaifi H J, Zaidi F K, et al. Geostatistical and pollution index-based approach for assessing heavy metal pollution in the Cambro-Ordovician Saq Aquifer in Central Saudi Arabia[J].

Environmental Earth Sciences, 2022, 81(14): 1-16.
[7] 周利东. 土壤重金属污染风险评价方法对比研究 [J]. 皮革制作与环保科技，2021, 2(23): 111-113.
[8] 熊燕. 土壤质量和土壤重金属污染评价方法综述 [J]. 贵阳学院学报（自然科学版），2021, 16(03): 92-95.
[9] Cui Y X, Wang X, Wang X X, et al. Evaluation methods of heavy metal pollution in soils based on enzyme activities: A review[J]. Soil Ecology Letters, 2021, 3(03): 169-177.
[10] Zhou L, Zhang X, Liu L X, et al. An approach to evaluate non-point source pollution in an ungauged basin: A case study in Xiao’anxi River Basin, China[J]. Water Supply, 2020, 20(8): 36-45.
[11] 靳雅夕. 油田地下水监测方案及污染评价方法研究 [J]. 地下水，2020, 42(06): 54-56.
[12] 成开锋，孟祥嵩，余铭明. 城区河流水质污染评价方法的研究进展 [J]. 冶金管理，2020(07): 212-213.
[13] Opekunova M, Opekunov A, Elsukova E, et al. Comparative analysis of methods for air pollution assessing in the Arctic mining area[J]. Atmospheric Pollution Research, 2021, 12(1): 76-88.
[14] 舒伟，陈玥，高阳俊. 基于 3 种方法对河道底泥重金属污染评价 [J]. 上海第二工业大学学报，2018, 35(01): 1-9.
[15] Staniszewska M, Makuch K, Grochowska R, et al. New findings from *M. Staniszewska* and co-researchers in the area of marine biology described[J]. Ecology Environment & Conservation, 2018, 24(3): 1239-1247.
[16] Galán E, Romero-Baena A J, Aparicio P, et al. A methodological approach for the evaluation of soil pollution by potentially toxic trace elements[J]. Journal of Geochemical Exploration, 2019, 203: 96-107.
[17] Jin X T, Li Y, Zhang J Z, et al. An approach to evaluating light pollution in residential zones: A case study of Beijing[J]. Sustainability, 2017, 9(4): 652.
[18] Li H J, Cheng Y, Wang J X, et al. Comparison on different evaluation methods of heavy metal pollution—A case for K1 columnar samples of Yalu River estuary watercourse[J]. Frontiers in Environmental Engineering, 2016, 5: 010.
[19] 徐笠，陆安祥，王纪华. 土壤重金属污染评价方法研究进展及其在禁产区划分工作中的比较应用 [J]. 食品安全质量检测学报，2016, 7(03): 1145-1151.
[20] Kamičaitytė-Virbašienė J, Godienė G, Kavoliūnas G. Methodology of visual pollution assessment for natural landscapes[J]. Journal of Sustainable Architecture and Civil Engineering, 2015, 13(4): 1-8.
[21] 邓荣峰，郭盈莹. 高速公路收费站尾气污染评价方法研究 [J]. 山东交通学院学报，2012, 20(03): 33-37.
[22] 徐燕，李淑芹，郭书海，等. 土壤重金属污染评价方法的比较 [J]. 安徽农业科学，2008(11): 4615-4617.
[23] Sugita H, Komai T, Nishiwaki J, et al. Development of simplified soil pollution evaluation method using luminous bacteria for petroleum hydrocarbons[J]. Journal of MMIJ, 2010, 126(12): 684-690.
[24] Harumi K, Shunji H, Kazuhiko K, et al. Comparison of methods for evaluating bacterial contamination of ultrasound probes[J]. Journal of medical ultrasonics, 2009, 36(4): 10396.

第 4 章

农产品产地环境监测全程质量控制系统设计

- 产地环境监测全程质量控制基本概念
- 产地环境监测质控巡检方法
- 质控月报
- 产地环境监测网络构建思路与重点内容
- 产地环境监测全程质量控制系统设计方法
- 系统界面及使用说明

4.1 产地环境监测全程质量控制基本概念

4.1.1 产地环境监测全程质量控制背景

农产品产地环境监测是农产品产地环境保护和农产品质量安全保障的基础工作，发挥着“耳目”和“哨兵”的作用[1]。农产品产地环境监测网络覆盖监测点位布设、监测指标选取、监测方法选择、监测数据处理等多项内容，是开展监测工作的基本载体[2]。20 世纪 70 年代以来，我国农产品产地环境监测从无到有，从小到大，从弱到强，逐步形成了基本完整的监测体系，为加强农产品产地环境保护、保障农产品质量安全与农业可持续发展提供了重要支撑[3]。党的十八大以来，我国农业农村发展进入新的历史阶段，乡村振兴战略全面实施，农业绿色发展全面推进，质量兴农全面部署，农产品质量安全全程监管，农业农村生态文明全面建设，也对农产品产地环境监测提出了新的更高的要求。新的形势与要求下，农产品产地环境监测亟须总结现状，厘清问题，理顺思路，转型升级，为新时代农业农村发展提供精准支撑和服务[4]。

农产品产地环境监测可作为环境监测中的一部分，其质量控制可参照环境监测质量控制，农产品产地环境监测更注重产地土壤、水质、大气的监测[5]。

环境监测工作质量是指与监测结果有关的各项工作对监测结果质量的保证程度[6]。提高监测结果质量的前提是提高监测工作质量[7]。衡量监测工作质量的指标包括质控数据的合格率、监测结果的产出率、仪器设备的利用率和完好率以及监测事故的出现率、应急监测能力等[8]。

4.1.2 产地环境监测全程质量控制现状

（1）制度建设

国家环境保护局于 1991 年出台的《环境监测质量保证管理规定（暂行）》，明确规定了环境监测质量保证工作的职责、管理程序及主要内容，使质量管理工作趋于制度化。随后，各级监测站积极推动质量管理工作的制度化，出台了涉及持证上岗考核和环境监测质量控制体系文件，确保环境监测数据具有代表性、准确性、精密性、可比性、完整性。

（2）质量控制体系建设

1991 年开始，国家环境保护局为了推动环境监测站的制度化建设，在全国人员力量不强、环境监测技术水平不高及管理制度不完善的条件下，开展了优质实验室评比活动，一共批准了56个国家级的优质实验室，这一举措极大地推动了机构管理和监测能力等方面的工作，同时为进行全程序质量管理打下基础。计量认证和实验室资质认证的实施，使管理从单一的模式发展为系统的、全面的质量控制体系，将原本独立单一的环节性质量控制结合成包括工作程序、人员、资源和组织机构等，具有自我完善功能的全程序控制的管理体系，使质量管理水平得到了有效的提高。但是高效地利用这一体系仍需要严格按照程序文件和质量体系进行[9]。

（3）技术保障

在质量控制工作中，监测方法标准、技术规范和环境保护标准是重要的保障和技术依据[10]。在环境监测发展的初期，为了推进质量控制和环境监测技术的发展，我国政府将质量监测和控制作为重点工作内容，起草并颁布了技术规范和方法标准来规范环境监测技术和质量控制。当前的质量控制技术以及环境监测标准具有一定的缺陷，技术上存在一定的不足和滞后性，导致质量管理工作受到了严重的制约，这一制约主要表现在以下几方面。

① 质量控制技术落后于环境监测方法[11]。我国目前的环境监测方法有了较大的进步和突破，但是针对环境监测问题的质量控制措施都相对较为简单，并且缺乏具有关键技术的必要性质量控制措施。某些新兴领域的质量控制技术亟待完善，还需要寻求质量控制技术与新领域发展之间的完美结合[12]。

② 许多新兴技术手段如自动监测、应急监测和在线监测等虽然已经建立相关的质量控制体系，但该体系的质量管理办法和手段还需要进一步加强和完善。

③ 我国质量监测标准中的空白点，国际上相应的监测标准也存在研究滞后的现象。

（4）人员保障

环境监测工作人员的责任心和技术水平是决定环境监测质量水平的重要因素。近年来，我国环境监测工作日益受到重视，监测水平和能力也在不断加强，因此监测人员的技术水平、管理观念和监测领域相关知识水平都亟待提高。就我国目前的技术人员而言，其技术水平、学习和培训机会、工作经验和理论基础都存在一定程度的差异，各个地区的装备水平和发展程度也表现出不平衡现象。因此，监测技术工作人员综合能力和素质的提高、技术培训的加强都是当前环境监测工作发展的重点。

（5）物质保障

质量控制的物质保障是以环境标准样品作为量值传递的载体，在质控考核、仪器校准、技术仲裁、分析测试和方法验证中起重要作用。现在已研制出的包括大气、土壤、水质和生物的各类标准溶液和标准样品有200余种。一些监测站为了更好地支持本地区和本单位的质量控制工作，专门建立了考核样品的研究机构。随着质控工作的监测领域、监测范围和监测项目不断拓展，需要质控样品和标准物质来与其同步发展。但是，我国环境标准物质种类少、基体简单、品质单一，严重制约了质控工作的发展。

（6）质量控制意识和方法

在环境监测工作的过程中，基层站的质量控制工作相对较为松懈，缺乏管理的意识，因此对于工作中存在的问题不能及时发现并解决。在实际的工作中，有些工作人员并没有树立起正确的质量控制意识，忽视工作过程中质量控制的重要性，导致环境监测工作的质量控制体系不能够有效推行以及完善，甚至在某些室内的质量控制过程中采用相对简单的操作方法，使现场采样和监测工作存在一定的缺陷，影响了监测数据的准确性和精密性。

4.1.3 产地环境监测全程质量控制现存问题

（1）制度建设落后

国家农业部门对环境监测质量保证工作的管理程序、职责和主要内容做了规定，将质量管理工作引向制度化的发展方向。各级监测机构还先后出台了持证上岗考核实施细则等规章制度和样品采集、样品保管交接、仪器设备管理和使用、数据审核等管理制度，极大地推动了质量管理工作的制度化建设[13]。但是，与快速发展的监测技术和不断扩展的监测领域相比，质量管理制度的建设还不够完备和及时[14]。

（2）环境监测数据真实性不够

监测机构的职责就是对各类环境要素进行监测，并如实提供数据，至于监测数据的高低、环境质量的好坏对监测站来说并无利害关系，所以监测机构上报的数据是真实、可靠的一手资料。

但是由于监测站在行政上隶属于各级环保局，所以数据、质量控制报告的上报必须经由环保局甚至当地政府的审核，如此就可能出现有些领导为了政绩和考核名次篡改数据的情况[15]。在当前环境保护实绩考核、创建模范城市考核、创建优美乡镇考核、小康指标考核、节能减排考核等形势的推动下，各地环保局、各级政府更加重视环保工作和环保政绩，会出现为了个人政绩、地区名次而随意篡改环境监测数据的情况。

（3）环境监测工作质量偏低

在环境监测中，由于自然因素和人为因素的干扰限制，致使监测频率低、监测点位不全等现象时有发生，从而使获得的监测数据不具代表性，某些监测数据结果不能准确地反映环境的实际状况[16]。监测工作处于闷头苦干、只求数量不求质量的局面，这就弱化了环境监测工作的“准”。部分项目的生态环境影响评价只是走形式，弱化了环境监测在环境管理中的技术监督职能[17]。这些问题的存在使得监测数据准确性不高，不能及时、准确地反映质量状况和变化趋势，从而影响环境影响评价报告的质量。

（4）地方监测机构往往忽视室外的质量控制

一般环境监测机构实验室都采取人员考核，对分析仪器设备进行检定校准，实验室采用平行双样、加标回收试验、绘制质控图等办法来保证室内的质量控制，但却忽视了监测信息的代表性、监测目标的设计、技术路线制定、布点、采样、样品保存与运输、样品交接等各环节的室外质量保证。实际上如果是不具有代表性的监测，室内分析的数据再准确也没有使用价值 [18]。

（5）环境监测质量管理体系不健全

当前大多数企业存在着管理体系不完善的问题，虽然政府各级环境监测部门按照资质认定评审准则建立了各自的质量管理体系，但在市场推进过程中，存在着对质控体系重视不足的问题，例如标样、全程序空白样等工作内容缺失 [19]。较多第三方检测机构加入环境检测市场，虽然已经建立了质量控制体系，但容易受到机构、地区等因素的限制，使得管理体系存在缺漏，监督难以有效落实。部分监测人员自身工作态度不端正、不够重视监测技术应用，团队只看重结果、不看重过程，对环境监测质量管理体系的认知较为片面，缺乏全面的分析与考量，影响了环境监测质量管理体系的实施效果 [20]。

（6）缺乏专业型人才

在环境监测质量控制过程中，相关监测人员处于主体地位，而环境监测工作具有一定复杂性，对其专业技术能力要求较高。根据相关调查，监测人员的综合素质普遍较低，在监测过程中没有掌握好相应的技术，质量控制观念较差，没有经过系统培训工作，对监测工作缺乏较强的责任感。在环境监测过程中，没有对相关问题展开深层次的分析，其能力水平提升速度较慢，无法将新设备、新技术应用到监测过程中，降低了环境监测工作效率，无法提高质量管理控制水平。

4.1.4　加强环境监测全程质量控制的优化措施

（1）完善环境监测监管机制

不断完善环境监测监管机制，国家应加大资金投入力度，配备监测仪器设备，保证监测工作顺利进行 [21]；加快成立分析体系，加大环境标准物质的研发力度，尽量填充空白区的标准样品；同时应扩展现有的标准物质适合使用的区域，努力提升分析能力和研究能力，进而符合环境监控的要求 [22]。

完善环境监测监管机制应有规划地健全、整理和修正现有的环境监测和监控准则，有体系地弥补新的监测和监控准则的空白，进而健全监测和监控准则 [23]。确定环境监测和监控仪器设施准许进入的相关技术标准，尽可能地改善当前仪器存在的问题，如稳定性和准确性不同的仪器、品质不同的仪器、检验依据不同的仪器不能相互比较。

（2）提高从业人员的综合素质

加强质量控制，必须按照质量手册和程序文件操作。行业内的从业人员需要熟练掌握相关的监测标准、技术方法、业务方面的知识，提高实验室质量控制水平，更好地进行质量监测和控制。需要从业人员及时地更新自己的专业知识，不断地提高自己的业务水平和能力；也需要各监测站为从业人员提供条件来加强队伍的自身素质建设，不断地推进继续再教育。

（3）建立环境监测短路径质量控制体系

在环境监测不断发展且日益受到重视的今天，国家的各级政府机关都应该致力于建设一系列的环境质量控制体系、这一体系要求要有明确的目标和完整的体系，着力于实现短路径管理，以阶梯化的管理方式进行管理、这一体系中的国家、区域和地方之间相互依托，建立完善严格的质量管理体系，最大程度地保证环境监测的质量。

4.1.5 产地环境监测全程质量控制流程及方法——以土壤为例

土壤环境监测流程长、步骤多，每一环节都可能对最终结果产生影响。如果没有相应的质控措施，很可能造成监测误差[24]。土壤环境监测可以分成布点、采样、制样、分析和数据处理及报告审核几个部分，现将各部分引起误差的因素、质控要求及措施归纳列于表4-1。通过对各部分可能产生误差的因素进行识别，并有针对性地采取质量控制措施，可以有效地控制监测数据的质量。

表4-1 土壤环境监测中各环节误差来源、质控要求与具体措施

监测环节	误差来源	质控要求	具体措施
01 采样布点	各地土壤成分和生态环境多种多样，区域面积大小各异，土地利用差异巨大，执行者对监测任务的精度把握不好[25]	根据监测任务，把监测区域划分成很多监测单元，尽可能缩小相同采样单元内的差异，尽可能拉大不同采样单元之间的差异，尽可能避免干扰影响，突出采样点位和采样单元的典型性和代表性，避免下述情况：a. 农用地布点应避开洼地、坡脚地形，选取地势平缓、土壤条件好、自然状态稳定的位置；工业用地要避开水泥铺设和工业生产车间等位置。b. 水土流失严重、表层土壤被明显破坏的地方不能设采样点。c. 避开排水管网、通信设施、光缆和天然气管道等公共设施。d. 公路和铁路附近至少300m才可以布设采样点。e. 刚刚喷洒化肥、农药的地块不宜采样	（1）区域环境土壤样品，如城市土壤、农田土壤和建设用地土壤按照区域大小划分网格，网格节点为采样点。农用地通常以200m×200m为一个单元，其中设3～7个采样点；城市土壤设置网格时要考虑功能区；建设项目用地每公顷不少于5个采样点，且总数不少于5个，项目大的还要配合柱状采样。 （2）重点区域，污水处理厂、工业企业周边和园区周边、固体废物处理设施周边监测点依据污染源种类在周边布设5～7个点，饮用水源地在水流方向上布设4～5个点。 （3）污染事故监测，在事故中心进行表层和分层采样，并以同心圆方式在周边布设不少于5个监测点，同时设置背景点2～3个

续表

监测环节	误差来源	质控要求	具体措施
02 样品采集	采样人员经验不足，器具不符合要求，采样顺序等细节不到位	采样人员熟悉土壤采样规范，掌握采样方式，能正确使用 GPS 定位及航迹保存和导出，采样工具及用品齐全，依据采样点位分布图、地形地貌，结合调查的土壤类型和利用方式、农药使用情况，正确进行土壤样品的采集[26]	采样时先采有机样品，后采无机样品。有机样品可以使用铁铲、不锈钢铲等工具，无机样品使用竹铲、木铲[27]。采样前应清除土壤表面的腐殖质，采样时剔除土壤中的石头、植物根系等杂物，不能斜向挖取土壤。采样点位间注意及时清理采样工具，避免交叉污染。采样结束在现场逐项检查，如现场记录表、样品标签、采样点位图等，如有缺失立即补齐，同时使用相机记录点位周边环境情况[28]
03 样品流转	样品不同、项目运输方式不同、贮存条件不同，如相互混淆会造成误差；样品交接过程中也会因人为原因混淆样品，影响结果	流转包括样品运输、保存与交接[29]。运输时针对不同样品采取不同容器和保护方式，以免样品被污染；对不同性质的样品，根据其中分析项目不同，采取不同的保存条件。样品交接需要采样人与制样人按照交接规范进行	对光敏感的样品可采用避光器皿保存、包装；挥发性及易分解的样品采用可密封的聚乙烯或玻璃容器低温保存，全程控温[30]。有机物样品采用棕色玻璃瓶保存[31]。样品交接时相关人员对样品进行清点核对，并在清点无误后在交接单上签字。保存环节根据样品不同性质区别对待，挥发性有机物的样品在 4℃冷藏箱中保存。样品保存区周围不得出现有干扰性的物质，以免受到影响。预留样品在样品库中登记造册，入库、领用及清理都要有记录
04 样品制备	土壤样品种类不同，制备环境，制备时人员、材料和工具及操作均会引起误差	样品制备环境（如风干室和研磨室）分别设置，制样工具也要避免污染，样品避免混淆，制样人员具有制备资质	风干室整洁，通风良好，无尘，无其他挥发性有机物质存在；样品避光保存；制备样品要求两人以上；过筛、磨样及辅助制样工具齐全，分装容器材质规格符合要求，如开始制备时使用白色搪瓷盘及木盘，将土样摊成 2 ～ 3cm 薄层，过 1mm、0.25mm 等尼龙筛后，用玛瑙研磨机及研钵磨样，且每次制样完成后制样工具清洗干净。制样流程按照干燥、破碎、研磨、筛分、混匀、缩分和装瓶操作规范，样品标签、数量完整，原始记录填写正确、及时，制样后小组人员要自查

续表

监测环节	误差来源	质控要求	具体措施
05 样品分析	土壤样品基体复杂，检测过程长，容易带入误差	实验室内部从实验人员、测试设备和数据报送方面进行质量控制，关键在于数据准确度、精密度和干扰的控制，还要结合实验室外部质量控制，对分析质量进行全面把控	（1）实验室内部质控 ① 精密度控制：每一批样品、每一个项目均要进行 20% 或以上的平行样品测定，平行双样的误差在允许范围内分析判定合格，否则需要重新测试带平行样品的整批样品，直至合格。 ② 准确度控制：标准物质或质控样品测定，或进行样品的加标回收率实验，加标回收率或质控样品（标准物质）测定值必须落在规定范围内，同时分析的精密度达到要求。条件允许的情况下，绘制准确度质控图，对质量自控进行评估。 ③ 干扰情况的处理：在实验室发生意外状况如停电、断水等情况终止实验，待情况恢复后必须将整个批次样品进行重新测试。 ④ 除此以外，实验室内质控还包括空白样品的测试及平行双样的比较、仪器稳定性校核记录、样品检出率等。 （2）实验室外部质控　包括定期开展实验室间能力验证比对活动，密码平行样品的发放、统一监控，留样复测等，以检测实验室技术水平和质量控制能力，如果偏差过大，必须查找原因，积极纠正，并再次核实合格为止。分析人员操作要严谨、规范。仪器使用前必须检查合格，留有记录，并定期校准
06 数据审核	数据审核和报告编写人员的专业素养不够，审核报告时引入误差	监测报告要进行逐级严格审核，以保证数据的准确性。审核人员定期开展培训，不断提高业务水平	采取质量管理责任制审核报告，严格执行三级审核制度，分工明确，责任到人，层层把关，发现可疑问题积极进行查证，多方面协商解决。报告编制人员通过培训，不断累积工作经验，提升报告水平。建立报告定期审查制度，定期抽查监测报告，核对原始数据及审查情况，减少人为误差

4.1.6 环境空气监测全程质量控制方法

环境空气监测的最终目标应当是客观判断环境空气质量，结合监测结果数据为环境管理提供科学决策方案[32,33]。近些年以来，很多地区的人居环境得到了很大改善，但是仍有部分地区的环境空气质量还需提高，这就充分体现了环境空气监测和治理的必要性。环境监测部门要想做好环境空气监测，环境监测人员就必须将全程质量控制的实践工作思路贯穿融入于环境空气监测工作，切实促进监测数据的准确性、有效性的提高[34]。由此可见，全程质量控制的重要实践方法对于保障环境空气监测预期目标的实现具有决定性作用。

（1）布设环境空气监测点位

必须按照相关技术规范，根据现场情况合理布设监测点位，通过全面的优化与调整保证点位布设的代表性、可比性、整体性、前瞻性、稳定性。现场监测人员除了按照相关技术规范合理布设监测点位外，还应考虑现场的气象情况、地质情况、污染物浓度情况、敏感点情况、企业周边建筑物情况、交通情况等，确保采集到环境空气监测样品的有效性。同时在监测过程中还应保证监测人员和监测设备的安全。

（2）采集并运输环境空气监测样品

环境空气监测的全面开展需要专业化的设备以及专业化监测技术支撑，才能保证采集的样品的完整性、代表性，特别是在采样和样品运输环节。随着科技的不断发展，环境监测设备自动化程度越来越高，这些自动化设备大大节约监测过程中的人力、物力，同时也减少手工操作的步骤，最后减少人为操作对监测结果的影响。在整个环境监测过程中监测人员的素质对监测质量起到决定性的作用，监测人员素质主要体现在对监测方法原理及标准的理解、监测仪器的操作、系统化的专业知识、丰富的环境现场经验等。除此之外，环境空气监测样品的保存运输环节也关系到监测数据的质量，这就需要现场监测人员根据不同项目妥善保存样品，确保将样品完整运输至指定的实验室。

（3）样品分析

环境空气监测样品的分析结果能够直接指示监测区域内的空气污染状况，因此实验室分析人员必须保证样品数据的完整程度与精确程度。在目前环境空气污染监测的实际工作中，监测样品的数目正在明显增多，监测样品的种类也表现出多样性。这就使得在分析空气监测样本过程中，分析人员不仅需要掌握传统的手工监测方法，同时对于自动化的分析设备及软件应当能熟练正确地使用，进而归纳判断出空气污染的等级及严重程度。因此，准确分析现有的环境空气监测样品各项数据特征必须依赖智能化的分析技术手段，环境空气监测分析人员对自动化设备及操作系统的学习迫在眉睫。

（4）合理设计环境空气监测样品的采样点位、采集频率

现有的空气环境污染产生因素具有多样性，监测人员根据空气污染物的现有浓度及其他现场情况对样品采集点位、采集时间、采集频率等关键数据指标进行科学的优化设计，可以有效保证各个监测点位采集得到的环境空气监测样品的代表性、可比性、整体性、前瞻性、稳定性。在通常的情况下，一般采取扇形布设背景监测点位和污染监控点位，如果是评价城市环境空气质量一般采取网格法布点。在很多的标准方法中对采样频率和采样点位数量都有明确规定，现场监测人员需按要求进行采样，但是对于环境空气污染物浓度较高的环境监测区域应当布设更多的空气监测点位，防止遗漏关键性的空气污染监测点位。

（5）规范样品采集、运输保存、样品分析过程

在样品采集环节，采集环境空气监测样品应当使用专门的采样仪器，采样仪器的各项参数必须达到相应技术规范要求，定期送计量部门检定，并定期由专人对监测仪器进行维护保养及期间核查，仪器使用前后需由专人对相应参数进行校准并对仪器参数及配件进行检查。采集环境空气监测样品一般用吸收瓶、吸附管、气袋、滤膜、苏玛罐、注射器等，监测技术人员通常需要在采样前及采样过程中以及采样后对这些采样器皿进行前处理或其他操作，保证监测质量。例如，吸收瓶在采样前需清洗干净、烘干、检测吸收管阻力，装上吸收液后进行密封、避光或采取其他保存方式；使用滤膜采集环境空气监测样品前需对滤膜进行编号、烘干、恒重、称量，同时重量法的项目需称取一定数量的标准滤膜，采样过程中应避免污染，用干净合适的器皿、工具转移保存样品，采样结束时需注意样品保存时间，避免样品过保质期影响监测结果。在样品运输环节，应当保证运输车辆的平稳安全，防止由于运送样本车辆出现剧烈颠簸而造成样本存储容器的破损或者泄漏，同时根据不同项目选择不同的运输保存方式，通常的保存方式有低温冷藏、避光、密封。在整个环境空气监测样品采集过程中监测人员需对现场气象参数（气温、气压、温度、湿度、风速、风向）、采样时间、采样体积等进行详细记录。当样品进入实验室以后分析人员必须按照相关监测方法的规定对样品进行分析，最后通过严格的质量控制措施保证监测结果的准确性。

（6）引进自动化的环境空气监测仪器设备

自动化的环境空气采样及分析设备可有效提高监测结果的准确性、代表性，减短监测周期，减少环境监测的人力、物力投入，同时对于范围较大的环境监测区域能够实现对浓度、来源等进行多维度的监测。因此，环境空气监测人员应当能准确操作自动化的智能采样仪器，确保能运用先进技术手段对污染物进行实时监控。与传统的手工监测相比，建立在自动化仪器系统基础上的全新环境空气监测管理模式更加有益于降低环境空气监测成本，保证各项监测数据与信息的客观性，但是目前很多方法没有国家标准的支持，只能为传统监测提供参考，但是这些技术将是环境空气监测的发展方向。

例如，针对环境空气中颗粒物、二氧化硫、氮氧化物等污染物的常规手工监测采用的方法通常是重量法和分光光度法，这类方法采样前准备以及采样后分析周期较长，不能及时地取得监测数据，如果采用自动化程度高的β射线法、差分吸收光谱法或紫外荧光法等方法，就能很快获取想要的监测数据，并且这些方法影响监测结果的需开展质控的环节也比传统手工方法少很多。这类方法已经成功应用于环境空气自动监测，只是还没用于手工现场监测。除此之外，激光雷达走航监测也逐渐应用于环境空气监测，激光雷达走航监测就是在车辆移动过程中，通过车载走航监测系统对环境空气中污染物进行快速监测，并根据监测出的污染物总浓度描绘污染地图，直观反映区域污染物排放分布情况，快速确定重点污染区域。同时通过对重点污染区域、重点企业、重点工艺定点分析，锁定污染数值较高区域的疑似污染排放源头企业，给环境管理提供合理适用的管控建议。

（7）健全环境空气监测全程质量控制的规范制度

要想做好环境空气监测的全程质量控制，首先，环境监测部门的管理人员应当针对环境空气监测制定一个严格的质量管理制度体系，运用规范化的环境监测管理制度来保障监测质量；其次，每个监测人员在每个监测环节都要保持一个严谨的态度；再次，环境空气监测的具体业务操作实施人员本身需要有优良的监测业务素质，并具备相应的资格资质。只有这样才能使规范、严谨的思路及操作步骤贯穿于整个监测过程中，使得样品采集、样品存储运输、样品分析测试、数据处理等关键性的操作环节变得更加科学严谨，杜绝监测人员在监测过程中的随意性，最终保证监测质量。

4.2 产地环境监测质控巡检方法

环境监测任务从开始到最后获取到数据报告，需要全程序的质量控制，可安排相关人员按照如下质量控制建议，对全程序的流程进行质控巡检。

4.2.1　前期准备质量控制

（1）监测人员

监测人员应具有相关的专业知识及基本技能，经能力确认并授权。能够严格按照标准方法进行现场监测是一名环境监测人员应该具有的基本素质。如果对工作态度有所懈怠，可能使现场采集的样品或监测数据很难具有代表性和准确性。定期对现场监测人员开展监督是很有必要的。

能够在复杂的环境中开展现场监测是一名环境监测人员应该具有的基本技术能力。如果技术能力不达标，则无法完成现场监测任务。应定期对现场监测人员进行技术能力培训以提高其质量水平。

（2）监测方案

现场采样方案应在全面调查的基础上制定，需涵盖监测类别、监测项目、监测点位置、监测频率、样品采集的方法、采样介质及耗材和监测仪器。开展采样工作前需要对监测方案进行逐级审核，确保监测方案的准确性和全面性。

（3）仪器设备及耗材准备

现场采样及监测仪器应经检定 / 校准，在检定 / 校准有效期内对仪器设备进行期间核查，使用前还应进行校准并填写校准记录。环境监测中准备使用的一次性耗材，如活性炭管、微孔滤膜和滤筒等，购进时应经过质量验收，验收合格的耗材才可在环境监测中使用。对需实验室准备的采样介质（如吸收液等）及采样器具，按照实验室质量控制的方法实施。

4.2.2 现场监测及采样过程的质量控制

对采样全过程实行质量控制，确保采集样品的精确性、准确性、可比性、代表性及完整性。

① 依据监测方案确定的采集点位、采样数量、采样时间、采样频次、采样体积、质量保证措施等开展现场监测及样品采集，严格执行质量保证措施。

② 规范填写现场监测采样记录：规范、准确、详细填写采样记录，现场记录应现场填写，切忌事后补记。记录应能溯源现场监测采样的过程。

③ 做好现场监测及采样的质量监督检查。不论物理因素的监测还是化学因素的监测，采样监测人员都应按照计划实施，核查点位的布置情况、监测频次的选择、采样时间的长短等关键指标的落实情况，及时发现、纠正和解决现场监测过程中出现的各类问题来控制监测的数据更具可靠性、采集的样品更具代表性。

4.2.3 样品运输和贮存中的质量控制

环境样品种类很多，不同的样品保存的方式不同，在采样前需对样品进行预估，准备适当的器具、冰袋或者保存剂等，在采样后依据样品类别进行分类保存，同类别的样品依据现场情况合理选择保存条件，保证样品相互之间不受影响，从而降低物理因素及化学因素对样品性质的改变[35,36]。

样品的运输要严格按照预先制定的方案进行，设立专人保管样品。做好样品运输过程中的质量保证。

实验室样品管理员接收样品时要检查样品的包装、标签以及外观是否完好；样品的名称、采样地点、样品数量形态等内容是否一致；检查样品是否有损坏、污染或已过有效期，样品的编号是否符合唯一性的要求；检查应做好详细记录[37]。对于不合格样品必须要求采样人员重新采样。合格样品分发给相应的检验分析人员，同时做好交接记录。

4.2.4　实验室质量控制

确定实验室是否具备出具准确分析结果的能力，有助于实验室发现和纠正问题，提高分析质量[38]。

实验室内质量控制方式包括仪器比对、人员比对、方法比对、留样再测和其他有效的技术核查，实验室内质量控制可以发现随机误差和新出现的系统误差，能及时、正确评价分析数据的质量[39]。

（1）仪器比对实验

当某项目可以通过两种不同仪器进行检测时，可以采用仪器比对方式进行内部质量控制。仪器比对指同一检测人员运用不同的仪器设备对相同的样品在相同环境条件下进行检测，通过比较检测结果，判定仪器检测结果的准确性[40]。其主要目的是评价不同检测仪器的性能差异，如灵敏度、准确度、精密度、抗干扰能力等对检测结果的影响。实验室应针对仪器比对实验出现的问题分析原因，采取改进措施，从而提高实验室检测数据的准确性、稳定性和可靠性。定期开展仪器比对活动，可确保检测同一项目的不同仪器之间没有较大的差异。

（2）人员比对实验

采用相同的检验检测方法及仪器设备，在相同的环境条件下仅由不同的检测人员对同一样品进行的实验。比对实验结束后，比较分析检测结果的一致性，评价检测人员对检测结果准确性、稳定性和可靠性的影响，以及考核检测人员的技术能力水平，判断检测人员操作是否正确、熟练，并考查其解决实际问题的能力[41]。

（3）方法比对实验

当某项实验可由多种方法进行操作时，实验室可考虑采用方法比对实验的方式进行内部质量控制。方法比对是不同检测方法之间的比对实验，指相同检测人员对同一样品采用不同的检测方法检测同一项目[42]。主要目的是评价不同检测方法的检测结果是否存在显著性差异，不同检测方法对检测结果准确性、稳定性和可靠性是否有影响。判定其可比性，以验证方法的可靠性。

（4）留样再测实验

样品在有效期内的不同时间段对同一样品进行检测。通过前后两次检测结果的一致性判断检测过程是否存在问题，验证检测数据的可靠性和稳定性。检测结束后应将检测结果进行比较，如果两次检测数据在误差范围内，说明实验室对该项目的检测能力持续有效。若不在应分析原因，采取纠正措施。留样复测的样品性能指标稳定性较好才能验证检测结果的公正性和再现性。

4.2.5 样品测定过程中的质量控制

（1）方法的选择

根据样品来源、测定项目的要求，首先选用与样品类型和采样方法相适宜的经过认证的国家标准或地方行业标准方法，如果没有上述方法，尽可能选择已经发布或有关技术文献或杂志上公布的方法。当实验室采用的标准方法作废或者变更时，则要启动标准变更程序，由检验检测人员提出申请报告技术负责人，最后由技术负责人批准授权使用新的方法。另外，还需做好新方法的验证，确保检验人员、仪器设备及现有的检测环境能满足新的检测方法要求。

（2）标准物质

在日常检验检测活动中使用有证标准物质和质控样，设有专门的标准物质保管人员负责标准物质的领取及登记。定期对标准物质进行核查，包含物质名称、接收日期、包装、保存条件、保存期限等内容。详细记录其真实情况，对其结果进行评价，保证标准物质的溯源性。

（3）空白试验

每一批次样品检测时都要做空白试验，空白试验可以检查样品在采样过程、运输过程、人员操作过程以及实验前处理过程中是否受到污染，也是判断样品检测结果是否准确的客观依据[43]。若检出限＜样品空白的测定结果＜方法空白，说明采样过程没有污染，但计算时应扣除样品空白测定结果；若样品空白的测定结果较大，说明样品有污染的可能，最好重新采样。微生物检测时应无菌操作并按标准方法要求做对照样品。

（4）平行样品的分析

在同一实验室，当分析人员、分析设备和分析时间都基本相同时，用同一方法对随机抽取的 10% ～ 20% 的样品进行平行双样测定。环境样品平行测定结果相对偏差不得大于标准分析方法中规定值。全部平行双样测定中的不合格者应重新进行平行双样测定：部分平行双样测定的合格率小于 95% 时，除对不合格者重做平行样外，应增加测定 10% 的平行双样，直至合格率达到 95% 以上。

4.2.6 报告数据处理的质量控制

监测数据的计算、检验、异常值的剔除等应该严格按照国家相关标准以及监测分析质量控制手册规定执行。确保数据在转移过程所有信息的一致性，完善监测数据质量管理责任制，严格执行监测数据审核机制，从分析、审查到审核等分工负责、层层把关，做到三级审批，并且做到对每个监测环节获取的数据实施质量管理严格审查验收制度，严把监测数据质量关，尤其是发现监测数据有问题时，应查证分析解决，做到有疑问的数据决不上报。

提高环境监测数据结果的准确性，保证检验结果的质量，不能从单一的某一方面进行质量控制[44]。优化质量控制的方法、扩大质量控制的范围是有效的手段，提高环境监测技术人员对监测过程的质量控制意识是监测结果准确的保障。

4.3 质控月报

4.3.1 组织人员，分配任务

组织团队成员，按照相应的产地环境监测质量控制步骤和流程，对人员进行任务分配，对人员工作进行详细分工，通过多种渠道对指导手册和资料进行完善[45]。

4.3.2 工作开展之前的培训

针对产地环境监测质量控制步骤和流程，通过多种渠道完善资料，公开对每个人员进行培训与指导，由专业人员来解答各种疑难问题，保证参与产地环境监测质量控制的各环节的人员能正确有效地进行相应操作。

4.3.3 工作进度及所遇困难的记录

通过对产地环境进行监测，得到产地环境监测结果。结合贯彻质量控制的标准和质量控制过程的实际情况，制定质控活动计划，扎扎实实地组织开展质控巡检。参与各个监测质控环节的工作人员需要记录各环节监测情况（可以附照片、文档等）以及出现的问题，以备后期查验和问题反馈。最后以月为时间单位进行汇总、分析、讨论。

4.3.4 质控月报内容

（1）水质巡检报告

按照《农田灌溉水质标准》（GB 5084—2021）与《地表水环境质量标准》（GB 3838—2002）以及《食用农产品产地环境质量评价标准》（HJ/T 332—2006）对pH

值、水温、悬浮物、五日生化需氧量、化学需氧量、阴离子表面活性剂、氯化物、硫化物、全盐量、总铅、总镉等指标开展监测及评价，并明确时间、地点记录成表，如表 4-2 所列。

表4-2　灌溉水质量评价指标限值　　单位：mg/L

项目	作物种类①			
	水作	旱作②	蔬菜	食用菌
基本控制项目				
pH 值	5.5 ～ 8.5			
总汞	0.001			0.001
总镉	0.005	0.01	0.005	0.005
总砷	0.05	0.1	0.05	0.01
六价铬	0.10			0.05
总铅	0.10	0.20	0.10	0.01
化学需氧量	150	200	100③　60④	60
选择控制项目				
五日生化需氧量	50	80	30③　10④	10
悬浮物	80	100	60③　15④	15
阴离子表面活性剂	0.3			
水温 /℃	35			
全盐量	1000　2000⑤			—
氯化物	350			250
硫化物	1.0			0.02
氯苯	0.3			
1,2- 二氯苯	1.0			
1,4- 二氯苯	0.40			
硝基苯	2.0			
甲苯	0.70			
二甲苯	0.50			
异丙苯	0.25			
苯酚	0.50			

续表

项目	作物种类①			
	水作	旱作②	蔬菜	食用菌
苯胺	0.50			
4- 硝基氯苯	0.50			
2, 4- 二硝基氯苯	0.50			
邻苯二甲酸二丁酯	0.10			
邻苯二甲酸二辛酯	0.10			
粪大肠菌群数 / (个 /100mL)	4000	4000	2000③ 1000④	1000
蛔虫卵数 / (个 /L)	2		2③ 1④	1
三氯乙醛	1.0	0.5	0.5	0.01
总铜	0.5	1.0		
总锌	2.0			1.0
总硒	0.02			0.01
氟化物	2.0		1.5	1.0
氰化物	0.5		0.2	0.05
石油类	5.0	10.0	1.0	0.2
挥发酚	1.0		0.1	0.002
苯	2.5			
丙烯醛	0.5			0.1
总硼	1.0			0.5

① 对实行菜粮套种种植方式的农地，执行蔬菜的标准值；中草药材按照生长条件分别执行水作和旱作的标准值。

② 对浇灌果树的灌溉用水，执行旱作的标准值。

③ 加工、烹调及去皮蔬菜。

④ 生食类蔬菜、瓜类及草本水果。

⑤ 盐碱土地区：具有一定的淡水资源和水利灌排设施，能保证排水和地下水径流条件而能满足冲洗土体中盐分的地区，依据当地试验结果，农田灌溉水质全盐量指标可以适当放宽。

（2）生态巡检报告

按照《生态保护修复成效评估技术指南（试行）》(HJ 1272—2022) 分别对农产品产地环境监测所在地的重要生态系统面积、生态连通度、自然岸线保有率、植被覆盖度、环境质量、生物多样性、主导生态功能、人为胁迫、公众满意度、特色指标等开展监测及评价，并明确时间、地点记录成表，如表 4-3 所列。

表4-3 生态保护修复成效评估表

序号	评估指标	评估指标说明	指标分值 / 分
1	重要生态系统面积	评估区内森林、灌丛、草地、湿地、农田（非生态用地转化）、典型海洋生态系统等面积增长情况	10
2	生态连通度	评估区内生态系统整体连通程度提升情况	8
3	自然岸线保有率	评估区内自然岸线保有率提升情况	6
4	植被覆盖度	评估区内有植被覆盖区域的生长季平均植被覆盖度提升情况	10
5	环境质量	评估区内水、气、土等环境质量改善情况	15
6	生物多样性	评估区内生物多样性提升情况	10
7	主导生态功能	评估区内水源涵养、土壤保持、防风固沙、固碳、海岸保护等主导生态功能提升情况	20
8	人为胁迫	评估区内人为胁迫改善情况	8
9	公众满意度	评估区公众满意情况	8
10	特色指标	其他具有区域特色的代表性指标	5

（3）空气巡检报告

按照《环境空气质量标准》(GB 3095—2012) 分别对农产品产地环境监测所在地的二氧化硫、二氧化氮、可吸入颗粒物（PM_{10})、一氧化碳、臭氧和细颗粒物（$PM_{2.5}$）开展监测及评价，并明确时间、地点记录成表，如表 4-4 所列。

表4-4 环境空气质量评价指标限值

项目	浓度限值①				
	1 小时平均②	24 小时平均	植物生长季平均③	月平均④	年平均
基本控制项目⑤					
二氧化硫 /(mg/m^3)⑥		0.15（a）	0.05（a）		
		0.25（b）	0.08（b）		
		0.30（c）	0.12（c）		
二氧化氮 /(mg/m^3)	0.2	0.08	—		0.04
一氧化碳 /($\mu g/m^3$)	10	4			
臭氧 /($\mu g/m^3$)	200	160⑦			
颗粒物（粒径≤ 10μm）/ ($\mu g/m^3$)		150			70

续表

项目	浓度限值[①]				
	1 小时平均[②]	24 小时平均	植物生长季平均[③]	月平均[④]	年平均
颗粒物（粒径≤ 2.5μm）/(μg/m^3)		75			35
选择控制项目					
总悬浮颗粒物 /(mg/m^3)		0.30	—		0.20
氮氧化物（NO_x）/(μg/m^3)	250	100			50
苯并 [*a*] 芘 /(μg/m^3)		0.0025	—		0.001
氟化物 /[μg/(dm^2 · d)][⑧]	20	7.0　5.0（d）	2.0　1.0（d）	3.0	
		10.0（e）	2.0（e）	1.8	
		15.0（f）	4.5（f）		
铅 /(μg/m^3)	—		1.0		0.50
镉 /(μg/m^3)					0.005
汞 /(μg/m^3)					0.05
砷 /(μg/m^3)	0.006				
六价铬 /(μg/m^3)	0.000025				

① 各项污染物数据统计的有效性按 GB 3095 中规定执行。

② 1 小时平均浓度指任何 1 小时的平均浓度。

③ 植物生长季平均浓度指任何一个植物生长季月平均浓度的算术平均值。

④ 月平均浓度指任何 1 月的日平均浓度的算术平均值。

⑤ 均为标准状态：指温度为 273.15K，压力为 101.325kPa 时的状态。

⑥ 二氧化硫：

（a）适于敏感作物，例如冬小麦、春小麦、大麦、荞麦、大豆、甜菜、芝麻、菠菜、青菜、白菜、莴苣、黄瓜、南瓜、西葫芦、马铃薯、苹果、梨、葡萄。

（b）适于中等敏感作物，例如水稻、玉米、燕麦、高粱、番茄、茄子、胡萝卜、桃、杏、李、柑橘、樱桃。

（c）适于抗性作物，例如蚕豆、油菜、向日葵、甘蓝、芋头、草莓。

⑦ 日最大 8 小时平均浓度。

⑧ 氟化物：

（d）适于敏感作物，例如冬小麦、花生、甘蓝、菜豆、苹果、梨、桃、杏、李、葡萄、草莓、樱桃。

（e）适于中等敏感作物，例如大麦、水稻、玉米、高粱、大豆、白菜、芥菜、花椰菜、柑橘。

（f）适于抗性作物，例如向日葵、棉花、茶、茴香、番茄、茄子、辣椒、马铃薯。

（4）土壤巡检报告

按照《土壤环境质量　农用地土壤污染风险管控标准（试行）》(GB 15618—2018)

分别对农产品产地环境监测所在地的各类重金属开展监测及评价，并明确时间、地点记录成表，如表 4-5 所列。

表4-5 土壤环境质量标准值

单位：mg/kg

污染物项目①②		风险筛选值			
		pH ≤ 5.5	5.5 < pH ≤ 6.5	6.5 < pH ≤ 7.5	pH > 7.5
镉	水田	0.3	0.4	0.6	0.8
	其他	0.3	0.3	0.3	0.6
汞	水田	0.5	0.5	0.6	1.0
	其他	1.3	1.8	2.4	3.4
砷	水田	30	30	25	20
	其他	40	40	30	25
铅	水田	80	100	140	240
	其他	70	90	120	170
铬	水田	250	250	300	350
	其他	150	150	200	250
铜	果园	150	150	200	200
	其他	50	50	100	100
镍		60	70	100	190
锌		200	200	250	300
六六六总量③		0.1			
滴滴涕总量④		0.1			
苯并 [*a*] 芘		0.55			

① 重金属和类金属砷均按元素总量计。
② 对于水旱轮作地，采用其中较严格的风险筛选值。
③ 六六六总量为 *α*- 六六六、*β*- 六六六、*γ*- 六六六、*δ*- 六六六四种异构体的含量总和。
④ 滴滴涕总量为 *p,p′*- 滴滴伊、*p,p′*- 滴滴滴、*o,p′*- 滴滴涕、*p,p′*- 滴滴涕四种衍生物的含量总和。

（5）农产品产地巡检报告

按照《食用农产品产地环境质量评价标准》（HJ/T 332—2006）分别对农产品产地环境监测所在地的各类指标开展监测及评价，并明确时间、地点记录成表，如表 4-6 所列。

表4-6 农产品产地环境质量分级划定

环境质量等级	土壤单项或综合污染指数	生产（灌溉）用水单项或综合污染指数	环境空气单项或综合污染指数	等级名称
1	≤ 0.7	≤ 0.5	≤ 0.6	清洁
2	0.7 ～ 1.0	0.5 ～ 1.0	0.6 ～ 1.0	尚清洁
3	＞1.0	＞1.0	＞1.0	超标

4.4 产地环境监测网络构建思路与重点内容

4.4.1　总体思路

围绕农业绿色发展、农产品质量安全、乡村振兴、质量兴农和生态文明建设，坚持“支撑、服务”定位，坚持农产品产地环境全要素、全域化、全天候监测，对产地土壤（底质）、水、空气、微生物、生态、农产品等，全面布点、全国联网，加强现代科技与信息技术应用，推动手工监测、人力监测向在线、自动、智能监测转变，全面提高产地环境数据采集获取能力、工作效率与分析评价水平，实现从传统到现代、从粗放到精准、从地面一维到天地一体、从现状监测到预测预警的转型升级[46]。

4.4.2　重点内容

图 4-1 为农产品产地环境监测网络示意。

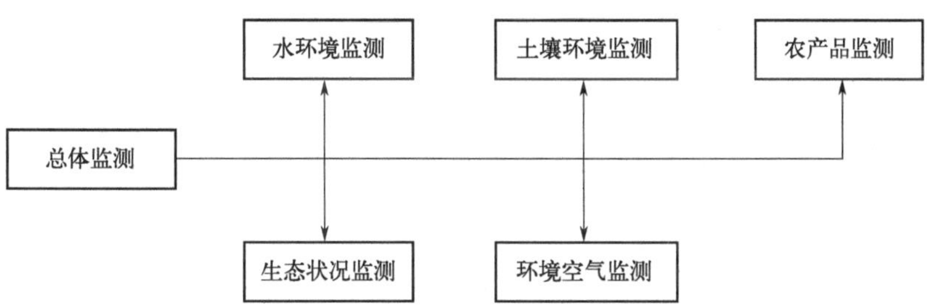

图 4-1　农产品产地环境监测网络示意

（1）土壤环境监测

在现有布点的基础上，根据农产品产地土壤环境状况、空间分布特征、背景值数据范围、种植农作物类型、地形地貌特征等情况，进一步优化农产品产地土壤环境质量监测点位布局，调整完善国控监测点位，加密省控监测点位，推动设立地市、县级监测点位，网格化覆盖我国陆域全部农业生产区域、土壤类型[47]。坚持实施例行监测、长期定位监测，发挥监测的基础性、长期性、连续性、前瞻性等作用，积累农业土壤背景、土壤环境质量长时间序列监测数据，以及时、准确、全面掌握农产品产地土壤环境状况和变化趋势[48]。推动监测指标由常规理化指标向有毒有害指标、特征指标、生物指标等拓展延伸，如重金属有效态、农药残留、有机污染物、土壤生物等。分类实施监测，形成动态监测体系，如对农产品产地土壤环境质量状况普查，10 年一次；对农产品产地土壤环境背景监测，以土壤大量背景元素为主，5 ～ 10 年一次；对农产品产地土壤质量监测，以肥力指标、土壤物理指标、生物指标等为主，10 年一次；对农产品产地土壤环境风险监测，以重金属、特征污染物为主，3 ～ 5 年一次。升级传统农产品产地土壤环境监测技术手段，加强遥感、生物传感器、质谱、光谱、物联网等现代科技与信息技术在监测中的应用，推动农产品产地土壤环境监测向自动化、智能化和网络化方向发展，提升监测结果的立体化、精准化、痕量化水平 [49]。加强农产品产地土壤环境例行监测、长期定位监测成果应用和评价方法研究，支撑农产品产地土壤环境质量状况、污染状况和变化趋势分析。研究探索物理 - 生物 - 化学多项目土壤环境质量综合评价方法、土壤 - 农作物复合污染评价方法、水 - 土 - 农作物复合污染综合评价方法等。综合运用地理信息 [地理信息系统（GIS）、遥感（RS）、全球定位系统（GPS），3S] 技术、空间统计评估技术、管理信息系统技术、计算机图形与数据通信技术等现代化信息技术，对监测数据进行统计分析和深度加工，对监测数据本身的背景、相关性进行研究，提高环境质量综合分析水平。

（2）水环境监测

推动农业用水环境监测指标由常规指标向有毒有害物质、特征污染物等拓宽，实现从 pH 值、水温、悬浮物、氮、磷、钾、重金属总量等指标向重金属有效态、有机污染物、生物等指标覆盖。根据农业生产的季节性、区域性特点，建立健全以例行监测、长期定位监测为主的农田灌溉水质动态监测制度体系 [50]。坚持源头监测，统筹实施地表水环境、地下水环境监测。对确定为农田灌溉水源的地表水质，每年分丰、枯、平三水期，每期采样监测 1 次；对作为农田灌溉水源的地下水质，每年在主要灌溉期间取样监测 1 ～ 2 次；对非固定灌溉水源的，在农作物灌溉期开展取样监测，如在小麦播前水、越冬水、返青水、拔节水、孕穗水、灌浆水等时间节点内采样监测，在水稻泡田、分蘖、拔节、灌浆期内采样监测，在玉米播前期、苗期、拔节期、孕育期、灌浆期内采样监测，在蔬菜灌溉期内采样监测。对于确定为农田灌溉水源的地表水、地下水，除特殊污染物外，推动手工监测向自动监测转变，加强传感器、物联网等技术在监测中的应用，实时在线监测灌溉水质 [51,52]；对非固定农田灌溉水源，坚持手工监测与自动监测相结合，提升监测效率和质量。研究探索盐碱害、综合危害、风险评估等评价方法，同时综合运用“3S”技术、空间统计评估技术等现代化信息技术，对监测数据进行统计分析和深度加工，开展农业水质 - 农产品质量、农业水质 - 农业生产等相关性分析研究，提高综合评价分析水平。

（3）环境空气监测

根据空气污染特征及分布、区域自然环境条件、农业生产特点等情况，在重要农业生产区、一般农业生产区、规模畜禽养殖区、工矿企业周边农业生产区、交通干线两侧农业生产区等设置农区环境空气监测点位，如二氧化硫和酸雨影响的农业生产区、雾霾影响的农业生产区、沙尘影响的农业生产区等。未来，可依托农产品产地土壤环境监测网络，建立形成农区环境空气监测网络。建立健全农区环境空气监测指标，覆盖重金属类、有机污染物、特征污染物等。同时，尽力开展农业生产发展过程中温室气体排放监测。坚持实施例行监测、长期定位监测，积累农区空气环境长时间序列监测数据，及时、准确、全面掌握农区空气环境状况和变化趋势。加强物联网、传感器、遥感等现代科技与信息技术在农区空气环境监测中的应用，推动由手工监测向自动监测转变，实现连续自动监测农区空气环境状况。在以往以超标倍数、超标率等为评价指标的单一评价方法的基础上，强化农区空气环境状况变化趋势分析、污染来源及成因分析，尤其重点开展空气环境重点因子对农作物的影响特征、污染机理等分析评价，为判断、揭示空气环境对农产品质量安全影响提供支撑。

（4）生态状况监测

对于种植业，在全国不同类型农田建设农田生物多样性综合观测站、观测样区，建立健全农田生物多样性观测体系。充分利用近地面遥感、卫星追踪、分子生物学等先进技术，对我国农田生态系统质量与结构，重要生物类群、物种及其栖息地等，开展常态化观测、监测、评价和预警。对于水产养殖业，以水生生物自然保护区、水产种质资源保护区等为重点，建立水生生物监测点，健全完善水生生物例行监测网络。利用卫星遥感技术和渔船定点定期调查，开展数据汇总、统计、分析，摸清水生生物资源分布情况及其变化趋势，为加强水生生物保护、实现水生生物资源良性循环利用等提供支撑。

（5）农产品监测

农产品是农业环境优劣的受体和验证者，保障农产品质量安全是农业环境监测工作的根本目标。农产品的监测网络优化、监测方式改进等，要与农产品产地土壤环境监测保持协同一致，即同步布点、同步采样、同步检测分析。进一步拓展监测指标，实现由常规质量指标向营养品质指标延伸覆盖。进一步探索开发评价方法，推动由常规质量评价向营养品质、营养等级等评价转型，实现既保障农产品质量安全又提升农产品营养水平的目标。

4.4.3 强化大数据的运用

面向农业环境形势要求与科技前沿，加强农产品产地监测新技术、新方法研究与开发利用，推动产地监测现代化发展。在土壤环境、农产品监测方面，要加强样品前处理技术、快速检测技术、原位检测技术、痕量和超痕量分析技术、危险物质筛查与精准识别技术等的研发与应用，提升监测精准度水平和工作效率；在农用水环境、农区空气环境、农业污染源监测方面，要加强多参数实时、在线、自动化监测技术，以及痕量和超痕量分析技术、危险物质筛查与精准识别技术等的研发与应用，建立自动、高效、精准的监测技术与方法体系；在农业生态状况监测方面，创新生态调查技术、生态综合评价方法等，提高农业生态状况监测与评价水平。

天地一体化农产品产地环境监测网络的建成必然形成超大规模的集成数据产品，大数据挖掘技术的研发与应用迫在眉睫，新时代农产品产地环境监测大数据挖掘规范、标准及方法体系亟须建立[53]。在数据采集端，研发完善与物联网、动态化、多元化相关的数据采集规范与标准化接口[54,55]。在数据管理端，进一步完善数据入库审核、传输、汇交、保密与共享机制，推动各类农产品产地环境监测数据有机整合、集成与管理及共享。在数据分析端，实现数据挖掘联动机制，强化大数据、人工智能、“3S”技术等在产地环境监测数据中的应用能力，尽快解决土壤 - 作物重金属运移模型构建、土壤重金属活性变化主控机制、产地及农产品污染预警、产地环境安全管控等重大科学与技术难题。

4.4.4 实施条件建设工程

农产品产地环境监测是一项系统性工作，离不开条件建设保障。建立、健全财政专项支持机制，稳定监测经费的长效保障。增加预算内投资，以点位增补、指标拓展、功能升级为主要方向，以国控监测点、市级监测点、县级监测点为重点，支持产地环境监测仪器设备配置与升级换代、实验场地环境改善。以农产品产地土壤（底质）、农产品（干样）为重点，建设农产品产地环境样品保存库，为掌握和追踪农产品产地环境质量发展与演变、加强农业环境管理等提供支撑。

4.5 产地环境监测全程质量控制系统设计方法

4.5.1 系统设计背景

随着城市经济的高速发展和农业环境资源的日益紧缺，农业产地环境质量状况逐步成为农业经济发展的重点问题。然而，农业产地环境情况是动态变化的，大幅增加了环境监测工作的难度。因此，强化环境监测质量控制成为环境治理的关键所在。基于此，对产地环境监测全程质量控制进行了系统设计，以便能及时方便地对产地环境监测全程质量进行控制。

① 在新时代背景下，人们越来越重视环境保护工作，通过环境监测，工作人员可利用监测技术以及设备针对特定的区域进行监测，获取数据，展开评价分析，从而采取良好的措施[56]。通过评价分析方式的利用，针对污染范围制定污染预防机制，明确技术指标，为环境保护工作提供数据支撑。

② 新时代背景下通过环境监测可以促进生态与经济协调发展，针对区域的污染

情况，建立相应的数据模型，展开动态监测，有效改善地区环境污染状况。

③ 通过环境监测可以预防环境污染突发事故，针对可能发生的事故进行预警，有效控制环境污染问题，为人们的身体健康保驾护航 [57]。

4.5.2 系统功能设计

本产地环境监测全程质量控制系统为满足农业现代化、信息化的管理要求，集成应用计算机网络技术、数据库技术、系统安全技术、GIS 技术和数据交换等技术手段。

农产品产地环境监测全程质量控制系统功能模块如图 4-2 所示。

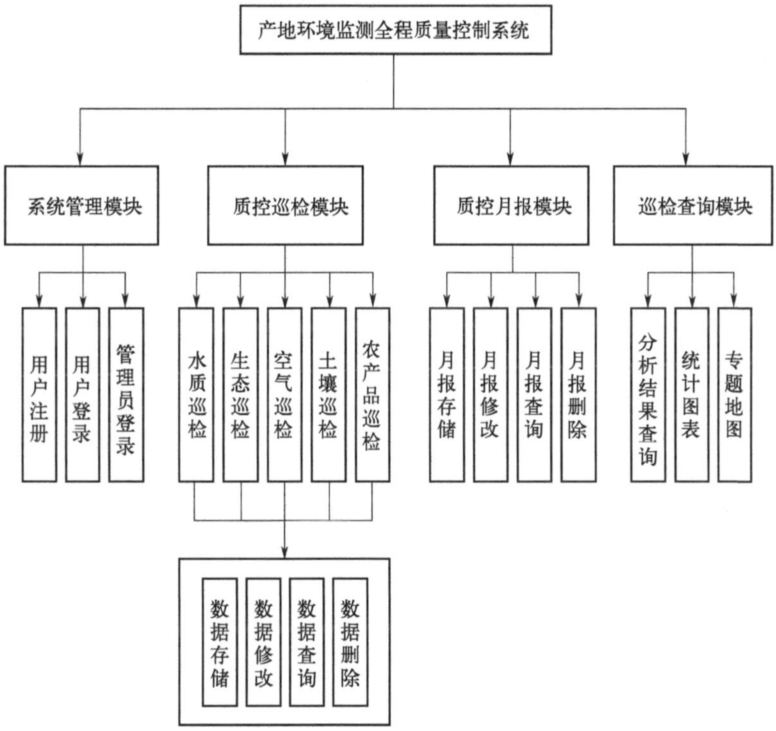

图 4-2 产地环境监测全程质量控制系统功能模块

系统可以分为系统管理模块、质控巡检模块、质控月报模块、巡检查询模块四大功能模块。

（1）系统管理模块

主要是各类用户的登录、注册功能，方便管理与维护，为各类用户设置权限，如游客权限、用户权限、管理员权限。

（2）质控巡检模块

包括水质巡检、生态巡检、空气巡检、土壤巡检、农产品巡检，通过 GIS 图数据制作出各个区域的各类巡检结果区域图，以便更加直观地查询对比。其次对各类巡检结果进行管理，如结果存储、修改、删除以及查询。

（3）质控月报模块

包括质控巡检月报的编辑以及传输功能，通过质控月报模板的编辑，填写各类巡检结果，制作出巡检月报。

（4）巡检查询模块

用于数据信息的浏览、条件查询、SQL 查询、空间查询等，模块具有从空间到属性、从属性到空间等数据的查询功能，同时也能在不同数据层之间进行综合查询，支持图形与属性的联动显示，最终以分析专题地图和统计图表（如饼图、柱状图等）形式显示。

4.5.3 系统数据库设计

系统数据库由空间数据库和属性数据库组成[58]。空间数据库包括研究区域各级行政区的基础地理信息、示范区等重点区域数据、专题数据等；属性数据库包括水质巡检结果数据、土壤巡检结果数据、空气巡检结果数据、农产品巡检结果数据、生态巡检结果数据等；各类巡检结果数据的属性包括区域、编号、指标结果（子表）；用户表属性包括用户账号、姓名、性别、ID、密码、权限；月报表属性包括时间、月报文档、编号、月报编辑者、区域 ID ；数据库主要参考无公害产地环境标准，农区环境空气、水、土壤质量标准等。

4.6 系统界面及使用说明

本节将在需求分析和系统设计的基础上，根据需求功能说明书对产地环境监测全程质量控制系统的各个功能模块的具体功能进行实现。

4.6.1 系统主界面

系统主界面由首页、内控人员信息、样品采集质量控制、样品制备质量控制和系统管理五个部分组成。如图 4-3 所示。

进入系统后，默认进入首页界面，该页面展示了质控系统填写说明，包括采样物资情况上报、上传采样小组视频、点位调整记录、退回样品数量上报、磨样机器性能测试空白试验记录表、粒径试验记录表、制样信息录入、样品过筛损失率记录表、样品均匀性检查表、制样视频等模块功能填写说明。

图 4-3　系统主界面

4.6.2　内控人员信息展示功能实现

显示内控人员基本信息，并可对基本信息进行修改，效果如图 4-4 所示。

图 4-4　内控人员信息展示功能

4.6.3　系统管理功能实现

系统管理模块包括两个二级功能，分别为用户管理和部门管理。

点击“部门管理”，在该页面中可以新增部门、修改部门信息和删除已创建的部门，效果如图 4-5 所示。

点击“用户管理”，在该页面中可以将所有部门按照树状结果进行显示，方便查看各部门间的隶属关系，效果如图 4-6 所示。

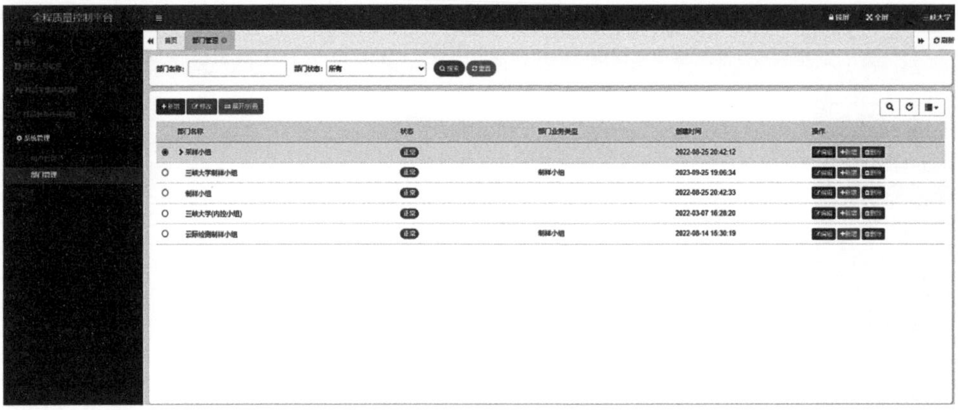

图 4-5　部门管理功能

图 4-6　用户管理功能

4.6.4　样品采集质量控制功能实现

样品采集质量控制功能菜单栏下设采样物资情况上报、上传采样小组视频、点位调整记录和采样进度填报 4 个功能。

选中“样品采集质量控制”下“采样物资情况上报”，每年采样之前填写一次，采样之前填写完成。效果如图 4-7 所示。

选中“样品采集质量控制”下“上传采样小组视频”，上传一次所承接任务的作物和土壤的采样视频。若下一年采样小组无变更，无需重新上传。效果如图 4-8 所示。

选中“样品采集质量控制”下“点位调整记录”，每月 20 ～ 25 日填写，25 日后系统生成填写记录。效果如图 4-9 所示。

图 4-7　采样物资情况上报功能

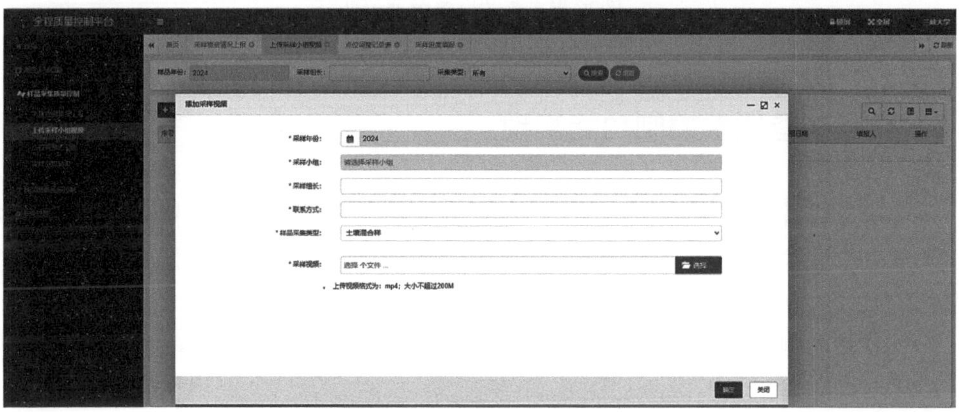

图 4-8　上传采样小组视频功能

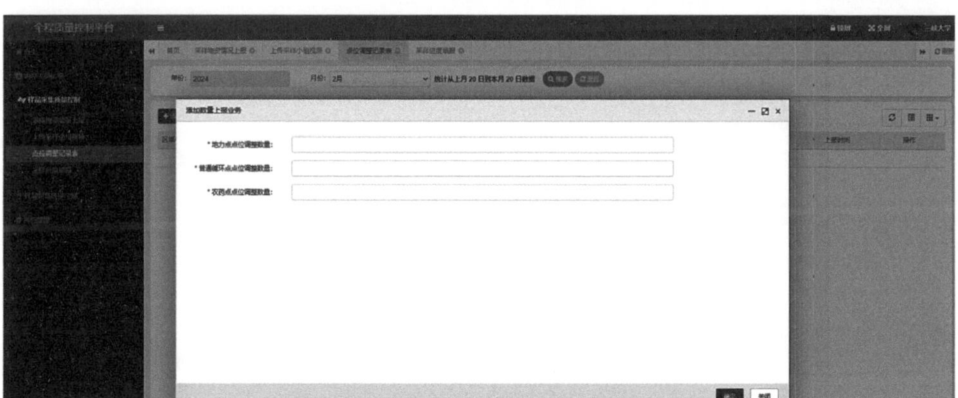

图 4-9　点位调整记录功能

选中“样品采集质量控制”下“采样进度填报”，可填写每个月份采集的土壤样品数量、水稻样品数量、作物样品数量、小麦样品数量、蔬菜样品数量及其他作物样品数量。效果如图 4-10 所示。

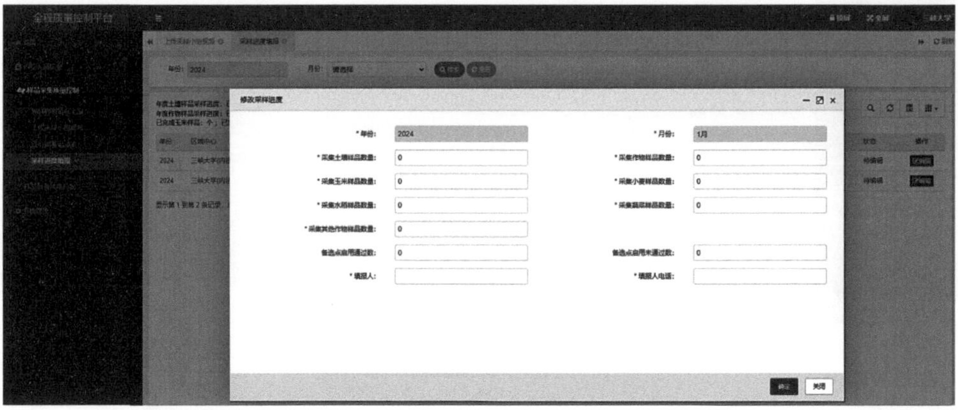

图 4-10　采样进度填报功能

4.6.5　样品制备质量控制功能实现

样品制备质量控制功能下设退回样品数量上报、样品邮寄、制样视频、磨样机器性能测试空白试验记录表、粒径试验记录表、制样信息录入、制样信息查询、样品过筛损失率记录表和样品均匀性检查表九大功能。

选中“样品制备质量控制”下“退回样品数量上报”，每月 20 ～ 25 日填写，25 日后系统生成填写记录。效果如图 4-11 所示。

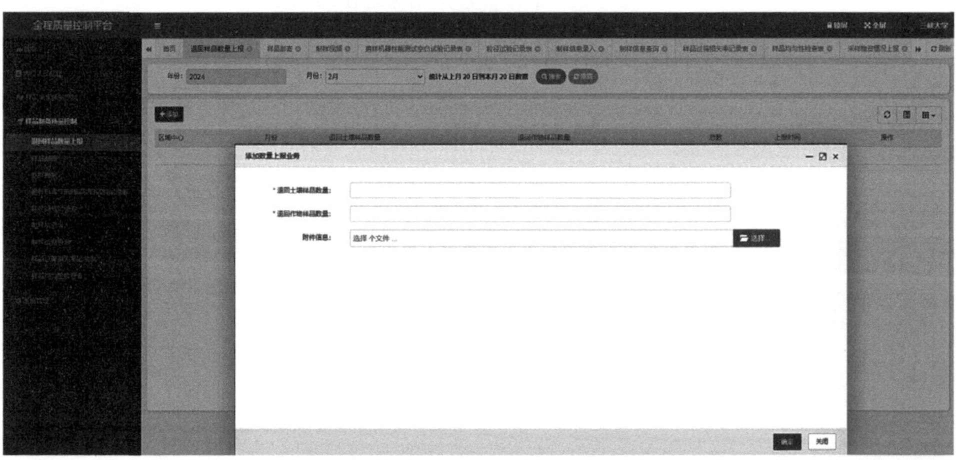

图 4-11　退回样品数量上报功能

选中“样品制备质量控制”下“样品邮寄”，可查看已邮寄的样品情况。效果如图 4-12 所示。

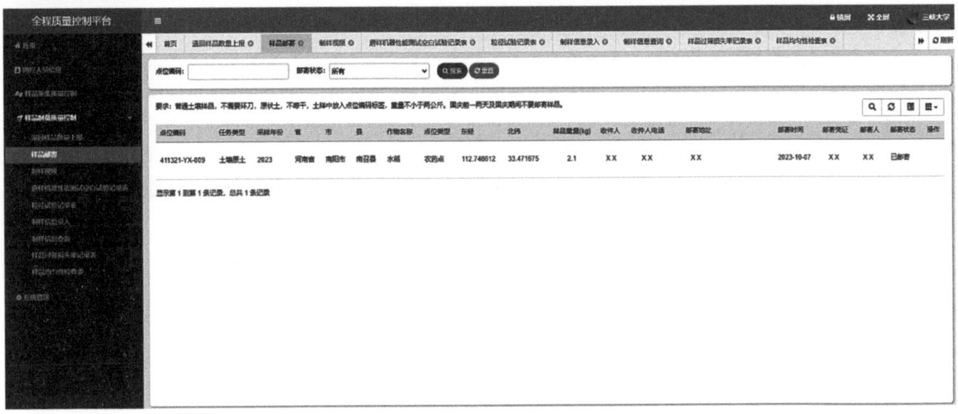

图 4-12　样品邮寄功能

选中“样品制备质量控制”下“制样视频”，每个制样小组上传一个土壤制样视频，不同作物制样视频上传一个。效果如图 4-13 所示。

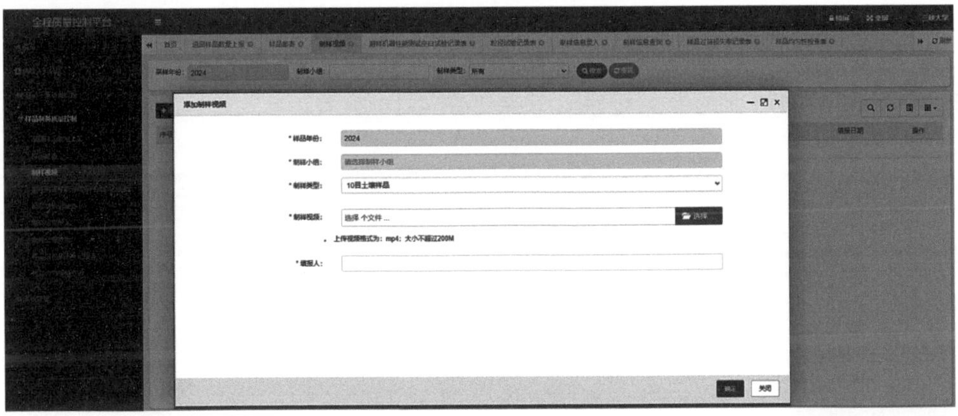

图 4-13　制样视频功能

选中“样品制备质量控制”下“磨样机器性能测试空白试验记录表”，录入每台机器的性能测试空白记录，每年在系统中提交一次。效果如图 4-14 所示。

说明：在加工前，需要选取 3 份及以上土壤样品及农产品样品（干样），同时进行人工磨样（人工使用小木槌将样品砸碎，砸碎后的样品放入玛瑙研钵，再使用钵杵将样品捣碎并研磨，或者将其放置在碾板上，用木碾将其慢慢碾碎）和机器磨样，每份土壤样品均需检测总镉、总汞、总砷、总铅、总铬、总铜、总锌、总镍 8 项重金属含量，每份农产品样品（干样）均需检测镉、汞、砷、铅、铬 5 项重金属含量，并计算机器磨样测定值与人工磨样测定值的相对误差。

相对误差（δ）计算公式如下：

$$\delta = \frac{|x-\mu|}{\mu} \times 100\% \tag{4-1}$$

式中 δ——机器磨样测定值与人工磨样测定值相比的相对误差；

x——机器磨样检测值，mg/kg；

μ——人工磨样检测值，mg/kg。

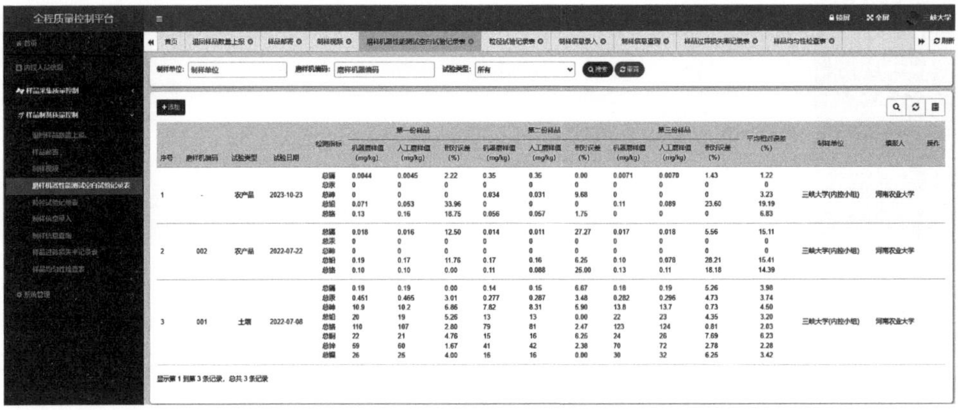

图 4-14　磨样机器性能测试空白试验记录表功能

选中“样品制备质量控制”下“粒径试验记录表”，录入粒径试验记录情况，若之前做过，可填写以前的原始记录。效果如图 4-15 所示。

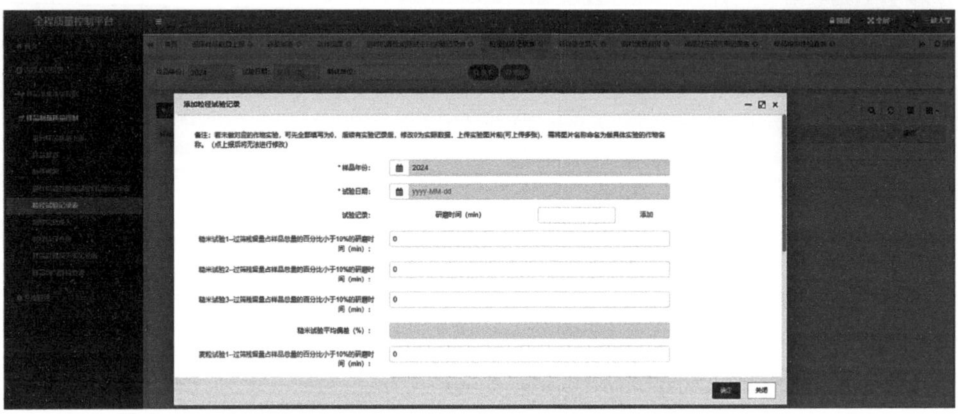

图 4-15　粒径试验记录表功能

使用机器粉碎农产品样品（干样）时，记录不同粉碎时间的过筛残留量，绘制散点图并作曲线拟合，以过筛残留量占样品总量百分比小于 10% 的时间作为后续研磨的作业时间，此试验需至少重复 3 次，求取平均值，并计算平均偏差（平均偏差不得大于 2）。

平均偏差计算公式如下：

$$\bar{d}=\frac{\sum_{i=1}^{n}\left|x_i-\bar{x}\right|}{n} \tag{4-2}$$

式中　$\bar{d}$——n次过筛残留量占样品总量百分比小于10%的研磨时间（min）的平均偏差；

x_i——第 i 次过筛残留量占样品总量百分比小于 10% 的研磨时间，min；

$\bar{x}$——n 次过筛残留量占样品总量百分比小于 10% 的研磨时间的算术平均值，min。

选中“样品制备质量控制”下“制样信息录入”，所有样品制样开始之前，扫描采样二维码录入信息，记录制样开始时间。效果如图 4-16 所示。

图 4-16　制样信息录入功能

选中“样品制备质量控制”下“制样信息查询”，可根据关键字进行制样信息查询。效果如图 4-17 所示。

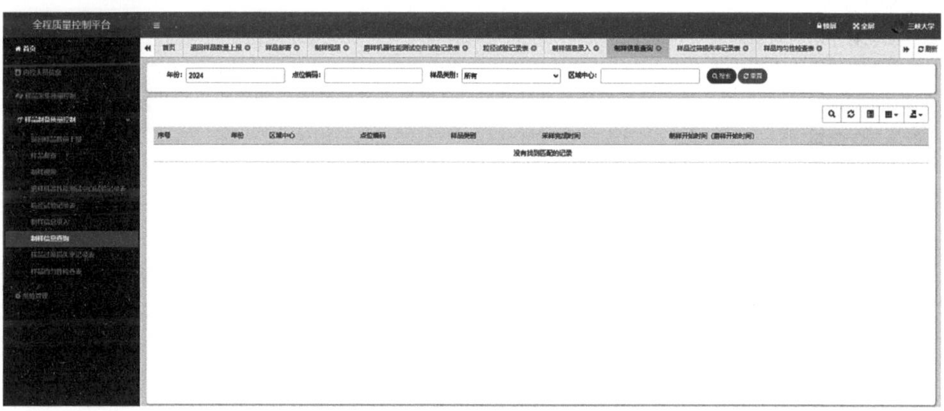

图 4-17　制样信息查询功能

选中“样品制备质量控制”下“样品过筛损失率记录表”，根据录入的制样样品数量，按照比例抽查。每次录入新的制样样品后会动态更新要求输入的样品的过筛情况，按照要求填写。效果如图 4-18 所示。

说明：样品制备过程中，记录土壤样品经机器研磨后过 100 目筛时的过筛前后质量，并计算损失率。

损失率公式如下：

$$L = \frac{A_0 - A}{A_0} \times 100\% \tag{4-3}$$

式中　L——过筛样品的质量损失率；

A_0——过 100 目筛前样品质量，g；

A——过 100 目筛后样品质量，g。

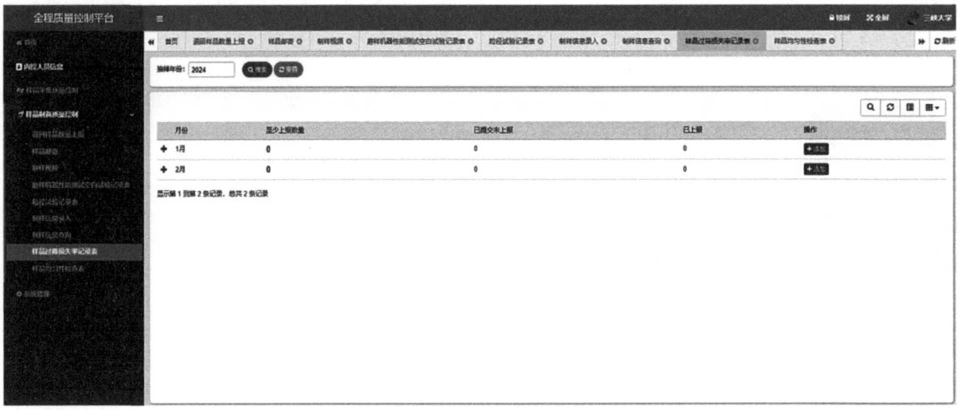

图 4-18　样品过筛损失率记录表功能

选中“样品制备质量控制”下“样品均匀性检查表”，填写方式同样品过筛损失率记录表。效果如图 4-19 所示。

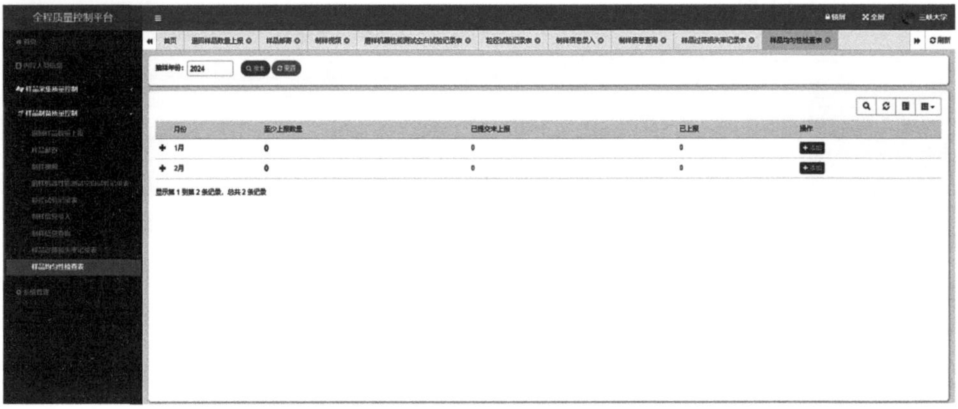

图 4-19　样品均匀性检查表功能

说明：从同一份样品的不同部位随机抽取 3 份 5g 样品，测试土壤样品或农产品干样中重金属总镉的含量差异，含量差异以相对偏差计，核查这 3 份样品对应指标的相对偏差是否超过允许范围。

相对偏差（RD）的计算公式：

$$\mathrm{RD}=\frac{\bar{d}}{\bar{x}}\times 100\% \tag{4-4}$$

式中　RD——相对偏差；

$\bar{d}$——3 份样品检测结果的平均偏差，mg/kg；

$\bar{x}$——3 份样品检测结果的算术平均值，mg/kg。

参考文献

[1] 彭艳. 环境监测质量控制关键因素及对策研究 [J]. 环境与发展，2019, 31(1): 127-128.

[2] 刘晓燕. 环境监测质量控制问题探讨 [J]. 环境与发展，2018, 30(8): 158，160.

[3] 杨林. 环境监测质量控制关键因素及对策分析 [J]. 环境与发展，2019, 31(12): 145-146.

[4] 阎占强. 环境监测质量控制关键因素及策略分析 [J]. 绿色科技，2019(18): 159-160.

[5] 李国群. 环境监测质量控制关键因素及对策 [J]. 环境与发展，2019, 31(6): 162-163.

[6] 王花. 强化环境监测质量管理体系的建设 [J]. 环境与发展，2019, 31(1): 209-210.

[7] 张明娟，杨雨桐. 试论城市环境噪声监测中存在的问题及质量控制措施 [J]. 皮革制作与环保科技，2021, 2(18): 134-135.

[8] 刘畅. 环境噪声监测中的问题及质量控制措施研究 [J]. 环境与发展，2020, 32(11): 146-147.

[9] 郁宏林. 浅谈环境噪声监测中的问题及质量控制措施 [J]. 资源节约与环保，2019(5): 144.

[10] 赵玉仙. 环境噪声监测中存在的问题及质量控制措施 [J]. 山西化工，2018, 38(2): 194-196.

[11] 蒋火华. 构建新时代生态环境监测体系 [N]. 中国环境报，2018-08-21(03).

[12] 欧阳亚利. 环境监测质量控制存在问题及应对措施探讨 [J]. 化工管理，2017(12): 67.

[13] 高明娟，田华峰. 我国环境监测现状分析及对策建议 [J]. 现代盐化工，2019(4): 17-18.

[14] 莫梓杰. 关于环境噪声监测中的问题分析及质量控制措施探讨 [J]. 皮革制作与环保科技，2022, 3 (16): 63-65.

[15] 戴威. 环境监测质量控制问题与改善措施 [J]. 资源节约与环保，2020(10): 50-51.

[16] 邢武鸠. 环境监测质量管理常见问题与质量控制措施分析 [J]. 环境与生活，2014(20): 75-76.

[17] 杨恋雪. 环境监测质量控制问题的改善建议 [J]. 皮革制作与环保科技，2021, 2(13): 72-73.

[18] 张铁亮，赵玉杰，周其文，等. 农产品产地环境长期定位监测进展、问题与对策研究 [J]. 环境科学与管理，2014, 39(11): 7-9.

[19] 巩瑞，李丁一. 环境监测质量控制问题分析 [J]. 化工管理，2019(27): 61-62.

[20] 郭红霞，陈红. 环境监测质量控制问题及对策 [J]. 节能，2019(11): 84-85.

[21] 张铁亮，周其文，赵玉杰，等. 中国农业环境监测阶段划分、评判分析与改进思路 [J]. 中国农业资源与区划，2015, 36(7): 169-176.

[22] 彭刚华，梁富生，夏新. 环境监测质量管理现状及发展对策初探 [J]. 中国环境监测，2006, 22(2): 46-49.

[23] 宋玮. 浅论环境检测质量控制水平的提高 [J]. 资源节约与环保，2014(10): 106.

[24] 李静. 土壤有机质测定方法比对分析 [J]. 绿色科技，2012(5): 203-204.

[25] 李晓宇. 重铬酸钾滴定法测定土壤有机质应注意的几个问题 [J]. 防护林科技，2011(3): 119.

[26] 李婧. 土壤有机质测定方法综述 [J]. 分析试验室，2008, 27（增 1): 154-156.

[27] 国家林业局. 森林土壤有机质的测定及碳氮比的计算：LY/T 1237—1999[S]. 北京：中国标准出版社，1999: 108.

[28] 牛永绮，陈兰生. 土壤有机质测定方法的进展 [J]. 干旱环境，1998, 12(2): 97-100.

[29] 孔凡伟，许敬山. 测定土壤有机质需要注意的几个问题 [J]. 中国园艺文摘，2011(11): 183-184.

[30] 靳彩霞. 油浴加热重铬酸钾容量法测定土壤有机质影响因素分析 [J]. 农业科技与信息，

2012(4) :33-34.

[31] 陈丽琼，胡勇．硫酸银对重铬酸钾法测定土壤有机质的影响研究 [J]．环境科技，2011, 24（增1): 68-70.

[32] 刘万会．环境空气监测全程质量控制研究 [J]．环境与生活，2014(20):93.

[33] 万欢．浅谈环境空气质量监测全程质量的控制 [J]．环保科技，2013(11): 2-3.

[34] 潘本锋，李莉娜，解淑艳，等．如何加强我国环境空气质量监测体系建设 [J]．环境保护，2014(4): 55-57.

[35] 国家环境保护局．水质　总铬的测定 : GB 7466—87[S]. 北京 : 中国标准出版社 , 1987.

[36] 中华人民共和国农业部．土壤检测　第 1 部分：土壤样品的采集、处理和贮存 : NY/T 1121. 1—2006[S]．北京：中国标准出版社，2006: 1-3.

[37] 国家环境保护总局．土壤环境监测技术规范：HJ/T 166—2004[S]．北京：中国环境科学出版社，2005: 10-18.

[38] 环境保护部．土壤　干物质和水分的测定　重量法：HJ 613—2011[S]．北京：中国环境科学出版社，2011: 1-3.

[39] 孟爽，李绍峰．测定土壤有机质含量操作中应注意的关键技术 [J]．河北农业科技，2008(14): 44.

[40] 中华人民共和国农业部．土壤检测　第 6 部分：土壤有机质的测定：NY/T 1121. 6—2006[S]．北京：中国标准出版社，2006: 1-3.

[41] Daghighian F, Hoffman E J, Huang S C. Quality control in PET systems employing 2-D modular detectors[J]. IEEE Transactions on Nuclear Science, 2002, 36(1): 1034-1037.

[42] Corbett B, Macdonald B, Mhaskar P. Model predictive quality control of polymethyl methacrylate[J]. IEEE Transactions on Control Systems Technology, 2015, 23(2): 687-692.

[43] Date K, Tanaka Y. Quality-oriented statistical process control utilizing bayesian modeling[J]. IEEE Transactions on Semiconductor Manufacturing, 2021,34(3):307-311.

[44] Brooks E B, Wynne R H, Thomas V A, et al. On-the-fly massively multitemporal change detection using statistical quality control charts and landsat data[J]. IEEE Transactions on Geoscience & Remote Sensing, 2014, 52(6): 3316-3332.

[45] Xiao T, Choi T M. Quality, greenness, and product line choices for a manufacturer with environmental responsibility behaviors[J]. IEEE Transactions on Engineering Management, 2022, 69(6): 2634-2648.

[46] 生态环境部．环境监测分析方法标准制订技术导则：HJ 168—2020[S]．北京：中国环境科学出版社，2020: 15-16.

[47] 农业农村部，生态环境部．国家土壤环境监测网农产品产地土壤环境监测工作方案（试行）[Z]. 2018.

[48] 王夏晖．我国土壤环境质量监测网络建设的重大战略任务 [J]．环境保护，2016, 44(20): 20-24.

[49] Babu N, Guerrero J M, Siano P, et al. An improved adaptive control strategy in grid-tied PV system with active power filter for power quality enhancement[J]. IEEE Systems Journal, 2021, 15(2): 2859-2870.

[50] 苏艳丽．水质环境监测中质量控制的方法分析探讨 [J]．化工管理，2019(3): 112-113.

[51] Pisa I, Santín I, Morell A, et al. LSTM-based wastewater treatment plants operation strategies for effluent quality improvement[J]. IEEE Access, 2019, 7: 159773-159786.

[52] Hernández-Alpizar L, Carrasquilla-Batista A, Sancho-Chavarría L. IoT application for water quality monitoring: Nitrates[C]// IEEE Latin American Symposium on Circuits and Systems, 2020.

[53] 薛玉娟. 大数据技术背景下环境质量监测系统研究 [J]. 现代盐化工，2018(6): 46 -47.

[54] Shi L, Campbell G, Jones W D, et al. The MicroArray Quality Control (MAQC)—Ⅱ Study of common practices for the development and validation of microarray-based predictive models[J]. Nature Biotechnology, 2010, 28(8): 827-838.

[55] Hu C, Barnes B B, Feng L, et al. On the interplay between ocean color data quality and data quantity: Impacts of quality control flags[J]. IEEE Geoscience and Remote Sensing Letters, 2020, 17(5): 745-749.

[56] Yang W, Wei X, Choi S. A dual-channel, interference-free, bacteria-based biosensor for highly sensitive water quality monitoring[J]. Sensors Journal, IEEE, 2016, 16(24): 8672-8677.

[57] Ocoleanu C F, Cividjian G, Manolea G. Solutions for quality pre-control of crimp contacts used in electric power systems and electrical machines[C]// International Symposium on Environmental Friendly Energies & Applications. IEEE, 2014.

[58] Marti P, Yepez J, Velasco M, et al. Managing quality-of-control in network-based control systems by controller and message scheduling co-design[J]. IEEE Transactions on Industrial Electronics, 2004, 51(6): 1159-1167.

第5章

农产品产地环境类别划分系统设计

- 产地环境类别划分
- 具体需求分析
- 总体设计
- 产地环境类别划分系统功能介绍
- 基于XGBoost的耕地土壤环境类别预测模型
- 系统界面及使用说明

5.1 产地环境类别划分

5.1.1 类别划分背景

耕地土壤是农业生产的基本物质条件，耕地土壤环境是农产品质量安全的源头保障。党中央、国务院高度重视土壤环境保护工作，习近平总书记在党的十九大报告中强调“强化土壤污染管控和修复，加强农业面源污染防治”，把新形势下农业生态文明建设提到前所未有的高度。为了保护和改善生态环境，防治土壤污染，保障公众健康，推动土壤资源永续利用，推进生态文明建设，促进经济社会可持续发展，十三届全国人大常委会第五次会议全票通过了《中华人民共和国土壤污染防治法》。《土壤污染防治行动计划》(国发〔2016〕31号)即“土十条”明确要求：实施农用地分类管理，保障农业生产环境安全。

关于印发《土壤污染防治行动计划实施情况评估考核规定（试行）》的通知（环土壤〔2018〕41号）第九条规定：评估考核结果经国务院审定后，由生态环境部向各省（区、市）人民政府通报，并交由中央组织部和审计署分别作为对各省（区、市）领导班子和领导干部综合考核评价、自然资源资产离任审计的重要依据。管理学讲到要想科学管理管理对象，必须充分了解管理对象自身的属性特征，农产品产地管理也遵循这一理论原则，要想实现土壤污染分区分类防治这一目标，必须先摸清土壤污染特征，即土壤污染面积、范围、程度、特征污染物等，这就需要对耕地土壤环境质量类别进行划分，也就是说耕地质量类别划分是受污染土壤污染防治和安全利用的前提和基础。关于印发《土壤污染防治行动计划实施情况评估考核规定（试行）》的通知（环土壤〔2018〕41号），规定农用地受污染耕地安全利用率是否达标分值为50分，其中耕地土壤环境质量类别划分分值为4分。合理划分耕地质量类别，分类分级分区科学实施受污染耕地安全利用措施，是改善农业生态环境，防控耕地土壤环境风险的必然要求；是推进农业生态文明建设，保障农产品质量安全的重要举措；对改善土壤环境质量，维护群众身体健康，全面推动经济社会绿色健康发展和乡村振兴来讲意义重大[1-4]。

目前，大多数农产品产地环境类型的分类是人工进行的，效率低、主观性强、易受人为因素的影响。随着人工智能技术的发展和普及，利用机器学习和数据挖掘技术自动进行农产品产地环境类别划分，将会成为一种趋势和发展方向[5]。这不仅可以提高分类效率和准确性，也可以减少人力成本和时间成本，促进农业生产的发展。

因此，开发一个农产品产地环境类别划分系统，可以根据农产品产地的环境特征，自动分类农产品产地环境类型，以便于农业科学研究和农产品质量管理。同时，该系统也具有一定的实用性和推广价值[6-8]。

农产品产地环境类别系统是一种评价农产品产地环境质量的方法，旨在保障农产品的安全性和品质，促进农业的可持续发展。该系统根据农产品产地的水、土壤、空气等环境因素，以及农业生产活动对环境的影响，将农产品产地划分为不同的环境类别，从而为农业生产和监督提供依据[9,10]。

5.1.2 类别划分基本概念

农产品产地环境类别划分是指对不同农产品生产区域的自然环境、人文环境、生产条件等因素进行综合评价，将其划分为不同的环境类别，以便进行科学合理的农业生产和资源配置[11]。

农产品产地环境类别划分涉及以下几个基本概念[12,13]：

（1）农产品产地

农产品产地是指种植或养殖农产品的土地，包括耕地、园地、林地、草地等。农产品产地是农业生产的基础，其环境质量直接影响农产品的品质和产量。

（2）环境质量

环境质量是指环境中各种因素（包括土壤、水、空气等）对人类健康和生态安全的影响程度。环境质量是衡量农产品产地适宜性和风险性的重要指标。

（3）类别划分

类别划分是指根据一定的标准和方法，将具有相似特征或属性的对象归为一类，以便于对对象进行区分和管理。类别划分可以根据不同的目的和依据进行，如按照土壤污染程度、灌溉水质量、空气质量等。

（4）标准和方法

标准和方法是指进行类别划分时所依据的规则和步骤，包括划分依据、划分原则、划分指标、划分技术等。标准和方法是保证类别划分科学性和合理性的关键[14-16]。

5.1.3 类别划分作用和意义

农产品产地环境类别划分是指根据农产品产地土壤、水、空气等环境要素的质量状况，将农产品产地划分为不同的环境类别，以反映其对农产品质量安全的影响程度和风险等级[17]。农产品产地环境类别划分的意义和作用主要有以下几个方面。

① 有利于指导农业生产布局和结构调整，优化农业资源配置，提高农业生产效率和效益[18,19]。根据不同的环境类别，可以选择适宜的农产品种类和品种，避免或减少因环境不适宜而导致的农产品质量下降、产量减少、损失增加等问题。同时，也可以根据不同的农产品需求，合理规划和利用农产品产地资源，提高资源利用率和综合效益。

② 有利于保障农产品质量安全，维护消费者健康和权益，促进农产品市场发展。通过对农产品产地环境进行分类和评价，可以及时发现和控制环境污染问题，防止或

减少污染物在农产品中的残留和累积，保证农产品达到国家或行业标准要求，提高农产品质量水平。同时，也可以通过标识和公示不同的环境类别，增加农产品的可追溯性和透明度，提高消费者的信任度和满意度，促进农产品市场的良性竞争和发展。

③ 有利于监测和评估农业生态环境状况，促进农业生态文明建设和可持续发展。通过对农产品产地环境进行动态监测和更新，可以及时反映农业生态环境的变化趋势和影响因素，为制定相关的政策措施和技术方案提供科学依据。同时，也可以通过对不同的环境类别采取相应的保护、改善、治理等措施，加强对优先保护类、安全利用类和严格管控类等区域的管理，防止或减轻土壤污染、水污染、空气污染等问题，保护和恢复农业生态系统功能，促进农业生态文明建设和可持续发展。

5.1.4　类别划分地理信息数据格式规范

地理信息数据采用分层的方法进行组织管理，层名称、层要素、几何特征及属性表名称的描述见表 5-1。

表5-1　层名称及各层要素

序号	层名称	层要素	几何特征	属性表名称	约束条件①	说明
1	地图数据	地类图斑	多边形	DLTB	M	见附表 表 A. 1
		省级行政区划	多边形	PXZQ	M	见附表 表 A. 2
		市级行政区划	多边形	CXZQ	M	见附表 表 A. 3
		县级行政区划	多边形	FXZQ	M	见附表 表 A. 4
		乡镇级行政区划	多边形	TXZQ	M	见附表 表 A. 5
		行政村级行政区划	多边形	XZQ	M	见附表 表 A. 6
2	详查数据	详查土壤点位	点	XCT	M	见附表 表 A. 7
		详查农产品点位	点	XCN	C	见附表 表 A. 8
		详查评价单元	多边形	XCPJDY	M	见附表 表 A. 9
3	其他数据	其他土壤点位②	点	见表注②	C	见附表 表 A.10
		其他农产品点位③	点	见表注③	C	见附表 表 A.11
4	类别划分成果数据	类别划分成果	多边形	LBHF	M	见附表 表 A.12

① 约束条件取值：M（必选），C（条件必选），下同。

② 其他土壤点位是指除详查外参与类别划分辅助调整的土壤数据，包括普查土壤点位（PCT）、例行监测土壤点位（JCT）、多目标地球化学调查土壤点位（DMBT）、省级其他土壤点位（SJQTT）等。

③ 其他农产品点位是指除详查外参与类别划分辅助调整的农产品数据，包括普查农产品点位（PCN）、例行监测农产品点位（JCN）、省级其他农产品点位（SJQTN）等。

5.2 具体需求分析

5.2.1 数据需求

耕地土壤环境质量类别划分的主要目的是将耕地按质量等级划分为优先保护类、安全利用类和严格管控类，并在地图上明确各类别耕地的边界，以指导后续分类分级分区管理和受污染耕地的安全利用[20]。

基础数据和资料是耕地质量类别划分工作的前提。依据《农用地土壤环境质量类别划分技术指南》（环办土壤〔2019〕53号）（简称"指南"）完成耕地土壤环境质量类别划分，需搜集四类基础数据，包括基础图件、工矿企业信息、土壤和农产品质量监测数据以及社会经济资料[21]。

（1）基础图件收集

图件资料主要是行政区域（精确到行政村级别）、土地利用现状、土壤类型（土种图1：50000或更大比例尺图）、地形地貌、河流水系、道路交通等矢量图件及最新高分遥感影像数据。图5-1为无人机航拍，航拍任务结束后对数据进行快速检查，检查合格后即可带回进行后续的数据处理工作，通过拼接软件将影像拼接成需要的影像数据形式。

图5-1 无人机航拍

（2）工矿企业信息收集

主要包括行政区内工矿企业所属行业类型（重点是全国土壤污染状况详查确定的重点行业企业）、空间位置分布；农业灌溉水质量，农药、化肥、农膜等农业投入品的使用情况及畜牧养殖废弃物处理处置情况，固体废物堆存，处理场所分布等。

（3）土壤和农产品质量监测数据收集

主要是详查数据以及其他数据，包括普查、国家土壤环境监测网农产品产地土壤环境监测、多目标区域地球化学调查（或土地质量地球化学调查）、土壤环境背景值，以及生态环境、自然环境、自然资源、农业农村、粮食等部门的相关历史调查数据。要依据相关标准和规范，对有关数据质量进行评价，剔除无效数据，保障数据质量。

（4）社会经济资料收集

主要包括人口状况、农业生产、工业布局、农田水利和农村能源结构情况，当地人均收入水平、种植制度和耕作习惯[22,23]。

系统需要收集这些农产品的环境数据，包括气候、水文、土壤等方面的数据。这些数据可以通过气象、水文、土壤监测系统等现有的监测设备获取，也可以通过采集现场数据的方式获得。在收集这些数据时，需要考虑数据的可靠性和准确性，尽可能避免采集错误或不完整的数据。同时需要对数据进行分类和整理，以便于后续的数据处理和分析[24-26]。需要注意的是，数据的收集和处理是系统开发的基础，也是系统成功的关键。因此，需要在收集和处理数据方面下足功夫。

5.2.2　分类需求

系统需要基于特征对农产品产地环境进行分类，这是该模块核心内容。分类需求涉及对环境数据进行机器学习和数据挖掘，以实现农产品产地环境类别的自动划分。分类算法可以采用常见的机器学习算法，例如支持向量机（SVM）、决策树（DT）、随机森林（RF）等[27-31]。分类算法的选择需要根据数据的特点和分类目标进行，以达到最佳的分类效果[32-36]。选择好分类算法接下来就是对分类模型进行训练。

分类模型是指根据分类算法和训练数据得到的一个分类器，用于对新数据进行预测。分类模型的训练需要使用已经标注好的数据，以期获得一个尽可能准确的分类器。分类器的分类结果是根据分类模型对新数据进行预测得到的类别标签。分类结果的评估需要使用一些分类指标，如准确率、召回率、F_1值等，来衡量分类模型的性能和效果。

5.2.3　可视化需求

系统提供一个可视化界面，用于显示分类结果和相关信息。可视化界面的设计需要考虑用户的需求和使用习惯，以提高用户体验和满意度[37-40]。本系统设计了一个简洁和友好的可视化界面，包括以下几个部分。

（1）地图显示区域

该区域用于显示农产品产地环境类别的地图分布，用户可以通过缩放、拖动等操作查看不同地区的环境类别，以及点击某一地区查看其详细信息。

（2）图表显示区域

该区域用于显示农产品产地环境类别的统计图标，用户可以通过不同的图标类型

（如柱状图、饼图等）和指标（如水质、土壤等）查看不同维度的环境类别分布情况。

（3）信息显示区域

该区域用于显示农产品产地环境类别的相关信息，用户可以通过输入或选择某一地区或类别查看其具体的环境指标值和管理措施等。

5.2.4 系统性能需求

系统性能需求是系统开发的保障环节，它涉及系统在运行过程中的稳定性、可靠性、安全性和可扩展性等方面，能够在大量数据的情况下快速准确地区分环境类型。系统需要保障数据安全，并对用户隐私进行保护。系统需要具备可扩展性，能够根据实际需求进行扩展和升级。系统需要有完善的日记记录和错误处理机制，一般由用户或管理员进行监控和管理。

5.3 总体设计

为了实现农产品产地环境类别划分的目标，本书设计并实现了一个基于地理信息系统（GIS）的农产品产地环境类别划分系统。该系统可以收集、存储、分析和展示全国各地区的农产品产地环境信息，形成全国统一的农产品产地环境类别划分图，动态更新农产品产地环境状况，与相关部门和机构实现信息资源的整合和利用，提高工作效率。本节将介绍该系统的设计思路、功能模块、系统架构等方面的内容。

5.3.1 系统目标

根据农产品产地土壤环境质量情况，将农用地划分为优先保护类、安全利用类和严格管控类，为农用地土壤污染防治和农产品质量安全提供科学依据。本系统的目标是建立一个科学、合理、规范的农产品产地环境类别划分系统，以指导农业生产和管理，保障农产品质量和安全，促进农业可持续发展[41]。具体而言，本系统的目标包括以下几个方面：

① 建立一个基于地理信息系统（GIS）的农产品产地类别划分平台，实现对全国各地区的农产品产地环境信息的收集、整理、存储、分析和展示。

② 制定一套科学、合理、规范的农产品产地环境类别划分标准和方法，考虑农产品的种类、特性、需求和影响因素，综合评价农产品产地环境的质量、适宜性和风险。

③ 根据农产品产地环境类别划分标准和方法，对全国各地区的农产品产地环境

进行分类和评价，形成一张全国统一的农产品产地环境类别划分图，为农业生产和管理提供科学依据和参考。

④ 建立一个动态更新和监测的机制，定期收集和分析农产品产地环境的变化情况，及时调整和修订农产品产地环境类别划分图，反映最新的农产品产地环境状况。

⑤ 建立一个与相关部门和机构信息共享和协作的机制，将本系统的数据和成果与其他相关的数据和成果进行整合和对接，实现信息资源的共享和利用，提高工作效率[42]。

5.3.2　系统功能模块

如图 5-2 所示，系统主要包括以下几个功能模块。

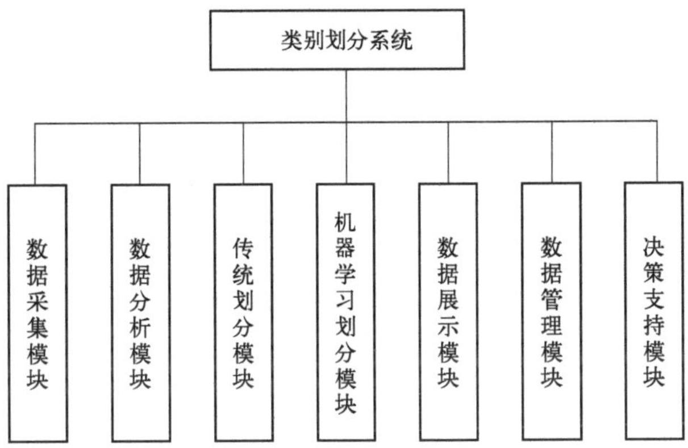

图 5-2　系统功能模块

（1）数据采集模块

负责收集和整理全国农产品产地土壤重金属污染普查、农用地土壤污染状况详查、国家土壤环境监测网农产品产地土壤环境监测等调查监测数据，以及各地根据实际情况部署的相关土壤环境调查监测数据。

（2）数据分析模块

负责对数据进行清洗、校验、统计和分析。

（3）传统划分模块

基于传统方式的划分方法，这种方法主要依据《土壤环境质量　农用地土壤污染风险管控标准（试行）》（GB 15618—2018）中筛选值和管控值，表层土壤中镉、汞、砷、铅、铬的含量，评价耕地土壤污染的风险，将土壤环境类别分为优先保护类、安全利用类和严格管控类。这种方法简单易行，但也存在一些局限性，如忽略了其他污染物的影响，缺乏动态更新和监测机制，不能反映农产品产地环境的实时变化等。

（4）机器学习划分模块

基于机器学习的划分方法，这种方法利用机器学习和数据挖掘技术，通过收集和分析大量的农产品产地环境数据，建立分类模型，自动进行农产品产地环境类别划分。这种方法既可以充分利用数据信息，提高分类效率和准确性，也可以实现动态更新和监测，及时反映农产品产地环境的最新状况。但是，这种方法也需要考虑数据质量、模型选择、参数调整等因素，以保证分类结果的科学性和合理性。

传统划分模块和机器学习划分模块负责根据预先设定的划分标准和方法，对我国不同地区的农产品产地环境进行类别划分，形成不同等级的环境类别图层，并提供查询和显示功能。

（5）数据展示模块

负责将数据以图表、地图等形式展示在网页或客户端上，提供查询、筛选、导出等功能，方便用户查看和使用数据。

（6）数据管理模块

负责对数据进行备份、更新、维护等操作，保证数据的安全性和时效性。

（7）决策支持模块

负责根据用户的需求，提供农产品产地环境类别划分和评价的相关分析和建议，为农业生产和管理提供决策支持。例如，根据不同环境类别的特点，推荐适宜种植的农产品种类和品种，或者根据不同环境评价的结果，提出改善农产品产地环境的措施和建议。

5.3.3 系统架构

系统采用 B/S 架构，由服务器端和客户端组成。服务器端主要负责数据的存储、处理和提供，客户端主要负责数据的展示和交互。服务器端采用 Java 语言开发，使用 MySQL 数据库存储数据，使用 Spring Boot 框架搭建后台服务，提供 RESTful API 接口。客户端采用 HTML5、CSS3 和 JavaScript 技术开发，使用 Vue.js 框架构建前端页面，使用 ECharts 和 Leaflet 等库实现图表和地图的绘制。

5.4 产地环境类别划分系统功能介绍

5.4.1 数据处理

数据处理是系统开发的重要环节，它涉及对收集到的环境数据进行清洗、预处理和特征提取等操作，以便于后续的分类和可视化[43,44]。

数据清洗是指对原始数据进行清理、过滤、筛选等操作，去除无效数据、错误数据、重复数据等。在数据清洗过程中，需要检查数据的完整性、准确性和一致性。确保数据没有缺失、重复或无效值，以确保数据的质量。此外，也需要检查数据的格式是否正确，并将数据转换为适合进行后续处理的格式。数据清洗的方法包括人工检查、规则过滤、异常值检测等。

数据预处理是对清洗后的数据进行转换和规范化，使其符合后续分析的要求。数据预处理的方法包括数据归一化、缺失值处理、离散化、降维等操作。数据归一化可以将不同尺度的数据转换为相同的比例，消除不同变量之间的比例差异。标准化可以将数据转换为符合正态分布的形式，有利于机器学习算法的训练和分类。缺失值处理可以通过删除或填充缺失值的方式，以确保数据的完整性和一致性。

特征提取是指从预处理后的数据中提取有效的特征，用于后续的分类操作和可视化。特征提取的方法包括统计分析、相关性分析、主成分分析等。特征提取需要基于领域知识和实际数据分析，选取对分类效果有重要作用的特征。

数据集划分。在将数据送入分类器之前，需要将数据集划分为训练集和测试集。训练集用于训练分类器，测试集用于评估分类器的性能和准确度。数据集划分需要遵循一定的比例，通常将数据集划分为训练集和测试集的比例为 7∶3 或 8∶2。

参数选择。在选择分类算法和参数时，需要考虑实际数据的特点和分类效果。需要对不同的分类算法和参数进行比较和选择，以获得最佳的分类效果。

通过这些步骤，系统可以将原始的环境数据转换为有用的数据，为农产品产地环境类别划分提供支持。

5.4.2 基于传统方式的划分流程

农产品产地环境类别划分主要依据《土壤环境质量 农用地土壤污染风险管控标准（试行）》（GB 15618—2018）中筛选值 S_i（见表 5-2）、管制值 G_i（见表 5-3），以及表层土壤中镉、汞、砷、铅、铬的含量 C_i，评价耕地土壤污染的风险，将土壤环境类别分为优先保护类、安全利用类和严格管控类三类[45-47]。

表5-2 耕地土壤5项重金属污染风险筛选值

序号	污染物项目		风险筛选值 S_i/（mg/kg）			
			pH ≤ 5.5	5.5 < pH ≤ 6.5	6.5 < pH ≤ 7.5	pH > 7.5
1	镉	水田	0.3	0.4	0.6	0.8
		其他	0.3	0.3	0.3	0.6
2	汞	水田	0.5	0.5	0.6	1.0
		其他	1.3	1.8	2.4	3.4

续表

序号	污染物项目		风险筛选值 S_i/（mg/kg）			
			pH ≤ 5.5	5.5 < pH ≤ 6.5	6.5 < pH ≤ 7.5	pH > 7.5
3	砷	水田	30	30	25	20
		其他	40	40	30	25
4	铅	水田	80	100	140	240
		其他	70	90	120	170
5	铬	水田	250	250	300	350
		其他	150	150	200	250

表5-3　耕地土壤5项重金属风险管制值

序号	污染物项目	风险管制值 G_i/（mg/kg）			
		pH ≤ 5.5	5.5 < pH ≤ 6.5	6.5 < pH ≤ 7.5	pH > 7.5
1	镉	1.5	2.0	3.0	4.0
2	汞	2.0	2.5	4.0	6.0
3	砷	200	150	120	100
4	铅	400	500	700	1000
5	铬	800	850	1000	1300

具体情形如下：

Ⅰ类：$C_i \leqslant S_i$，土壤污染风险低，可忽略，应划分为优先保护类。

Ⅱ类：$S_i < C_i \leqslant G_i$，可能存在土壤污染风险，但风险可控，应划分为安全利用类。

Ⅲ类：$C_i > G_i$，土壤污染风险较高，应划分为严格管控类。

按表层土壤的镉、汞、砷、铅、铬中类别最差的因子确定该点位综合评价结果，如表 5-4 所列。

表5-4　单因子土壤污染风险评价及环境质量分类

污染物含量	风险	质量分类
$C_i \leqslant S_i$	无风险或风险可忽略	优先保护类（Ⅰ类）
$S_i < C_i \leqslant G_i$	污染风险可控	安全利用类（Ⅱ类）
$C_i > G_i$	污染风险较大	严格管控类（Ⅲ类）

5.4.2.1　划分评价单元并初步判定其耕地土壤环境质量类别

当详查单元内点位耕地土壤环境质量类别一致，则详查单元即为评价单元；否则应根据详查单元内点位土壤环境质量评价结果，依据聚类原则，利用空间插值法结合专家经验判断，将详查单元划分为不同的评价单元。尽量使每个评价单元内的点位耕地土壤环境质量类别保持一致[48]。

初步判定评价单元耕地土壤质量类别包括 4 种情形：

① 当评价单元内点位类别一致时，该点位类别即为评价单元的类别。

② 当评价单元内存在不同类别点位时，某类别点位数量占比超过 80%，其他点位（非严格管控类点位）不连续分布，该单元则按照优势点位的类别计；如存在 2 个以上非优势类别点位连续分布，则按照地物边界（地块边界、村界、道路、沟渠、河流等），兼顾土壤类型，划分出连续的非优势点位对应的评级单元。

③ 对孤立的严格管控点位，根据影响信息或实地踏勘情况会分出对应的严格管控类范围；如果无法判断边界，则按最近的地物边界（地块边界、村界、道路、沟渠、河流等），划出合理较小的面积范围。

④ 当评价单元内存在不连续分布的有限保护类和安全利用类点位，且无优势点位时，可将该评价单元划为安全利用类。

在镉、汞、砷、铅、铬单因子评价单元划分及耕地土壤环境质量类别初步判定的基础上，将以上因子叠合形成新的评价单元，评价单元内部耕地土壤环境质量综合类别按最差类确定[49]。

5.4.2.2　结合农产品辅助判定

初步划定为安全利用类或严格管控类的单元，在详查中采集过使用农产品样品的，根据农产品质量状况辅助判定其耕地土壤环境质量类别，判定依据见表 5-5。

未采集过使用农产品样品的，可直接划定类别；或根据需要，结合使用农产品质量的实际情况（包括历史状况），按照《农用地土壤污染状况详查点位布设技术规定》《农产品样品采集流转制备和保存技术规定》的要求，详查原土壤点位适当补充采集检测使用农产品（原则上为水稻或小麦，一般每个评价单元不低于 3 个农产品点位），开展辅助判定。单因子辅助判定后的单元农用地图上环境质量类别仍需进行 5 因子（镉、汞、砷、铅、铬）综合，单元类别按类别最差的因子计[50]。具体情形如下：

① 土壤环境质量初步判定为优先保护类的评价单元，暂不需要农产品辅助判定。

② 评价单元土壤环境质量初步判定为安全利用类的，当评价单元内农产品点位超过 3 个（含 3 个）5 项重金属含量均未超标，则综合判定后土壤环境质量类别为优先保护类；如果评价单元内农产品点位不足 3 个，当评价单元内部且周边相邻单元农产品点位都未超标，则调整为优先保护类；其他情况不做调整。

③ 初步判定为严格管控类的评价单元，当单元内部农产品点位少于 3 个且都未超标时，只有周边相邻单元农产品点位未超标才能调整为安全利用类；当评价单元内

农产品点位超过 3 个，未超标点位数量占比≥65%，且没有点位重金属含量超过 2 倍国家标准限值，严格管控类评价单元才可以调整为安全利用类。其他的情况皆不满足重新调整评价单元类别。主要使用农产品中 5 项重金属国家标准限值如表 5-6 所列。

表5-5　利用农产品安全评价结果调整评价单因子土壤环境类别

<table>
<tr><th rowspan="2">评价单元土壤环境质量初步判定</th><th colspan="2">判定依据（评价单元内或相邻单元农产品重金属超标情况）</th><th rowspan="2">辅助判定后调整的土壤环境质量类别</th></tr>
<tr><th>评价单元内农产品点位数≥3</th><th>评价单元内农产品点位数<3</th></tr>
<tr><td>优先保护类</td><td>—</td><td>—</td><td>优先保护类</td></tr>
<tr><td rowspan="2">安全利用类</td><td>均未超标</td><td>均未超标；且附近相邻单元农产品点位未超标</td><td>优先保护类</td></tr>
<tr><td colspan="2">上述条件都不满足的其他情况</td><td>安全利用类</td></tr>
<tr><td rowspan="2">严格管控类</td><td>未超标点位数量占比≥65%，且没有点位重金属含量超过 2 倍国家标准限值</td><td>均未超标；且附近相邻单元农产品点位未超标</td><td>安全利用类</td></tr>
<tr><td colspan="2">上述条件都不满足的其他情况</td><td>严格管控类</td></tr>
</table>

表5-6　重金属国家标准限值

污染物项目	农产品种类	标准限值 /（mg/kg）
镉	水稻	0.2
	小麦	0.1
汞	水稻、小麦	0.02
砷	水稻、小麦	0.5
铅	水稻、小麦	0.2
铬	水稻、小麦	1.0

5.4.3　基于机器学习的划分流程

分类模型选择是农产品产地环境类别划分系统中分类模型编写的重要部分，正确选择适合数据特点和任务需求的模型可以有效提高分类准确率。常用的分类模型包括朴素贝叶斯（naive Bayes）、支持向量机（SVM）、决策树（decision tree）、随机森林（random forest）等。对于不同的模型，需要了解其优缺点和适用范围，根据实际情况进行选择。

5.4.3.1　朴素贝叶斯（naive Bayes）

朴素贝叶斯是一种基于贝叶斯定理的分类方法，其基本思想是通过先验概率和条件概率来计算后验概率，从而进行分类。朴素贝叶斯算法具有简单、高效、易于实现等优点，在处理大规模数据集时表现尤为突出。

5.4.3.2　支持向量机（SVM）

支持向量机是一种基于统计学习理论的分类算法，其基本思想是通过寻找最优的超平面来对数据进行分类，如图 5-3 所示。支持向量机算法具有在高维空间中有效的特征分类、泛化能力强等优点，因此适用于数据量较大、特征维度较高、分类问题较复杂的场景。

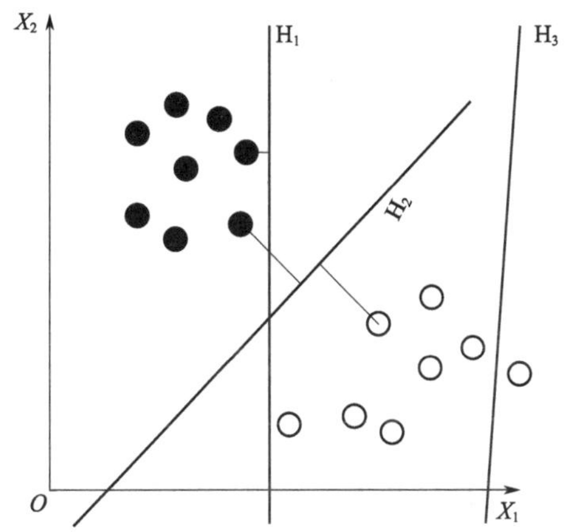

图 5-3　支持向量机图例（X_1、X_2 表示样本特征；H_1、H_2、H_3 表示分类器）

5.4.3.3　决策树（decision tree）

决策树是一种基于树形结构的分类算法，其基本思想是通过递归地选择最优特征进行分裂，生成一棵树形结构，从而实现数据的分类，如图 5-4 所示。决策树算法具有简单易懂、计算复杂度低、可解释性好等优点，是一种常用的分类算法。

决策树是一种将决策分为多个步骤的分类模型。图 5-4 中的决策树按照特定的条件对样本进行分类。在这个例子中，决策从入口点（纹理）开始，逐步分解为多个条件。每个节点上都有一个标签，在每个节点上，通过一个简单的“if”语句来判断样本接下来要传递到哪个分支。

具体来说，图中的入口点是“纹理”，根据纹理的结果，样本会进入不同的分支。例如，纹理清晰的瓜会继续被判断根蒂的状态，而纹理模糊的瓜直接被判断为坏瓜。随着样本通过各个分支，决策过程会在树的末端（叶子）结束，此时样本会被分配到最终的分类标签（如好瓜或坏瓜）。通过这样的分支逻辑，决策树逐步细化样本的分类，直到最终根据所有的判断条件分配到一个明确的分类结果。

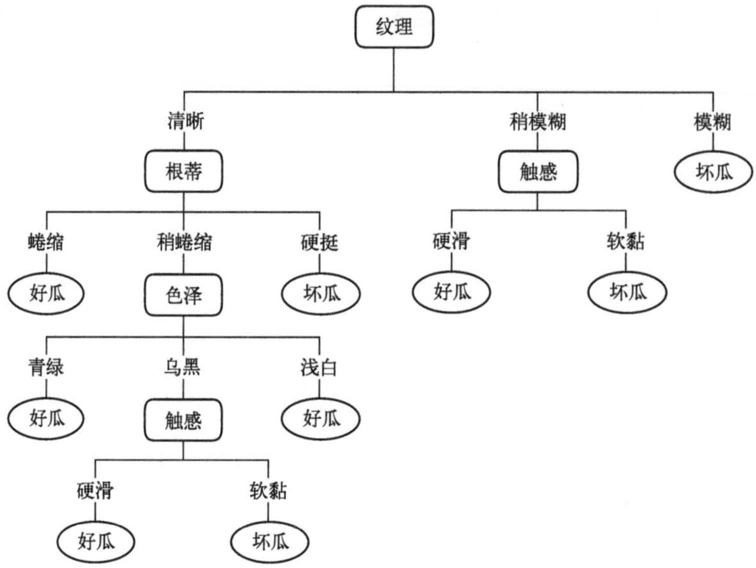

图 5-4　决策树示意图

决策树的偏差较小。这意味着它们通常擅长识别重要的特征，以便正确标记一些内容。但是有个很大的问题，过度拟合。树越深，通过训练集训练得到的决策树过度拟合的可能性就越大。

5.4.3.4　随机森林（random forest）

随机森林是一种基于决策树的集成学习方法，其基本思想是通过随机抽样和随机特征选择等方法构建多个决策树，并将其组合起来进行分类，如图 5-5 所示。随机森林算法具有分类精度高、对数据分布不敏感等优点，在实际应用中表现良好。

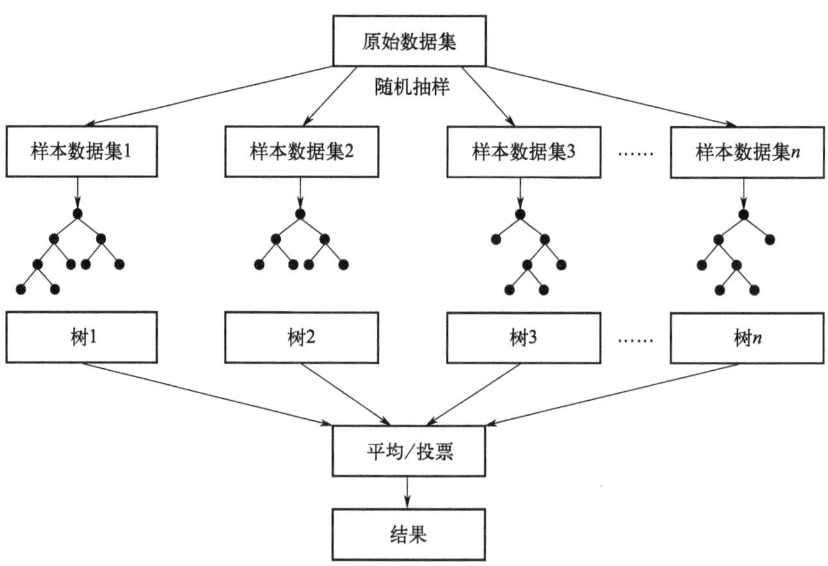

图 5-5　随机森林模型

随机森林是建立在这样一个理念上的：尽管一棵决策树带有极大的偏见，或者说是过度拟合的，但如果我们训练几棵决策树，它们会以不同的方式产生偏见。这就要求每棵树都是独立训练的，并且每棵树所在的训练集略有不同。

要训练一棵决策树，就要从完整的训练集中提取一定数量的样本。每个样本可以被选择多次，此操作是随机的。然后，以标准方式训练这棵决策树。对每棵树重复此过程。由于每棵树都有不同的训练实例组合，因此每棵树的训练结果和偏见都与其他树不同。

随机森林的性能通常非常出色，因此经常与神经网络进行比较，神经网络是另一种流行的高性能模型类型。与神经网络不同，随机森林模型更易于训练：新式框架提供了有用的方法，只需几行代码就可以完成训练。随机森林的训练速度也很快，不需要大型数据集就可以表现优异。这一点将它们与神经网络区分开来，神经网络通常需要几分钟或几天的时间进行训练，并且通常需要非常大的数据集。随机森林的体系结构决策虽然比线性回归等模型复杂，但比神经网络简单得多。随机森林的主要缺点是它们难以理解。具体来说，虽然这些模型是完全透明的（可以检查并了解每棵树），但由于它们通常包含许多树，因此几乎不可能检查并了解每棵树。

可以将超参数视为用于训练的设置。例如，我们可以选择缓慢或快速训练。超参数会影响训练，所以它们会影响最终模型性能。实际可用的超参数取决于要训练的模型类型。通常使用超参数进行试验以优化模型的性能。

以随机森林为例，其超参数有多种类型，它们不仅影响模型内部的参数，还影响树和森林的结构。在训练过程中，优化器必须确定何时拆分节点。有多种方法对模型进行超参数调优，不同的方法反映了对样本相似性评估的不同标准。

拆分节点常用方法基于信息理论。可以大致将这种方法视为拆分一个样本，以便得到的两个子样本比原始样本更纯净。可用的方法路由不同，并可能导致生成的最终树存在席位差异，这与梯度下降使用代价函数可以给出不同的最终模型非常相似。

可以进一步自定义用于拆分节点的条件，设置“最小不纯度减少”。这样就意味着只有在节点对模型进行一些或更多改进时才能对其进行拆分。有几个相关的超参数可能会阻碍新节点的创建，例如最大深度或节点上的最小样本数。我们限制树生长太快的原因是避免过度拟合。虽然更大的树更擅长匹配训练数据集，但它们可能会变得对该训练集过于优化，以至于停止对其他数据的匹配。换句话说，限制树的复杂程度可以减少其过度拟合的倾向。

创建随机森林时，需要提供要拟合的训练数据子集和要使用的特征列表。重要的是，每棵树可以接收不同的特征集合。增加每棵树可能接收到的特征的最大数量，提供的信息就会更多，这样更有可能提高每棵树拟合训练集的复杂程度。这是有助于还是削弱了训练集上的能力，是需要实验的。这是因为，总是提供许多特征可能意味着森林中的树最终会变得更加相似，从而降低了随机森林相对于简单决策树的优势。若要在这两个极端之间找到平衡，通常需要进行一些实验。

模型拟合通常依赖于随机数。计算机不会生成真正的随机数，而是包含一些规则，说明如何在给定一个初始数（称为随机种子）的情况下生成一系列随机数。例如，如果种子值是 10，然后取前 3 个随机数，计算机可能会生成 1、3、6。虽然这些数字看起来是随机的，但只要我们从 10 开始设定种子，就会得到相同的一组数字。在机器学习中，使用随机初始化模型参数将数据集拆分为训练集和测试集。如果设定了随机种子，那么每次重新运行代码时，训练过程中使用的随机值是相同的，这意味着每次重新运行代码时，都会向测试集和训练集分配相同的数据，并训练具有相同初始化（初始参数）的模型。相比之下，如果不设定种子，计算机将为我们选择一个种子，这意味着运行训练两次得到的结果会略有不同。严格来说随机种子并不是超参数，在这里引入只是强调它可以在训练的有效性中发挥作用，虽然这种有效性通常很小，但是如果模型非常复杂，或者可用数据量很少，那么当使用两个不同的种子时，模型的测试集性能可能会显著不同。在这种情况下，通常需要使用多个不同的种子进行训练，以评估模型设计在多大程度上是适当的，以及性能提升在多大程度上纯粹是巧合。

在选择分类模型时需要根据数据特点和任务需求进行。对于样本数量较少、数据特征较简单的数据集，可以选择朴素贝叶斯算法；对于高维度、非线性、大规模数据集，可以选择支持向量机算法；对于特征较多、可解释性要求高的数据集，可以选择决策树算法；对于样本数量较大、多样性较高的数据集，可以选择随机森林算法。同时，还需要考虑模型的可解释性、计算复杂度。

5.4.3.5 评估分类模型

评估分类模型的指标有以下几种。

（1）混淆矩阵（confusion matrix）

混淆矩阵是一种用于表示分类模型预测结果和真实结果之间的对应关系的表格，是对直方图延伸的一种格式。混淆矩阵可以显示分类模型对不同类别的数据的识别能力，以及分类模型的误判情况。

图 5-6（a）展示了一个二类标签，图中“False”标签有 750 个样本，而“True”标签有 250 个样本；三类标签与此类似，三类标签的示例图［图 5-6（b）］中，“人员”标签有 200 个样本，“动物”标签有 400 个样本，“树”标签有 100 个样本。

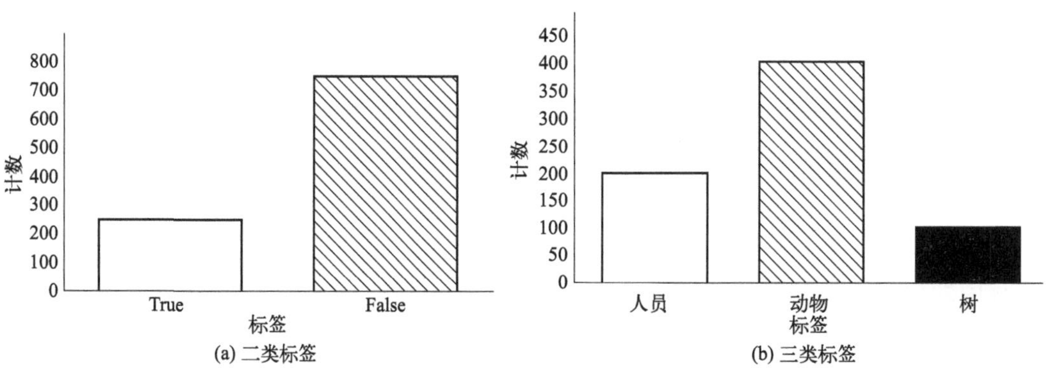

图 5-6　分类标签

分布结果如表 5-7、表 5-8 所列。

表5-7　二类标签分布表

标签	False	True
计数	750	250

表5-8　三类标签分布表

标签	人员	动物	树
计数	200	400	100

模型会给出它的预测结果，“False”有 700 次，“True”有 300 次，但是它不能告诉我们哪些结果是正确的。虽然可以使用代价函数来理解给出正确响应的频率，但代价函数不会告诉我们发生了哪些错误。例如，模型可能会正确地猜出所有“True”值，但是也有可能把“False”值判断为“True”。于是，将模型预测和真实数据放在同一个表里，得到表 5-9。

表5-9　混淆矩阵

			实际标签	
			False	True
			750	250
模型预测	False	700	TN	FN
	True	300	FP	TP

没有填充的地方就是混淆矩阵。每个单元都会体现一件有关模型的事情，是混淆矩阵中的 4 个主要元素，分别是真正例（true positive，TP）、假正例（false positive，FP）、真负例（true negative，TN）和假负例（false negative，FN）。

真负例表示分类模型正确地将负例预测为负例，即表中模型预测“False”并且实际也是“False”的次数，如表 5-10 所列，假设这种情况发生了 500 次。

表5-10　真负例

			实际标签	
			False	True
			750	250
模型预测	False	700	500	
	True	300		

假负例表示分类模型错误地将正例预测为负例，如表 5-11 所列，现在我们知道模型预测为“False”值但实际为“True”的次数，700−500=200。

表5-11 假负例

			实际标签	
			False	True
			750	250
模型预测	False	700	500	200
	True	300		

假正例表示分类模型错误地将负例预测为正例，指示模型预测为“True”的次数，但实际标签为“False”，如表 5-12 所列，此值为 750−500=250。

表5-12 假正例

			实际标签	
			False	True
			750	250
模型预测	False	700	500	200
	True	300	250	

真正例表示分类模型正确地将正例预测为正例，是模型正确预测“True”的次数，如表 5-13 所列。在这个例子中，该次数为 50。原因有两个：一是模型预测为“True”有 300 次，但有 250 次错误；二是有 250 次为“True”的正确答案，但模型预测为“False”有 200 次。

表5-13 真正例

			实际标签	
			False	True
			750	250
模型预测	False	700	500	200
	True	300	250	50

最终简化得到混淆矩阵如表 5-14 所列。

表5-14　二类标签混淆矩阵

		实际标签	
		False	True
模型预测	False	500	200
	True	250	50

如果有更多标签，也可以构造混淆矩阵。例如，在之前提到的三类（人员 / 动物 / 树）实例中，混淆矩阵如表 5-15 所列。

表5-15　三类标签混淆矩阵

		实际标签		
		人员	动物	树
模型预测	人员	500	200	50
	动物	250	50	20
	树	10	150	100

（2）准确率（A）

准确率是指分类模型正确预测的数据占总数据的比例。准确率越高，表示分类模型的性能越好。

（3）召回率（R）

召回率是指分类模型正确预测为正例的数据占所有正例数据的比例。召回率越高，表示分类模型对正例数据的识别能力越强。

（4）精确率（P）

精确率是指分类模型正确预测为正例的数据占所有预测为正例数据的比例。精确率越高，表示分类模型对正例数据的判别能力越强。

（5）F_1 值（F_1）

F_1 值是指综合考虑召回率和精确率的一个评价指标。F_1 值越高，表示分类模型的综合性能越好。

5.4.4 校核和调整

5.4.4.1 边界核实

重点完成以下 2 项内容的校核：

① 边界划分时的重要依据（如行政边界、灌溉水系、土地用途变更等）是否发生重大调整；

② 划分结果与当地历年土壤和农产品质量监测数据、群众反映情况等是否吻合。

图 5-7 为耕地核实现场踏勘调查情况。

图 5-7 耕地土壤环境质量类别划分结果边界踏勘调查

5.4.4.2 其他

对安全利用类和严格管控类农用地，如本地常年主栽农产品协同监测结果不超标，可以认为实现了安全利用。

5.4.4.3 动态调整

根据土地用途变更结果，农产品产地土壤环境监测结果，受污染耕地治理修复效果和水稻、小麦协同监测结果等，结合实际，对各类别耕地面积、分布等信息及时进行更新。

5.4.5 决策支持功能

决策支持功能可以帮助用户优化农业生产计划，提高农产品质量和安全，促进农业可持续发展[50]。决策支持功能主要包括以下几个方面：

（1）种植推荐

根据用户输入的地区及农产品种类、品种等信息，查询系统中的环境类别数据和相关文献数据，分析不同环境类别对农产品生长的影响，推荐适宜种植的环境类别和农产品种类、品种。同时，也可以给出不适宜种植的环境类别和农产品种类、品种，以及可能存在的风险和问题。

（2）环境改善

根据用户输入的地区、环境类别等信息，查询系统中的环境评价数据和相关文献数据，分析环境质量下降的原因和影响因素，提出改善农产品产地环境的措施和建议。同时，也可以给出预期的改善效果和收益，以及可能遇到的困难和挑战。

（3）信息共享

根据用户输入的地区、部门、机构等信息，查询系统中的数据共享协议和相关文献数据，分析与其他部门和机构的信息共享和协作情况，提出优化信息共享和协作的方案和建议。同时，也可以给出预期的共享效果和收益，以及可能涉及的隐私保护和安全保障等问题。

5.4.6　数据管理功能

数据管理功能是农产品产地环境类别划分系统的一个重要功能模块，主要负责保证系统中的数据安全、完整和一致。数据管理功能包括数据备份、数据恢复、数据更新和数据维护等子功能。

① 数据备份是指将数据库中的数据复制到其他存储介质上，以防止数据丢失或损坏。数据备份可以根据不同的需求，选择全量备份或增量备份，以及定期备份或手动备份。数据备份可以提高数据的安全性和可恢复性，防止因为硬件故障、软件错误、人为操作等原因导致的数据损失。

② 数据恢复是指将备份的数据恢复到数据库中，以恢复数据的正常状态。数据恢复可以根据不同的情况，选择不同的恢复方式，如完全恢复、部分恢复、时间点恢复等。数据恢复可以在发生数据丢失或损坏时，及时恢复数据的正确性和完整性，避免对系统和用户造成不利影响。

③ 数据更新是指根据最新的数据源或用户需求，修改或添加数据库中的数据，保持数据的及时性和准确性。数据更新可以根据不同的目标，选择不同的更新方式，如批量更新、实时更新、定时更新等。数据更新可以使数据库中的数据与实际情况保持一致，满足用户和系统的需求。

④ 数据维护是指对数据库中的数据进行清理、优化、压缩等操作，提高数据的质量和性能。数据维护可以根据不同的目的，选择不同的维护方式，如重建索引、删除冗余数据、压缩碎片等。数据维护可以使数据库中的数据保持良好的结构和状态，提高数据库的运行效率和稳定性。

数据管理功能的实现主要依赖于数据库管理系统和操作系统提供的相关工具和命令，通过定期或不定期地执行相应的操作，实现对数据库的有效管理。

5.5 基于 XGBoost 的耕地土壤环境类别预测模型

5.5.1 数据集

本研究使用的耕地土壤环境类别数据来自宜昌市 2018 年耕地环境质量类别的调查结果。从地理地形、气候、人文影响等方面分别提取了植被归一化指数、坡度、坡向、土壤类别、土壤 pH 值、土壤利用、农作物类型、年降水量、年均温度、与水系的距离、与人类居住地的距离、与矿地的距离、与交通运输管道路线的距离以及经纬度等特征。

通过数据清洗后，得到 3186 条有效数据组成本研究的数据集，其中Ⅰ类优先保护类耕地共 2553 个，占样本总数的 80%；Ⅱ类安全利用类耕地共 567 个，占样本总数的 18%；Ⅲ类严格管控类耕地共 66 个，占样本总数的 2%。将数据集以 7∶3 的比例随机划分为训练集和测试集。

5.5.2 XGBoost 算法原理

XGBoost 算法是一种基于梯度提升决策树的集成学习算法。它通过迭代地组合多个弱分类器（如决策树），并采用梯度下降的方式优化损失函数，从而逐步提升整体模型的性能。具体来说，XGBoost 算法的目标是最小化以下损失函数：

$$\mathcal{L}(\theta)=\sum_{i=1}^{n} l\left[y_i \hat{y}_i^{(t-1)}+f_t(x_i)\right]+\sum_{t=1}^{T} \Omega(f_t) \tag{5-1}$$

式中 n——训练样本的数量；

y_i——第i个样本的真实标签；

$\hat{y}_i^{(t-1)}$——前$t-1$轮迭代的模型预测值；

$f_t(x_i)$——第t轮迭代的决策树模型的预测值；

l——损失函数，用于衡量预测值与真实值之间的差异；

T——决策树的数量；

$\Omega(f_t)$——正则化项，用于控制模型的复杂度。

XGBoost 算法通过梯度下降的方式逐步优化损失函数。在每一轮迭代中，它计算残差的负梯度，然后拟合一个新的决策树来近似这个残差。然后，通过在线搜索的方式确定新决策树的权重，使得损失函数最小化。最后，将新决策树添加到模型中，并更新模型的预测值。通过不断迭代，XGBoost 算法能够逐步提升模型的性能。

5.5.3 评价指标

为了全面评价模型的分类性能，本研究采用了多种评估指标 [51]，主要包括：

（1）准确率（A）

准确率衡量了模型正确预测的样本比例，其计算方法如下：

$$A=\frac{\mathrm{TP}+\mathrm{TN}}{\mathrm{TP}+\mathrm{TN}+\mathrm{FP}+\mathrm{FN}} \tag{5-2}$$

式中 TP、TN、FP、FN——真正例、真负例、假正例和假负例的样本数。

（2）精确率（P）

精确率衡量了模型预测为正例的样本中真正为正例的比例，其计算方法如下：

$$P=\frac{\mathrm{TP}}{\mathrm{TP}+\mathrm{FP}} \tag{5-3}$$

（3）召回率（R）

召回率衡量了模型正确预测正例的能力，其计算方法如下：

$$R=\frac{\mathrm{TP}}{\mathrm{TP}+\mathrm{FN}} \tag{5-4}$$

（4）F_1 值

F_1 分数综合考虑了精确率和召回率，其计算方法如下：

$$F_1=\frac{2\times P\times R}{P+R} \tag{5-5}$$

5.5.4 相关性分析

为研究选取各特征与耕地土壤环境质量类别之间的关系，采用 Pearson 相关系数分析不同特征与类别标签之间的线性相关性如图 5-8 所示（书后另见彩图），不同色块形状和颜色深浅对应不同相关系数，色块越扁表明相关系数越高，即变量间的线性相关程度越高 [52,53]。

图5-8结果显示，土地利用（DLBM）、土壤类型（SOIL）、农产品类型（NCPLX）、pH 值（pH）、经度（LON）、纬度（LAT）、坡度（Slope）、降水（precipitation）、气

温（temperature）、归一化植被指数（NDVI）、距矿区距离（dist_mining）、距居民区距离（dist_human）、距交通道路距离（dist_trans）、距水体距离（dist_water）14 个变量与分类标签（ZH_CLASS）之间存在显著相关性，但坡向（Aspect）与分类标签（ZH_CLASS）之间无显著相关性。其中，DLBM、LON、Slope、precipitation、temperature 与 ZH_CLASS 的相关性更强，而 SOIL、NCPLX、pH 等变量与 ZH_CLASS 的相关性相对较弱。需要注意的是，相关系数仅反映了变量之间的线性相关性，并不能完全判断变量间是否存在依赖关系。所以，即便相关性不显著的变量，也可能与目标变量存在一定的统计学关联。

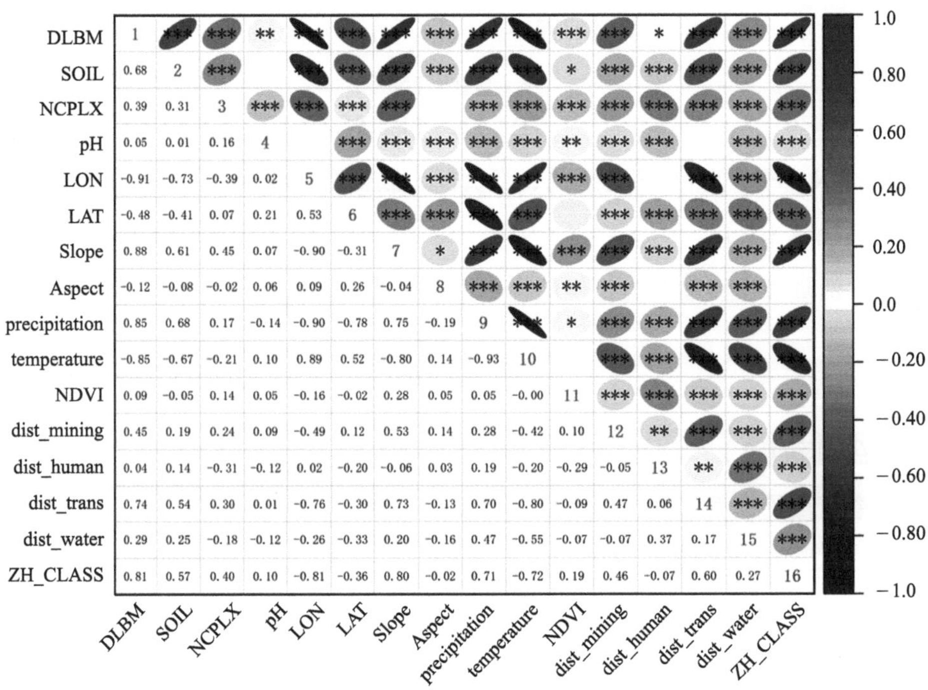

*P≤0.05 **P≤0.01 ***P≤0.001

图 5-8 相关性分析

除坡向特征外，其他特征变量与类别标签之间存在中等或较强的正负相关。具体来说，与人类活动区距离、经纬度、温度与类别标签呈较强负相关；而坡度、土壤 pH 值、归一化植被指数等与类别标签存在正相关。这表明上述特征的变化会影响耕地土壤环境质量类别。

5.5.5 模型精度分析

将数据集按 7∶3 随机分成训练集和测试集，因此，训练集中含有 2230 个样本信息，测试集中含有 956 个样本信息。

在训练集上进行 5 折交叉验证和网格搜索，确定 XGBoost 模型最优参数为决策树数量（n_estimatorsw）为 23，最大深度（max_depth）为 6，学习率（learning_rate）为 0.2，此时预测结果得到的混淆矩阵如表 5-16 所列。

表5-16 RF混淆矩阵

	优先保护类	安全利用类	严格管控类
优先保护类	737	15	1
安全利用类	8	175	0
严格管控类	0	4	16

对于实际为I类优先保护类的样本，模型正确预测为I类的数量为 737。

分类报告如表 5-17 所列。

表5-17 分类报告

项目	P	R	F_1
优先保护类	0.989	0.978	0.983
安全利用类	0.902	0.956	0.928
严格管控类	0.941	0.800	0.864
准确率			0.970
宏平均	0.944	0.911	0.925
权重平均	0.971	0.970	0.970

根据研究结果，基于 XGBoost 算法的耕地土壤环境类别预测模型展现出了良好的性能和应用潜力，该模型在预测耕地土壤环境类别方面表现出较高的精确率、召回率和 F_1 值，显示出其准确性和稳定性。通过混淆矩阵的分析，可以进一步了解模型在不同类别上的分类准确性和误判情况。这些结果有助于深入理解土壤环境的形成机制，为土壤环境管理、农业决策和可持续发展提供有价值的科学依据。

5.6 系统界面及使用说明

本节将在需求分析和系统设计的基础上，根据需求功能说明书对产地环境类别划分系统的各个功能模块的具体功能进行实现。

5.6.1 系统主界面

系统主界面包括标题栏、菜单栏、快速常用工具、图层控制器、数据视图、版面视图、鹰眼图几个部分。

用户可根据需要自行添加地图，并在数据视图中进行地图的展示，在版面视图中添加比例尺、图例、标题等要素，用于输出打印专题图。

5.6.2 图层切换功能实现

图层切换可实现土壤点位、农产品点位、类别划分结果、基础数据、私有图层间的切换显示。其中，土壤点位包含农产品产地普查、例行监测 2017 年、例行监测 2019 年、土壤详查、背景值调查、省控监测。农产品点位包含农产品详查、农产品普查。类别划分结果包含优先保护类、安全利用类、严格管控类。基础数据包含土壤类型、土壤质地、土壤肥力、土地利用现状、农用地地块、作物种植、耕作制度、大于 0 摄氏度积温、大于 10 摄氏度积温、降水、人口数量、工业生产总值、遥感影像、政区、地形、地貌、水系、交通、植被覆盖、高程模型（DEM）、化肥、农药、农膜。效果如图 5-9 所示。

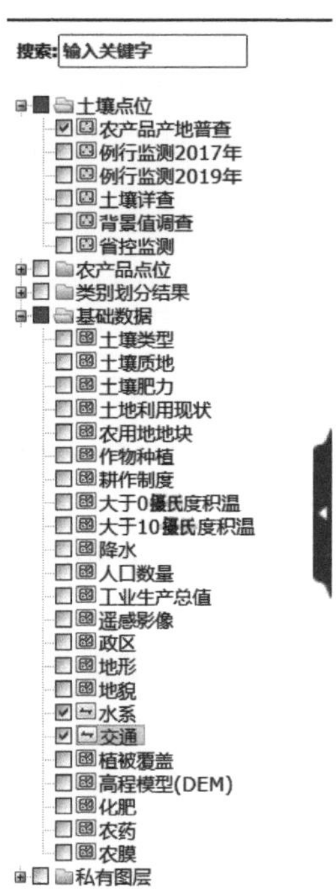

图 5-9 图层切换功能

5.6.3 数据展示功能实现

① 展示土壤和农产品点位相关信息，包括点位基本情况、土壤点位情况、详查

土壤点位、普查农产品点位展示、详查农产品点位等功能。效果如图 5-10 ～图 5-14 所示。

图 5-10　点位数据展示

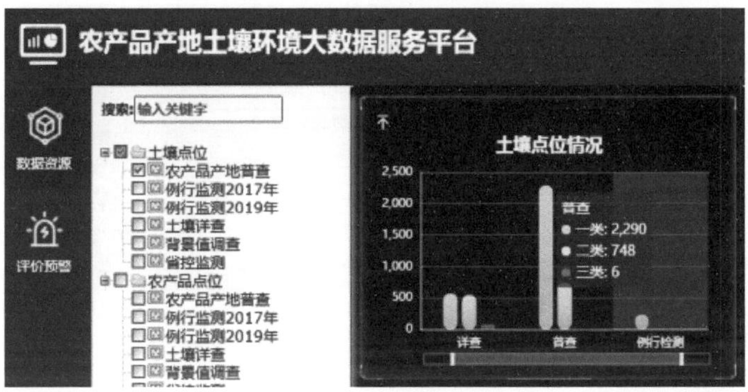

图 5-11　土壤点位情况展示

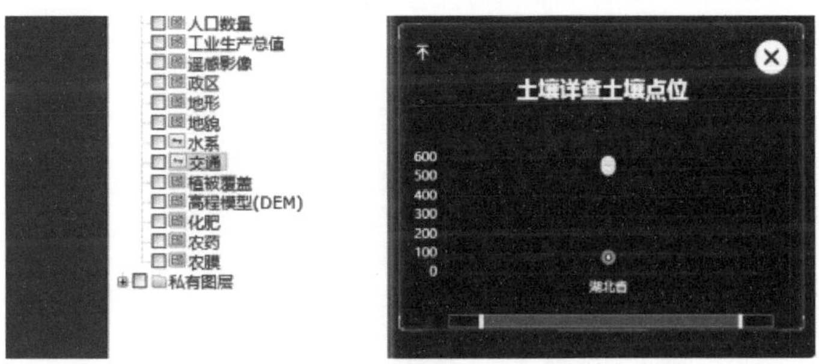

图 5-12　土壤详查数据展示

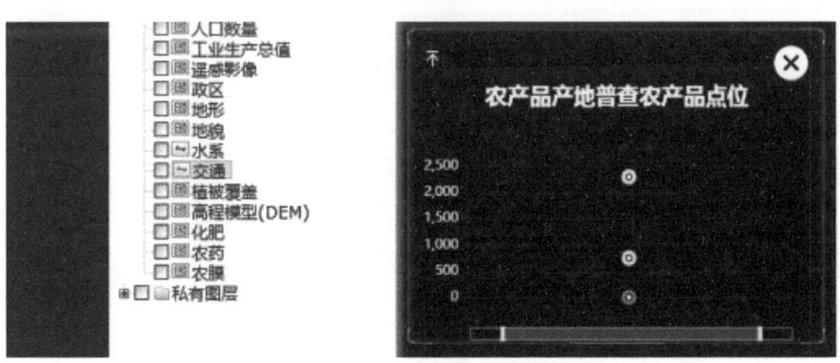

图 5-13　农产品普查数据展示

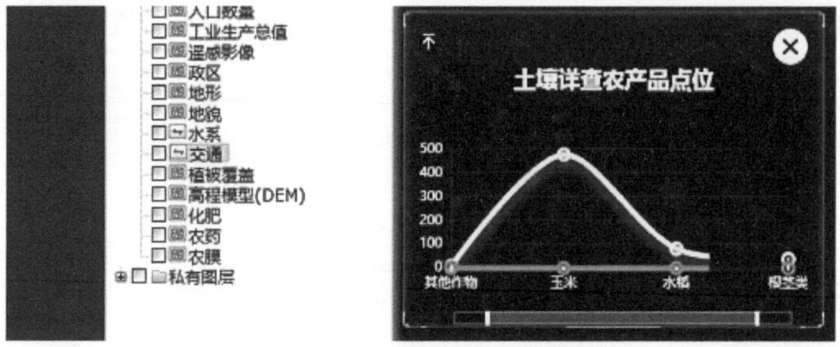

图 5-14　农产品详查数据展示

② 展示详查范围土壤环境质量不同类别面积统计：农用地面积综合评价的各类数量。效果如图 5-15 所示。

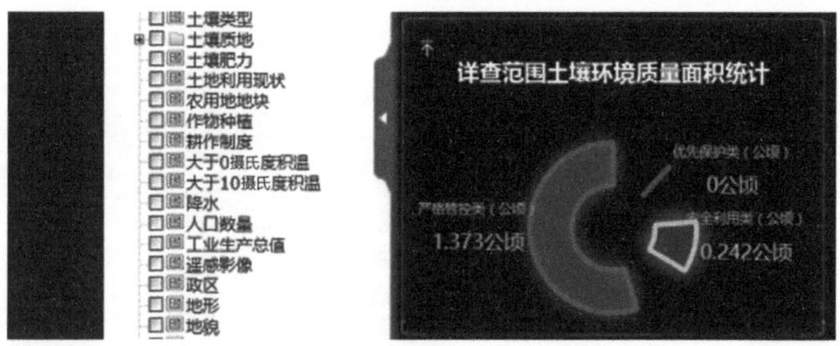

图 5-15　土壤环境质量各类面积展示

③ 会根据勾选菜单进行变化，默认显示土壤重金属普查的所有县市区的点位综合评价数据。效果如图 5-16 所示。

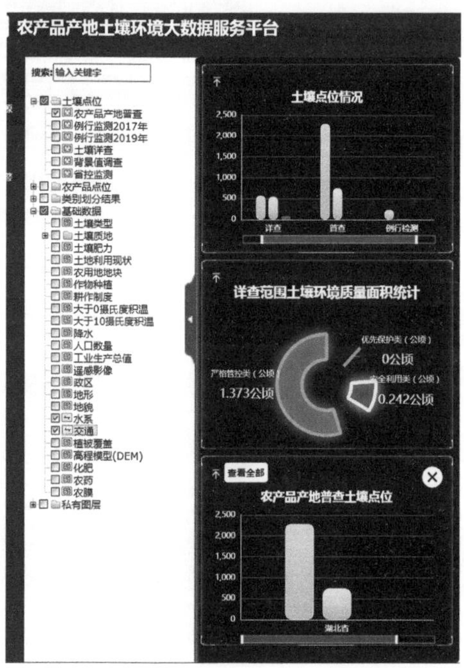

图 5-16　数据展示功能

5.6.4　数据筛查功能实现

进行所选区域的数据筛查。效果如图 5-17 所示。

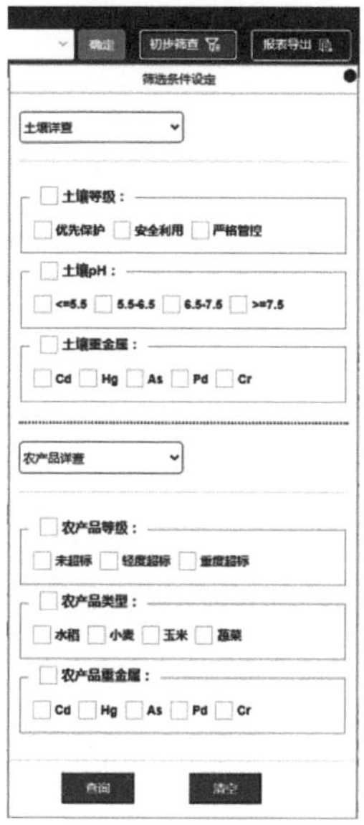

图 5-17　数据筛查功能

5.6.5　报表导出功能实现

显示 5 项重金属（镉、铬、汞、砷、铅）的最小值、1% 值、5% 值、10% 值、25% 值、中位值、75% 值、90% 值、95% 值、99% 值、最大值、算术平均值、算术标准差、几何平均值、几何标准差、变异系数、偏度系数、峰态系数计算值的表格。报表导出功能如图 5-18 所示。

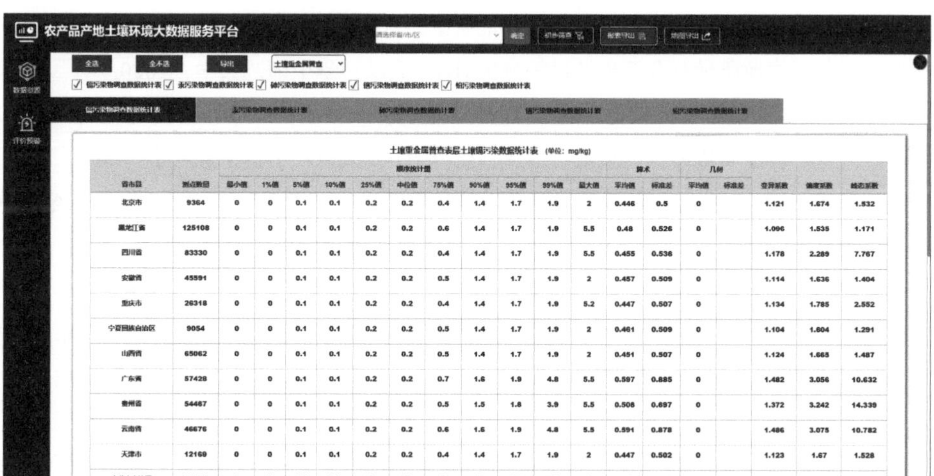

土壤重金属普查表层土壤镉污染数据统计表 (单位：mg/kg)

省市县	测点数目	顺序统计量											算术		几何		变异系数	偏度系数	峰态系数
		最小值	1%值	5%值	10%值	25%值	中位值	75%值	90%值	95%值	99%值	最大值	平均值	标准差	平均值	标准差			
北京市	9364	0	0	0.1	0.1	0.2	0.2	0.4	1.4	1.7	1.9	2	0.446	0.5	0		1.121	1.674	1.532
黑龙江省	125108	0	0	0.1	0.1	0.2	0.2	0.6	1.4	1.7	1.9	5.5	0.48	0.526	0		1.096	1.535	1.171
四川省	83330	0	0	0.1	0.1	0.2	0.2	0.4	1.4	1.7	1.9	5.5	0.455	0.536	0		1.178	2.289	7.767
安徽省	45591	0	0	0.1	0.1	0.2	0.2	0.5	1.4	1.7	1.9	2	0.457	0.509	0		1.114	1.636	1.404
重庆市	26318	0	0	0.1	0.1	0.2	0.2	0.4	1.4	1.7	1.9	5.2	0.447	0.507	0		1.134	1.785	2.552
宁夏回族自治区	9054	0	0	0.1	0.1	0.2	0.2	0.5	1.4	1.7	1.9	2	0.461	0.509	0		1.104	1.604	1.291
山西省	65062	0	0	0.1	0.1	0.2	0.2	0.5	1.4	1.7	1.9	2	0.451	0.507	0		1.124	1.665	1.487
广东省	57428	0	0	0.1	0.1	0.2	0.2	0.7	1.6	1.9	4.8	5.5	0.597	0.885	0		1.482	3.056	10.632
贵州省	54467	0	0	0.1	0.1	0.2	0.2	0.5	1.5	1.8	3.9	5.5	0.508	0.697	0		1.372	3.242	14.339
云南省	46676	0	0	0.1	0.1	0.2	0.2	0.6	1.6	1.9	4.8	5.5	0.591	0.878	0		1.486	3.075	10.782
天津市	12169	0	0	0.1	0.1	0.2	0.2	0.4	1.4	1.7	1.9	2	0.447	0.502	0		1.123	1.67	1.528
内蒙古自治区	82408	0	0	0.1	0.1	0.2	0.2	0.6	1.4	1.7	1.9	2	0.479	0.523	0		1.092	1.513	0.967

图 5-18　报表导出功能

参考文献

[1] 陶加乐，李跃飞，李彬，等. 宿迁市宿豫区耕地质量监测与调查评价现状及对策 [J]. 现代农业科技，2020(20): 165-166，169.

[2] 杨琼，赵铮，王虎，等. 典型喀斯特地区耕地土壤环境质量类别划分 [J]. 中国水运（下半月），2022, 22(09): 91-93.

[3] 吴亚楠，董士伟，潘瑜春，等. 不同数据情境的耕地土壤重金属污染监测点位布设方法 [J]. 中国农学通报，2022, 38(22): 93-98.

[4] Liu L M, Zhou D, Chang X, et al. A new grading system for evaluating China's cultivated land quality[J]. Land Degradation and Development, 2020, 31(12): 1482-1501.

[5] 李春亮，唐继荣，张玮，等. 甘肃省农用地土壤环境质量类别划分方法 [J]. 甘肃地质，2022, 31(01): 79-82.

[6] 李瑞斌. 耕地土壤重金属污染探讨 [J]. 现代农业科技，2022(05): 140-141，158.

[7] 汪洁. 防止耕地“非农化”“非粮化”背景下受污染耕地风险管控对策探讨 [J]. 浙江农业科学，2022, 63(03): 433-435，439.

[8] 傅泽强，蔡运龙，杨友孝，等. 中国粮食安全与耕地资源变化的相关分析 [J]. 自然资源学报，2001(04): 313-319.

[9] 窦韦强，安毅，秦莉，等. 我国南方水稻产地镉环境质量类别划分技术 [J]. 环境科学，2020, 41(12): 5562-5570.

[10] 李永革，黄雅凤，陈慧民，等. 耕地土壤环境质量类别划分中运用软件实现点位导航 [J]. 农业工程技术，2020, 40(17): 37-38.

[11] 曾庆庆. 辣椒种植区土壤重金属污染风险管控类别划分 [D]. 贵阳：贵州大学，2020.

[12] 董岩翔，黄春雷. 林地土壤环境质量评价与类别划分技术思路 [J]. 浙江国土资源，2019(06): 41-43.

[13] 赵玉杰，王夏晖，周其文，等. 农用地环境质量评价与类别划分方法研究 [J]. 环境保护科学，2016, 42(04): 24-28.

[14] 左媛月. 四川丘陵区高标准农田建成区耕地质量评价研究 [D]. 雅安：四川农业大学，2022.

[15] 杨波. 襄州区耕地质量综合评价及保护分区 [D]. 武汉：华中师范大学，2020.

[16] 赵冲. 顾及生态环境的鄂北岗地耕地质量评价及空间分布特征 [D]. 武汉：华中师范大学，2020.

[17] 王禹丹. 基于耕地质量评价的耕地价值评估研究 [D]. 太原：山西财经大学，2019.

[18] 张楠. 基于 ArcGIS Engine 的耕地质量分等信息系统设计与实现 [D]. 西安：长安大学，2018.

[19] 李玮，杨建波，温锦盼，等. 基于 GIS 的耕地质量评价单元确定方法对比研究 [J]. 中国农业信息，2022, 34(05): 11-23.

[20] 虞红兵. 江苏省淮安市淮阴区耕地质量等级评价研究 [J]. 江苏科技信息，2016(10): 77-80.

[21] 王君萍，黄功文. 基于 GIS 的镇巴县耕地质量分等定级 [J]. 测绘与空间地理信息，2015, 38(02): 137-140.

[22] 郑红晓，张红方. 基于地力评价的耕地利用类型分区研究——以沁阳市为例 [J]. 中国农业资源与区划，2015, 36(05): 132-137.

[23] 赵彦锋，张化楠，程道全，等. 基于归并“土体构型”图的省域耕地地力评价 [J]. 土壤通报，2015, 46(05): 1040-1048.

[24] 周俊，杨子凡，孙成胜. 基于 GIS 的市级耕地地力评价——以张掖市为例 [J]. 中国农业资源与区划，2014, 35(06): 39-44.

[25] 郑建华，李小敏，刘双印，等. 融合级联上采样与下采样的改进随机森林不平衡数据分类算法 [J]. 计算机科学，2021, 48(07): 145-154.

[26] 叶丽珠，郑冬花，刘月红，等. 基于鲸群优化随机森林算法的非平衡数据分类 [J]. 南京邮电大学学报（自然科学版），2022, 42(06): 99-105.

[27] 张剑飞，王真，崔文升，等. 一种基于 SVM 的不平衡数据分类方法研究 [J]. 东北师大学报（自然科学版），2020, 52(03): 96-104.

[28] 段化娟，尉永清，刘培玉，等. 一种面向不平衡分类的改进多决策树算法 [J]. 广西师范大学学报（自然科学版），2020, 38(02): 72-80.

[29] 王彩文，杨有龙. 针对不平衡数据的改进的近邻分类算法 [J]. 计算机工程与应用，2020, 56(07): 30-38.

[30] 张家伟，郭林明，杨晓梅. 针对不平衡数据的过采样和随机森林改进算法 [J]. 计算机工程与应用，2020, 56(11): 39-45.

[31] 田甜，王迪，王珍，等. 基于深度学习模型的种植结构复杂区农作物精细分类研究 [J]. 中国农业资源与区划，2022, 43(12): 147-158.

[32] 邵小健. 支持向量机中若干优化算法研究 [D]. 青岛：山东科技大学，2005.

[33] 梁俊芝. 关于支持向量机方法的几点研究 [D]. 西安：西北大学，2009.

[34] 南光浩. 模糊支持向量机算法研究 [D]. 延吉：延边大学，2007.

[35] 王嗣平. 支持向量机的硬件实现及其优化 [D]. 杭州：浙江大学，2008.

[36] 郭玉滨. 基于离散度的决策树算法改进 [D]. 青岛：山东科技大学，2005.

[37] 边肇祺. 模式识别 [M]. 北京：清华大学出版社，1988.

[38] 李旭. 五种决策树算法的比较研究 [D]. 大连：大连理工大学，2011.

[39] 卞则康. 可解释的模糊聚类和分类的新方法研究 [D]. 无锡：江南大学，2022.

[40] 殷瑞刚，魏帅，李晗，等. 深度学习中的无监督学习方法综述 [J]. 计算机系统应用，2016, 25(08): 1-7.

[41] 宋晓涛，孙海龙. 基于神经网络的自动源代码摘要技术综述 [J]. 软件学报，2022, 33(01): 55-77.

[42] 韩衍欣. 面向地块的农作物遥感分类方法研究 [D]. 北京：中国科学院大学（中国科学院遥感与数字地球研究所），2018.

[43] 韩衍欣，蒙继华，徐晋. 基于 NDVI 与物候修正的大豆长势评价方法 [J]. 农业工程学报，2017, 33(02): 177-182.

[44] 柳萌萌，赵书良，韩玉辉，等. 多尺度数据挖掘方法 [J]. 软件学报，2016, 27(12): 3030-3050.

[45] 张璐璐，赵书良，田真真，等. 多尺度分类挖掘算法 [J]. 计算机应用研究，2021, 38(02): 414-420.

[46] 曹万鹏，罗云彬，史辉. 一种支持向量机算法设计中优化的混合加权核函数选取与样本加权方法 [J]. 小型微型计算机系统，2018, 39(02): 340-346.

[47] Nosrati K, Collins A L. A soil quality index for evaluation of degradation under land use and soil erosion categories in a small mountainous catchment, Iran[J]. Journal of Mountain Science, 2019, 16(11): 2577-2590.

[48] Liu S H, Wang D Y, Li H, et al. Ecological land fragmentation evaluation and dynamic change of a typical black soil farming area in Northeast China[J]. Sustainability, 2017, 9(2): 1-21.

[49] Alignier A, Lenestour N, Jeavons E, et al. Floral resource maps: A tool to explain flower-visiting insect abundance at multiple spatial scales[J]. Landscape Ecology, 2023, 38(6): 1511-1525.

[50] Wang X Y, Hu H G, Ning A, et al. The impact of farmers' perception on their cultivated land quality protection behavior: A case study of Ningbo, China[J]. Sustainability, 2022, 14(10): 6357.

[51] Tan Y Z, Chen H, Lian K, et al. Comprehensive evaluation of cultivated land quality at county scale: A case study of Shengzhou, Zhejiang Province, China[J]. International Journal of Environmental Research and Public Health, 2020, 17(4): 1169.

[52] Zhao R, Wu K N, Li X L, et al. Discussion on the unified survey and evaluation of cultivated land quality at county scale for China's 3rd national land survey: A case study of Wen County, Henan Province[J]. Sustainability, 2021, 13(5): 1-26.

[53] Yuan X F, Shao Y J, Wei X D, et al. Study on the potential of cultivated land quality improvement based on a geological detector[J]. Geological Journal, 2018, 53: 387-397.

第 6 章

农产品产地环境预警与决策系统设计

- 产地环境预警的基本概念
- 常见的农产品产地环境预警方法
- 基于改进SVM的农产品重金属超标预测研究
- 产地环境预警系统设计
- 案例库与智能决策模块
- 产地安全利用率核算
- 系统界面及使用说明

6.1 产地环境预警的基本概念

6.1.1 产地环境背景和需求

随着社会经济水平的高速发展，人民生活水平和消费水平的极大提高，对农产品的追求已从过去的满足食用的基本生存需求逐渐转变成现如今的高质量、安全性强的食品质量安全的需求[1,2]。二十世纪末以来，随着我国农业生产由数量型向质量型、效益型的转变以及人民生活水平的逐步提高，农产品市场安全化、健康化需求日益增强。发展无公害农产品，全面提高农产品质量，已成为新时期农业发展的必然选择。农产品质量安全关系到广大人民群众的身体健康和生命安全，关系到经济健康发展和社会稳定。加强农产品质量安全工作，是促进农业结构调整，加快发展优质、高效、安全农产品生产，建设现代农业的重要举措，也是提高农业综合生产能力，增加农产品市场竞争力，提高农民收入的客观要求。农业农产品的高质量发展也是适应当前社会消费需要、人民高水平生活质量追求的必然结果。从 2001 年开始，在全国范围内实施了“无公害食品行动计划”，内容包括法规制定、产地环境净化、农资管理、检验检测、质量认证和市场准入等方面，其中，产地环境净化是无公害农产品生产的基础，产地环境的好坏将对农产品的质量安全水平产生直接的影响。如此一来，对农产品产地环境质量的把控就成了提高农产品质量安全的重要和关键环节[3-5]。

我国农产品产地环境覆盖了种植业环境、畜牧业环境、渔业环境 3 大领域。在对农业生产实施“从田间到餐桌”的全程质量控制过程中，农产品产地环境的好坏对农产品质量安全水平有着直接的影响。制定配套的农产品产地环境标准、设计配套的农产品产地环境预警系统，已经成为农产品质量安全控制的重要手段之一。

6.1.2 产地环境质量的评价指标与标准

产地环境质量是影响农产品质量的基础因素之一。农产品产地属于农业生态系统，其受到各个体系的影响。耕作、栽培、植保、施肥、养殖和防疫等属于生产技术的范畴，已建有一定的标准和准则[6]。气候及气象因子（降水、光照、热量及温度）属于较大范围内有差异的因子，是影响农业生产力的重要因子，不宜将其列入农产品产地评价因子的范畴。因此，农产品产地环境质量评价指标体系主要包括空气、水和土壤等因子。

一般认为，绿色食品产地应选择在空气清新、水质纯净、土壤未受污染、有良好农业生态环境的地区，应尽量避开繁华都市、工业区、交通要道等区域。要求产地周围不得有大气污染源，特别是上风口没有污染源，大气质量要求稳定，符合绿色食品的大气环境质量标准。要求产地选在地表水、地下水水质清洁无污染的地区，水域上游没有对该产地构成污染威胁的污染源。生产用水（农田灌溉水、渔业水、畜禽饮用水、农产品加工用水）质量符合绿色食品水质环境质量标准。要求产地土壤元素位于背景值正常区域，周围没有金属或非金属矿山，没有农药残留污染，要具有较高的土壤肥力[7]。

绿色食品农产品产地环境质量各评价指标的评价参数，应选择相对毒性强、难以在环境中降解，对动植物生产影响较大、对人体健康和生态系统危害较大的污染物，以及反映环境要素基本性质的其他因子[8-10]。我国农产品产地的土壤、水质和大气环境质量标准的要点如下：

（1）土壤环境质量标准

土壤环境是农业环境的基础，为防止土壤中有害物质对植物和环境造成危害和污染，按土壤应用功能和保护目标的不同，规定不同类别的土壤环境质量要求。我国于1995年制定发布了土壤环境质量国家标准（GB 15618—1995），并于2018年进行了更新（GB 15618—2018）。现行版本GB 15618—2018主要包括重金属铜、锌、铅、镉、铬、汞、砷和镍，以及有机污染物六六六、滴滴涕（DDT）、苯并[*a*]芘，共11个指标。实践表明：我国现有的土壤环境质量标准与安全农产品生产的要求还存在一定的差距，目前的标准还不能全面、有效地监控农产品产地的土壤环境质量。

（2）农田灌溉水质标准、地表水环境质量标准

我国现行的农田灌溉水质标准(GB 5084—2021)于2021年发布并实施，取代了1992年版的标准。新标准中规定的主要污染物指标包括铅、镉、铬（六价）、砷、汞、铜、锌、镍等重金属及类金属元素；氯化物、硫化物、氟化物、氰化物、硼等无机污染物；挥发酚、石油类、苯、阴离子表面活性剂等有机污染物；pH值、悬浮物、化学需氧量、五日生化需氧量等其他指标。新标准既增加了一些指标，同时也调整了部分指标。这些变化旨在更好地保障农田灌溉水质和农产品质量安全。

2002年发布的《地表水环境质量标准》(GB 3838—2002)中Ⅴ类水质与2021年发布的《农田灌溉水质标准》(GB 5084—2021)相比，在一些指标上存在差异，部分指标要求更严格，例如GB 3838—2002中Ⅴ类水对氟化物等的限值低于GB 5084—2021；部分指标要求较宽松，如GB 3838—2002中Ⅴ类水对pH值等的要求比GB 5084—2021宽松；指标种类不同，GB 5084—2021包含了一些GB 3838—2002未涉及的指标，如悬浮物等；部分指标基本一致，如对镉等重金属的限值在两个标准中基本相同。

（3）环境空气质量标准

我国有关环境空气质量相关标准与要求包括《环境空气质量标准》（GB 3095—2012）与《绿色食品 产地环境质量》（NY/T 391—2021）。《环境空气质量标准》包括二氧化硫、总悬浮颗粒物（TSP）、PM_{10}、$PM_{2.5}$、氮氧化物、二氧化氮、一氧化碳、臭氧、铅、苯并[*a*]芘等指标。《绿色食品 产地环境质量》主要包括TSP、二氧化硫、二氧化氮和氟化物等指标。根据农业生产特点、安全农产品生产对生态环境无污染的

要求及目前我国环境空气质量标准等，应综合控制上述标准中各污染物的指标值，才能较好地满足目前农作物生长与农产品安全质量对环境空气质量的要求。

6.1.3 产地环境质量评价方法

产地环境质量现状评价是绿色农产品开发的一项基础性工作。评价应在区域性环境初步优化的基础上进行，同时不应忽视农业生产过程中的自身污染；绿色农产品产地的各项环境要素（空气、水质、土壤）的质量标准是评价产地环境质量合格与否的依据，要从严掌握；在全面反映产地环境质量现状的前提下，对产品生产危害较大的环境因素和高浓度污染物要重点考虑[11-13]。要严控指标，污染指标不能超标，超标一项即视为不合格。产地环境质量评价的基本工作程序按先后可归结为：

① 区域环境质量状况考察及环境本底特征调查；

② 环境质量调查及优化布点、采样；

③ 选定评价参数、评价的环境标准；

④ 建立评价数学模型并进行评价；

⑤ 区域环境质量现状评价结论。

环境质量评价方法是环境质量评价的核心，也是人们比较关注的问题。环境质量现状评价方法很多，不同对象的评价方法不同。依据简明、可比、可综合的原则，绿色食品农产品产地环境质量现状评价采用单项污染指数与综合污染指数相结合的方法。在评价中，可能出现某种一般控制的环境污染物超标会造成危害，但平均值却不超标[14]。因此，为了突出浓度最大污染物对环境质量的影响和作用，克服平均值法存在的问题，水质、土壤采用分指数平均值和最大值相结合的内梅罗综合指数法。空气质量评价采用既考虑空气平均值，也适当兼顾最大值的空气质量指数法[15]。根据绿色农产品产地环境质量标准，评价采用单项污染指数法和综合污染指数法等二步评价法。绿色农产品产地环境质量评价中，一般应以单项指数评价为主，以综合指数评价为辅[16]。而且应根据污染因子的毒理学特征和农作物吸收、富集能力分为两类加以控制[17,18]。

6.1.4 产地环境质量现状

随着我国经济的高速发展，我国农业环境的污染范围不断扩大。重金属污染主要分布在污灌区、工矿区及工业污染较重的地区。20 世纪 70 年代以来的研究表明，我国土壤系统受多环芳烃类（PAHs）污染的已从微克每千克量级上升到毫克每千克量级，其检出率从不到 20% 上升到 80% 以上。农田土壤中苯磺酸盐（LAS）、邻苯二甲酸酯（PAEs)、有机染料、多氯联苯（PCBs）等有机污染物的污染也十分严重，不仅使土壤退化，而且已影响农产品的食用安全[19]。

根据资料分析，我国不同类别农产品污染存在的主要问题为：

① 蔬菜污染主要是农药、硝酸盐及重金属。易受农药污染的蔬菜主要为叶菜类，其中韭菜、小白菜、油菜受农药污染的比例最大，常见农药超标蔬菜主要有花椰菜、

黄瓜、豆角、菜椒和甘蓝等。在蔬菜中超标的农药品种主要为有机磷和氨基甲酸酯类、菊酯类农药，如甲胺磷、氧化乐果、甲基对硫磷、对硫磷、甲拌磷、克百威、敌敌畏、乐果、久效磷、敌百虫、水胺硫磷、氯氰菊酯等。硝酸盐污染的蔬菜也以叶菜类为主，其次为根茎类、腌菜、瓜果类、反季节菜类、豆荚类、鲜菇和笋类，主要品种有芹菜、菠菜、水萝卜、小白菜、大白菜等。文献中报道的蔬菜中检出与超标的重金属主要有铜、镉、汞、铅、铬、砷等。

② 水果污染以杀虫剂、杀菌剂和激素类为主。出现污染的杀虫剂品种以菊酯类、有机磷类、氨基甲酸酯类为主；杀菌剂品种以硫酸铜、多菌灵、代森类等为主。

③ 茶叶的污染物主要为农药和重金属。其中，检出与超标的农药主要有氰戊菊酯、甲氰菊酯、优乐得、滴滴涕（DDT）等，超标重金属主要为铅。

④ 粮食作物的污染主要以重金属与农药为主。检出与超标的农药品种以甲胺磷、氧化乐果、敌敌畏等有机磷农药为主。检出与超标的重金属主要有铅、锌、铜、汞、铬、砷等。

⑤ 水产品污染以渔药、激素以及水中各类有害污染物为主。近年在水产品中检出的违禁药物主要有氯霉素、红霉素、环丙沙星、已烯雌酚、硝基酚钠、硝基呋喃、磷酸盐等；检出与超标的重金属主要有汞、铜、铅、锌、锡等。

6.1.5　产地建设与管理

（1）产地的选择要求

目前我国安全农产品生产基地主要包括无公害农产品、绿色食品和有机食品 3 大类型。这 3 种类型生产基地建设既有共同点，也有各自的特点。根据无公害农产品生产要求，基地必须集中连片，区域范围明确，产品相对稳定，并具有一定规模；生态环境质量良好；产地区域内及上风向、灌溉水源上游没有对产地环境构成威胁的污染源；必须避开公路主干线；土壤重金属背景值高的地区及与土壤、水源有关的地方病高发区，不能作为无公害粮食产地。绿色食品基地选择遵循的原则和方法与无公害食品大致相同。绿色食品生产应从作物 - 病虫草等整个生态系统出发，综合运用各种防治措施，创造不利于病虫草害滋生和有利于各类天敌繁衍的环境条件，保持农业生态系统的平衡和生物多样性，减少因各类病虫草害所造成的损失[20,21]。有机食品生产基地应尽量选择环境好、基本无污染的地区。基地应较少使用或不使用人工合成农药、化肥，并可按照有机食品的生产标准进行生产，应在最近 3 年内未使用过农药、化肥等违禁物质。

灌溉水环境质量要求按照《农田灌溉水质标准》执行，环境空气质量要求环境空气中各污染物浓度限值不得高于《环境空气质量标准》二级标准中各污染物浓度限值，有机食品生产基地土壤环境质量具体可参考《土壤环境质量　农用地土壤污染风险管控标准（试行）》（GB 15618—2018）。

（2）产地的管理措施

具体管理措施主要包括以下几方面[22,23]：

① 对基地环境实行特殊保护、管理和建设，逐步建立和完善基地农业环境保护标准体系、农产品质量安全法规及农业生产环境管理规章，制定污染防治与消除应急措施。

② 合理规划与调整区域工农业产业结构和布局，定期开展区域农业环境的监测、调查和评价，提高区域农业生产环境质量整体水平。

③ 依据区域环境状况合理规划基地建设，编制安全农产品基地发展计划与安全农产品基地环境保护规划。

④ 对基地实行认定管理制度，基地的大气、水、土壤等环境质量必须符合相应国家标准。

⑤ 开展对产地环境、农业投入品、农产品质量安全监督检查；逐步建立健全安全农产品基地农业环境、农业投入品和农产品检测体系。

⑥ 加强对水、土、气的管理，实行规范化生产，积极推行各类标准认证工作。鼓励在安全农产品基地内推广应用生态农业技术，提倡农业清洁生产，高效、合理利用资源，利用生态模式综合利用农副产品，合理处置和利用农业废弃物，提高生物能的转化率和资源的利用率。

（3）构建农产品产地环境质量安全预警系统

做好农产品产地环境安全预警系统的设计与构建工作，重点关注农产品产地的环境质量是否满足农产品安全生产的要求；关注农产品生产过程中有害化学物质的污染；在构建产地环境安全预警系统时，应尽可能地考虑农产品的污染链，将污染源、污染物在环境中的分布与形态、污染物在土壤 - 植物系统中的迁移转化规律联系起来考虑。近年来，GIS 技术的快速发展为构建农产品产地环境安全预警系统提供了保障，为高效、科学、合理地进行绿色食品的环境质量监测管理提供了新的技术支持。目前，国内与绿色食品相关的、以组件式地理信息系统为平台，应用数据库和网络技术进行绿色食品生产基地环境监测与管理的研究主要有：以地理信息系统为基础建立区域土壤数据库、利用专业分析评价模型对区域土壤进行环境质量评价，得出适合某一区域发展的绿色食品种类与区域。目前这方面的研究主要侧重于应用模型的设计，利用地理信息系统对数据进行获取、维护、修改，数据格式、属性数据、空间数据的交互查询，空间逻辑技术等基本处理，主要是通过建立有关数学模型分析灌溉水质、烟尘扩散、水土污染、农药对植被的污染及大气、水、土壤等的环境质量的评价。总的来说，目前绿色食品产地环境监测信息系统方面的研究还处于起步阶段，有待深入发展。

6.1.6 产地环境预警现存问题

以土壤产地环境为例，我国土壤环境污染严重，且土壤环境风险和预警研究尚不成熟，目前主要集中在土壤环境各单项指标的预测预警或土壤环境质量预测预警，不能全面反映土壤环境安全的变化进而预测农产品质量安全，因此，急需建立一套全面的、准确的、及时的农产品产地环境风险预测预警体系，服务并指导国土资源管理、农业生产布局、土壤修复治理和农产品风险管控等工作。上述技术方法存在的主要问题如下[24,25]：

① 监测预警技术单一，难以做到快速、动态、多指标的土壤重金属预警；

② 监测预警体系不完善，流程冗杂且资金投入大；

③ 土壤监测预警工作多针对土壤环境本身开展，缺乏与农产品监测结果的有机结合；

④ 现有采样技术难以全面反映产地污染程度，加密布点会极大提高调查成本。

6.2 常见的农产品产地环境预警方法

6.2.1 基于层次分析的预警方法

层次分析法是美国著名的运筹学专家匹兹堡大学教授 Saaty 于 1973 年提出的，是一种定性与定量相结合的评价方法，适用于综合指标的多准则评估与决策，能够解决复杂系统的结构构建问题和对多级警兆指标进行排序、筛选和权重分配问题[26]。

对农产品产地安全状态进行警情分析和警况分析时，由于目标评价指标的综合性和复杂性，评估时采用层次分析法分解综合指标，通过构建多层次关联结构，使复杂问题化解为具体的简单问题[27,28]；同时，对于同层次的多指标，需要分析各指标的影响轻重，也就是给予指标不同的权重。利用层次分析法来构建复杂的综合指标系统结构和分配指标权重，是农产品产地安全预警的基础分析方法之一。

（1）基本思想

设 A 为评价目标，$v=\{v_1, v_2, \cdots, v_m\}$ 为评价目标等级集，例如，目标 A = { 农产品产地安全事件危害程度评估 }，根据我国相关的突发性安全事件应急预案设定，A 的等级集为 4 个等级 $v=\{v_1, v_2, v_3, v_4\}$，其中 v_1 = { 特别重大农产品产地安全事件 }，v_2 = { 重大农产品产地安全事件 }，v_3 = { 较大农产品产地安全事件 }，v_4 = { 一般农产品产地安全事件 }。$u=\{u_1, u_2, u_3, u_4\}$ 为评价因素集，共有 n 个指标。

层次分析的思路是将复杂的问题 A 表示成有序简洁的递阶层次结构。通过人们的判断对评价要素的重要性作出排序，实质上也就是给各要素分配权重。多层递阶结构清晰地表达复杂系统内部各因素的关联，优先级排序有利于对复杂多要素问题做评价和决策，适用于错综复杂、难以定量问题的分析、判断和决策。

（2）基本步骤

1）建立多层递阶结构

分析评估目标及其基本要素之间的关系，利用分解法或解释结构模型法（ISM 法）等建立系统的递阶层次结构。其中目标层、准则层和基础层构成一个基本的层次结构。根据具体系统的关联情况，层次递阶结构形式可以多样。

2）按层次构造判断矩阵

构造判断矩阵的目的是将专家对问题判断的非量化评价转化为数字形式，为后续的因素排序提供数学运算的基础。各元素的重要性可以采取专家评分法，例如专家两两评分法。

① 选定专家。聘请与环境安全相关（与评估目标相关）的专家学者、政府和职能部门中有工作和管理经验的人员等，组成专家委员会，专家委员会还可以根据需要分设专家咨询小组。专家委员会和各咨询研究小组按照职责和工作需要开展专门的调查，或进行相关的研究，积累和丰富专业知识。因此，选定专家就是利用专家们的集体智慧，对需要评估的农产品产地安全问题的相关因素提供科学、先进的咨询意见和研究报告，评价各因素并给出相对重要性的差异。

② 根据专家意见按层次构造判断矩阵。设相对上层某一准则的下层相关评价因素集为 $u = \{ u_1, u_2, \cdots, u_n \}$，共有 n 个指标，专家打分表格式见表 6-1。

表6-1　专家打分表格式

A 为评价目标				
$v = \{ v_1, v_2, \cdots, v_m \}$ 为评价目标等级集 $u = \{ u_1, u_2, \cdots, u_n \}$ 为评价因素集				
评价因素 u	u_1	u_2	…	u_n
u_1				
u_2				
…				
u_n				

将专家意见表发送给有关专家，专家按照判断标度表打分，收回专家打分表，并将有效的多份专家意见按算术平均或几何平均汇总。根据综合后的专家意见表构造判断矩阵 $\boldsymbol{T}$。

表6-2　判断矩阵的标度及其含义

标度值	含义
1	表示因素 u_i 与 u_j 具有同等重要性
3	表示因素 u_i 比 u_j 稍微重要
5	表示因素 u_i 比 u_j 明显重要
7	表示因素 u_i 比 u_j 强烈重要
9	表示因素 u_i 比 u_j 极端重要

续表

标度值	含义
2，4，6，8	分别表示相邻判断 1 ～ 3、3 ～ 5、5 ～ 7、7 ～ 9 的中值
倒数	表示因素 u_j 与 u_i 比较得到的判断，即 $u_{ji}=1/u_{ij}$

表 6-2 评价因素的判断标度中，u_{ij} 表示 u_i 相对 u_j 的重要性，u_{ij} 和 u_{ji} 按表中的标度值取值。对所有回收的专家意见表进行整理汇总后，得到要分析的 n 个指标要素的判断矩阵 $\boldsymbol{T}$，当专家意见采用两两评分法时，判断矩阵 $\boldsymbol{T}$ 是 $n \times n$ 阶对阵矩阵，如式（6-1）所示。

$$\boldsymbol{T}=\begin{bmatrix} u_{11} & u_{12} & \cdots & u_{1n} \\ u_{21} & u_{22} & \cdots & u_{2n} \\ \vdots & \vdots & & \vdots \\ u_{n1} & u_{n2} & \cdots & u_{nn} \end{bmatrix} \tag{6-1}$$

式中 u_{ij}——u_i相对u_j的重要性。

3）层次单排序和一致性检验

① 层次单排序。层次单排序也就是求同一层各因素的权值。根据判断矩阵 $\boldsymbol{T}$，求出最大特征值 $\lambda_{\max}$ 所对应的特征向量。所求的特征向量即为各评价因素的重要性排序，归一化后也就是权数分配，即赋权 ω_i。一般情况下，矩阵阶数较高时，可以用方根法、迭代法或和积法近似求得 ω_i 和 $\lambda_{\max}$。

用方根法求判断矩阵 $\boldsymbol{T}$ 的最大特征值 $\lambda_{\max}$ 和权值 ω_i。方根法有以下 4 个步骤：

步骤 1，$\boldsymbol{T}$ 矩阵按行求积 $M_i=\prod_j u_{ij}$：

$$\boldsymbol{M}=\begin{bmatrix} M_1 \\ M_2 \\ \vdots \\ M_n \end{bmatrix}=\begin{bmatrix} u_{11}\times u_{12}\times\ldots\times u_{1n} \\ u_{21}\times u_{22}\times\ldots\times u_{2n} \\ \vdots \\ u_{n1}\times u_{n2}\times\ldots\times u_{nn} \end{bmatrix} \tag{6-2}$$

式中 u_{ij}——u_i相对u_j的重要性。

步骤 2，求 $\boldsymbol{M}$ 的 n 次方根：

$$\bar{\boldsymbol{M}}=\sqrt[n]{\boldsymbol{M}_i}, i=1,\cdots,n, \bar{\boldsymbol{M}}=\left[\bar{\boldsymbol{M}}_i\right] \tag{6-3}$$

步骤 3，求 $\bar{\boldsymbol{M}}$ 标准化处理权值：

$$\omega_i=\frac{\bar{\boldsymbol{M}}_i}{\sum_i \bar{\boldsymbol{M}}_i}, i=1,\ldots,n, \sum\omega_i=1 \tag{6-4}$$

步骤 4，求 $\boldsymbol{T}$ 的最大特征值：

$$\lambda_{\max} = \frac{1}{n}\sum_{i=1}^{n}\frac{(T\omega)_i}{\omega_i} \tag{6-5}$$

② 一致性检验。由于客观事物的复杂性或对事物认识的片面性，通过所构造的判断矩阵求出特征向量（权值）是否合理，需要对判断矩阵进行一致性和随机性检验，检验公式为：

$$\mathrm{CR} = \frac{\mathrm{CI}}{\mathrm{RI}} \tag{6-6}$$

式中 CR——判断矩阵的随机一致性比例；

CI——判断矩阵的一致性指标；

RI——判断矩阵的平均随机一致性指标。

CI 由式（6-7）计算：

$$\mathrm{CI} = \frac{\lambda_{\max}}{n-1} \tag{6-7}$$

式中 $\lambda_{\max}$——判断矩阵$\boldsymbol{T}$的最大特征值；

n——判断矩阵阶数。

RI 由大量试验给出，当判断矩阵阶数分别为 1 ～ 10 时，对应的 RI 取值分别为 0、0.58、0.90、1.12、1.24、1.32、1.41、1.45、1.49、1.51；对于高于 12 阶的判断矩阵，RI 需要进一步查资料或采用近似方法。

当 CR 小于 0.1 时，认为判断矩阵具有满意的一致性，说明权数分配是合理的；否则，就需要调整判断矩阵，直到取得满意的一致性为止。

对于两个及以上的准则，相对上一层的准则分析下层相关因素的重要性排序，按上述标准化过程重复进行，且每次的权值排序都要进行一致性检验。当目的指标的多级递阶结构是 3 级及以上层数时，每一层相对上一层准则都可以按同样步骤求得权值排序和进行一致性检验。

4）层次总排序和一致性检验

层次总排序是指 3 级及以上的结构时，2 级以下层次的评价要素集 $u = \{u_1, u_2, \cdots, u_n\}$ 相对目标层 A（最高层）的权值排序，简记为：$\omega_{ui} = \left\{\sum_{j=1}^{k}\omega_i\omega_{\mathrm{C}j}\right\}$。其中，$\omega_{\mathrm{C}j}(j = 1, \cdots, k)$ 是准则 C 层的 j 要素权值；$\omega_{ui}\ (i = 1, \cdots, n)$ 是第 i 个评价因素相对最高层的总体优先级权重。

一致性检验按照 $\mathrm{CR} = \frac{\sum_j \omega_{\mathrm{C}j}\mathrm{CI}_j}{\sum_j \omega_{\mathrm{C}j}\mathrm{RI}_j} < 0.1$ 判断，其中，CI_j 是相对 C 层第 j 个因素的单排序一致性指标；RI_j 为对应的平均随机一致性指标。

6.2.2 基于模糊数学的预警方法

模糊数学分析是对难以量化的综合指标进行模糊评价的方法，适合于指标具有很高程度的模糊性、评价和判断属于分类聚合特性的问题研究。

在农产品产地预警分析中，由于农产品产地安全的状况往往不是一个具体的绝对数值恰好可以表征的，而是一些具有一定程度的模糊归类结论[29]。例如，农产品产地安全事件中对事件严重程度的评判，用一个具体的数值定义事件的严重性的话；污染多少农产品产地，实际上发生的情况不一定恰好是这个数值，在这个定量值的附近区域的情况更容易出现。因此，农产品产地安全事件的严重性无法定量描述。同样，农产品受到的污染、农产品的安全风险问题等也都是如此。设计模糊分类等级，给出一个适合的范围，则农产品产地安全问题的预警才具有实际分析价值。如农产品产地安全事件按照事件的危害程度、扩散性、社会影响和应急处置所需调动的资源力量等，综合评判事件的等级。另一方面，农产品产地安全预警研究的评价指标本身，往往也是一些模糊概念的指标。例如，产地受到的危害物污染，由于不同危害物的污染程度差异较大，难以找到一个分明的界限定义，需要将污染程度模糊化。产地安全的风险同样也很难有一个具体的量化指标，而只能用风险大小或污染程度严重轻微等模糊的语言描述指标。在检验农药、重金属残留时，也是用模糊指标来表征程度的差异。所以，对于农产品产地安全风险评估、状态评价或预警方案的选择等产地安全预警研究和分析，适用模糊综合评价法。另外，把层次分析法和模糊数学法结合起来研究预警问题，有利于合理分配指标的权重，因而也会提高模糊评价结果和准确性。

6.2.3　基于神经网络的预警方法

人工神经网络 (artificial neural networks，简称 ANN) 最早见于人体神经学，是生物医学的专用名词，然而随着计算机科学技术的高速发展，人工神经网络理论被扩散延伸到其他学科，在各个前沿研究领域取得了成功的应用[30]。

在农产品产地安全预警研究中，对安全状态的评价采用专家意见时，实际上难以避免专家个人的主观性和专业局限性，专家的样本个数也存在着统计学上的不满足性，加之评价分析的时机选择等不确定性的扰动，所以评判结果的准确程度可能会受到影响。尽管层次分析法和模糊分析法各自具有独特的优点，但是，方法本身无法克服这些不足之处。

神经网络法以人的大脑生理变化过程和模仿大脑的结构和功能为基础，具有较强的非线性函数逼近能力、自适应组织能力、自学习能力和出色的容错能力，善于对大量的统计资料进行分析，提炼归纳出其内在蕴含的客观规律，适合于处理模糊的、非线性的、含有噪声干扰及模式模糊的问题。从模式识别的角度来看，农产品产地安全预警属于模式分类过程。从警源→警兆→警情→警度的逻辑关系来看，实际上是指标函数逼近的过程，或者说，农产品产地安全预警分析的实质，是由要素向综合目标非线性逼近的映射问题。所以，利用人工神经网络能够实现农产品产地安全预警的建模问题。

6.2.4 基于时间序列的农产品产地安全趋势预测

农产品产地安全预警的主要功能不仅包括对安全状况和可能产生的警情和警度进行分析评估，而且还包括对变化趋势进行预测预报，以实现农产品产地安全风险的提前预防[31]。因此，在评价分析的基础上所进行的预测也就格外重要，而对未来发展态势作出预测需要借助于系统的预测方法。

对于农产品产地安全预警这样一个大系统复杂问题来说，系统的影响因素以及因素之间的互相作用机理，有些还不清楚，关联性、权重性等也缺少准确度，一些预警源的真实性尚缺乏历史统计数据的支持，很多安全问题的征兆还未被人们认识，因此，在预防和控制过程之初常采取对实际问题的专项调查研究、专家评价和类似事件的主观类比分析等定性分析方法。随着我国不断加强农产品产地安全的监测，数据库建设和监测网络的形成，使农产品产地安全预警分析的基础数据不断充实，在定性分析的基础上已经可以根据过去一段时间的监测信息或评估结果按时间序列排序，应用时间序列预测分析方法构建农产品产地安全状态预测模型，从而实现对系统未来变化趋势的预测。

（1）时间序列概述

时间序列概述就是按实际发生时间的先后次序排列的随机变量，或是由观测得到的按时间先后顺序排列的数据。时间序列分析方法是统计方法，适合于无法建模的问题研究。如系统中某一因素变量的时间序列是离散的数据，不能用确定的变化形式表示，也无法得到确定的时间函数关系，但是可以用概率统计方法，以一定的近似程度来反映其变化规律，则可以适用随机时间序列方法。

一般来说，时间序列具有一定的趋势表现特性。当时间序列变量随着时间呈现缓慢、稳定的变动时，变化发展的方向性即形成某种趋势。当然，变动的幅度可能完全不同，变化的过程也并非简单的线性，但如果变化是平稳的，也就是过程趋势是平滑特性的，时间序列的趋势特性就可以被应用。如农产品产地污染程度增加则不安全风险增大，这是具有显著的单向趋势特性的。时间序列趋势表现有交替的高峰与低谷周期特征时，具有对历史和未来的重复再现功能，即周期性蕴含了利用历史数据来表达相关未来信息。

时间序列构建时，不排除由于偶然因素的影响而出现极少量的大偏差不规则变动，只要满足统计学意义和相关法则，可以不考虑这几个数据，或者过滤少量的不规则变动。相对整个序列的时间段，变量的行为符合统计分布规律，因此，时间序列依然能够保证趋势的合理性。

（2）时间序列基本模型

时间序列基本模型是线性模型，特点是直接利用时间序列观测值构建线性趋势线，并对时间序列未来某时刻进行预测，一般表达式为：

$$y_t = \varphi_1 y_{t-1} + \varphi_2 y_{t-2} + \ldots + \varphi_p y_{t-p} + \varepsilon_t \tag{6-8}$$

式中 p——预测滞后的时间周期，即利用过去p的时间长度对$p+1$时间进行预测，如p为10d，即利用前10d的观测信息对第11天进行预测，p

根据预测问题的特点确定；

y_t——未来 t 时刻的预测值，与序列自身过去 p 个时期的观测值 y_{t-1}，…，y_{t-p} 相互间有线性关系；

φ_1，φ_2，…，φ_p——线性方程系数，反映的是历史观测值对y_t的影响程度，系数是常数项，利用最小二乘法计算；

ε_t——线性方程趋势预测可能存在的误差，一般情况误差来自随机干扰。

时间序列模型简单方便，直接将监测数据拟合成线性关系。在农产品产地安全预警的应用中，有些问题与时间呈单一线性递增或者递减时，时间序列模型能够较好地预测。

6.2.5　基于回归的农产品产地安全趋势预测

农产品产地安全问题的变量与时间并非呈单一关系时，简单的时间序列趋势预测方法就不适用了。另外一种常用的趋势预测方法，是利用已有的数据积累来进行曲线拟合，回归分析即是如此。回归的特点是根据已经积累的若干监测数据，通过匹配数据间的相关关系，或分析因素变量之间的函数特性，采用拟合方式寻找接近真实状况的最佳拟合趋势线[32]。

回归预测更有力的特点是对未来发展趋势预测到有不利变化时，可以根据拟合曲线变化的趋势斜率估算达到最坏状态的时间，从而为提前判断警兆发出警情预报提供最佳的时机。回归趋势预测侧重于对危害物的发展趋势进行预警，当趋势表现危害物呈上升趋势时，说明异常趋势出现，而趋势的斜率可方便地估算出达到限度要求的可能时间。由于回归拟合趋势线仅依靠历史统计数据，所以对数据的相关性有一定的要求，需要进行相关性检验。对于相关性较高的数据，不仅可以拟合出精确度较高的趋势演变规律，而且根据趋势发展态势所进行的预测可信度也较高。

6.2.6　改进层次分析法和时间序列预测法的选择依据

（1）预警判定模型的选择——改进层次分析法

预警判定模型的种类主要有单因子指数法、改进层次分析（AHP）法、内梅罗综合指数法、模糊评价法和灰色聚类评价法。其中单因子指数法仅仅是针对土壤中重金属单个元素进行评价，不能反映土壤污染的综合状况。内梅罗综合指数法弥补了单因子指数的这一缺点，但内梅罗综合指数法缺乏精确性。模糊评价和灰色聚类评价都是针对具有不确定性、随机性以及模糊性的环境质量变化进行评判，适合于指标具有很高程度模糊性的评价，但在这里并不适用。

所以环境质量综合评价，只有通过加权综合才能揭示不同评价因子间的内在联系，而使综合评价结果更接近和符合环境质量的实际状况。因此，该研究采用改进AHP法来确定预警判定模型的权重。

（2）预警趋势预测模型的选择——时间序列预测法

时间序列预测法的选择主要依据以下 3 个方面：

① 土地环境变化的特征、发展趋势和客观规律。在一般情况下，环境是渐变的，存在着随时间变化而变化的趋势。

② 选取变量具有时间特性。选取的预警因子等变量，有随着时间增加而积累的趋势。

③ 农产品安全认证本身反映的就是对当前和历史的农产品产地的认证评价[33]。

6.3 基于改进 SVM 的农产品重金属超标预测研究

6.3.1 研究区域

枝江市是湖北省宜昌市管理的县级市，地处长江中游北岸、江汉平原以西，属三峡之末，荆江之首。西与宜昌，东与荆州毗邻。北靠当阳市，西北靠猇亭区、夷陵区，西南邻宜都市，介于东经 111° 25′ ～ 112° 03′，北纬 30° 16′ ～ 30° 40′ 之间。地势由西北丘陵高岗，逐步倾斜到东南部平原，有平原、岗地、低丘三种基本地貌形态属于亚热带季风气候，有丰富的降雨量，充足的日照，温和的气候，四季分明。总面积 1310km^2、常住人口 45 万人。当阳市，在湖北省中西部，东和荆门市交界，南邻荆州市和枝江市，西接宜昌市夷陵区，北与远安县接壤，面积 2149.71 平方千米。

6.3.2 农产品重金属超标数据集

将采样点的水稻重金属含量与国家标准中限值对比，结果显示研究区域内大部分的采样点的重金属含量低于国家标准限值，其中 Cr、Pb、Hg 的最大值分别为 0.21mg/kg、0.19mg/kg、0.008mg/kg，均未超过限值，但重金属 As 超标样本数为 1，11 个采样点 Cd 超标，农产品重金属超标数据集样本数据分布情况如表 6-3 所列。

表6-3　农产品重金属超标数据集样本数据分布

农产品种类	样本数	不超标数据	超标数据	少数类数据占比
水稻	121	110	11	0.09

采用综合污染指数法根据重金属污染元素筛选值可以建立算法模型，有污染风险的数据样本，目标值标记为 1，而没有污染风险的数据样本目标值标记为 0，对应的综合污染指数为 $P>1$ 和 $P\leqslant 1$。由样本目标值标记规则可知农产品实验数据集的数据分布情况，如表 6-4 所列。

表6-4 农产品重金属超标风险数据集样本数据分布

农产品种类	地区	样本数	无风险数据	有风险数据	少数类数据占比
水稻	枝江	369	230	139	0.377
	当阳	314	199	115	0.366
小麦	枝江、当阳	101	80	21	0.208

6.3.3 算法理论基础

6.3.3.1 支持向量机

支持向量机（SVM）是在 1995 年由 Vapnik 和 Cortes 首次提出的，它在解决高维模式识别中的非线性和小样本等一些问题上表现出很大的优势。SVM 起源于统计学习理论，采用了结构风险最小化理论和 VC（Vapnik-Chervonenkis）维度原理。与以高斯混合模型为代表的产生型模型相比，支持向量机模型是一种区分性模型。它对边界数据的分布较为关注，但不太关注某类数据内部的分布，所以 SVM 具有较好的分辨能力。

其基本思想如图 6-1 所示，它可以通过 SVM 构建一个超平面作为决策曲面，对不同类别的样本进行分割，分割原则为间隔最大化，即 $\|w\|/2$ 为最小。其中，$\|w\|$ 表示决策边界的法向量 w 的长度。目前 SVM 在分类和回归问题中得到广泛应用。

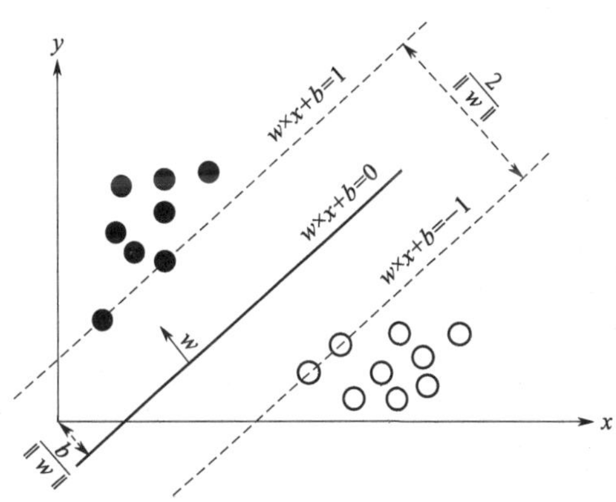

图 6-1 支持向量机原理

w—权重向量；b—偏置项；$b/\|w\|$—从超平面到原点的垂直距离

6.3.3.2 平衡优化器算法（EO）

EO 是 Faramarzi 等在 2019 年提出的一种元启发式智能算法，该算法受控制体积质量平衡的物理现象的启发，将各个溶液的浓度类比为种群中粒子的位置信息，设置了平衡状态池，储存几个候选解，不同浓度的粒子会代表不同的种群，该算法具有结构较为简单，寻优能力强等优势。如图 6-2 所示（书后另见彩图）。

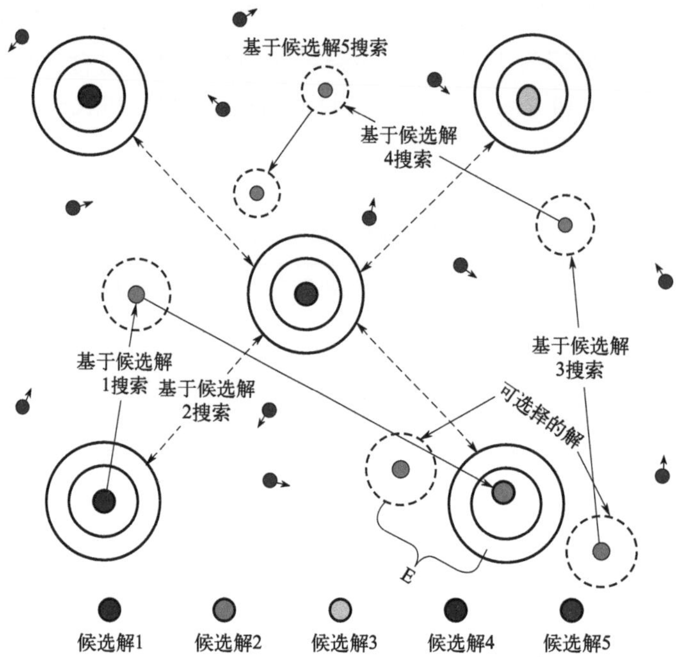

图 6-2　平衡优化器原理

（E 代表可选解与候选解的距离）

6.3.3.3　混沌映射

混沌是在确定的系统中出现的一种复杂的无规则运动，具有无序性、不平衡性、可遍历性、非线性及不确定性的特点。它可以按照某种准则来进行不重复地遍历并更新所有状态。在优化领域，就可以使用混沌映射替代伪随机数生成器来生成 0 ～ 1 之间的混沌数。实验证明，初始种群质量会影响算法的综合性能，利用混沌映射初始化可以增加种群的多样性，并提高算法初期的收敛速度，往往可以取得比伪随机数更好的效果。

混沌映射中较为常用的是 Logistic 映射和 Tent 映射，相对 Logistic 映射，Tent 映射更具全局遍历性，且分布较为均匀。

6.3.4　TLEO-SVM 农产品重金属超标预测模型

TLEO-SVM 即在初始化时使用 Tent 映射来代替 EO 的随机初始化，并使用融合的透镜成像反学习策略和柯西变异策略来参与解的更新。

TLEO-SVM 算法的步骤如下：

步骤 1：使用混沌映射初始化平衡优化器算法的位置参数，设置种群数量、最大迭代次数、粒子数量、维度参数，优化变量的上下界，算法在每个优化变量的上下界范围内进行随机初始化。在一定范围内随机生成粒子的初始位置，则粒子初始位置的两个分量为 $x(i, 1)$ 和 $x(i, 2)$，分别对应 SVM 的两个参数即惩罚因子 c 和核函数参数 g。

步骤 2：计算各个个体的适应度值，按照平衡优化器算法得到每个个体的位置，代入适应度函数中，计算得到当前位置的适应度值。

步骤 3：更新指数项系数、质量生成系数，并计算个体当前解，根据适应度值选取多个当前最优的候选解，并更新平衡状态池。

步骤 4：生成新的个体解，并不断更新平衡状态池。

步骤 5：按照以下公式进行计算，判断计算得到的解与当前解相比，哪个更优，若新解优于当前解，便替代当前解进行接下来的计算。

$$x' = u_b + r \oplus (l_b - x) \tag{6-9}$$

$$x_{i,j}^{\,i+1} = x' + b_1 \oplus (x - x') \tag{6-10}$$

式中 x——初始解；

x'——更新后的解；

u_b——解取值的上限；

l_b——解取值的下限；

r——变异强调系数；

b_1——质量生成系数；

$x_{i,j}^{\,i+1}$——第i+1次迭代中第j个待优化参数的解。

步骤 6：判断是否满足条件，若达到最大迭代次数，则迭代结束，输出最优解，即为最优的核函数参数 g 和惩罚因子 c，否则返回步骤 2，继续查找新的最优解。

步骤 7：输出种群最优位置，即最优 SVM 参数。

步骤 8：将步骤 6 得到的最优 SVM 参数代入预测模型，得出分类结果。

TLEO-SVM 算法流程如图 6-3 所示。

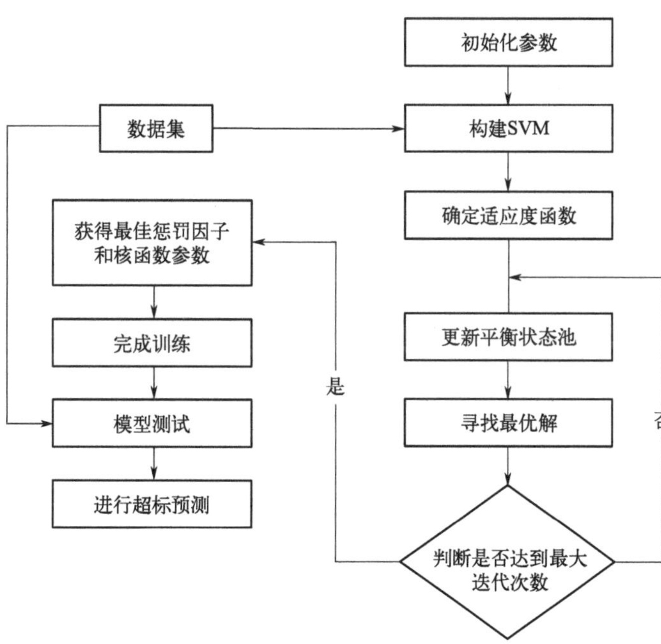

图 6-3 TLEO-SVM 算法流程

6.3.5 实验结果与分析

6.3.5.1 农产品重金属评价分类数据集实验结果

以农产品对应点位中土壤重金属 As、Hg、Cr、Pb、Cd 含量以及 pH 值为输入，农产品重金属评价分类结果为输出，进行农产品重金属评价分类预测。在保持两种不同类别样本数据分布不变的情况下，将数据集常规地分为 80% 和 20%，分为训练集和测试集。分别使用原始数据和对数据进行 ADASYN 过采样处理，在数据集上分别使用 KNN、LR、SVM、RF、PSO-SVM、SSA-SVM、EO-SVM、TEO-SVM、TLEO-SVM 模型的各项性能评价指标进行分析。

通过在枝江水稻数据集上进行实验，KNN、LR、SVM、RF、PSO-SVM、SSA-SVM、EO-SVM、TEO-SVM、TLEO-SVM 模型的各项性能评价指标如表 6-5 所列。

表6-5 枝江水稻数据集各项性能评价指标

过采样方法	模型	准确率	精确率	召回率	F_1	G-mean
ADASYN	RF	0.635	0.686	0.788	0.732	0.536
	KNN	0.646	0.697	0.783	0.737	0.560
	LR	0.647	0.702	0.775	0.736	0.570
	SVM	0.649	0.664	0.850	0.780	0.602
	PSO-SVM	0.651	0.667	0.808	0.767	0.603
	SSA-SVM	0.665	0.676	0.838	0.785	0.622
	EO-SVM	0.722	0.742	0.863	0.797	0.706
	TEO-SVM	0.730	0.713	0.863	0.819	0.685
	TLEO-SVM	0.738	0.747	0.888	0.811	0.732
无	RF	0.619	0.670	0.788	0.724	0.467
	KNN	0.606	0.671	0.783	0.723	0.458
	LR	0.617	0.682	0.775	0.725	0.493
	SVM	0.627	0.632	0.888	0.771	0.398
	PSO-SVM	0.619	0.641	0.800	0.748	0.570
	SSA-SVM	0.643	0.665	0.800	0.760	0.578
	EO-SVM	0.651	0.654	0.863	0.778	0.574
	TEO-SVM	0.669	0.676	0.842	0.784	0.549
	TLEO-SVM	0.675	0.667	0.875	0.792	0.583

注：G-mean 表示几何均值。下同。

由表 6-5 中结果可以看出，针对此数据集，过采样时 RF、KNN、LR、SVM 模型的预测准确率分别为 0.635、0.646、0.647、0.649，G-mean 分别为 0.536、0.560、0.570、0.602。SVM 模型的表现效果更好。未过采样时 RF、KNN、LR、SVM 模型的预测准确率分别为 0.619、0.606、0.617、0.627，G-mean 分别为 0.467、0.458、0.493、0.398，SVM 的准确率最高，但 G-mean 略低于其他模型，接下来使用优化算法进行优化。EO-SVM 的准确率、精确率、召回率、F_1、G-mean 分别为 0.651、0.654、0.863、0.778、0.574，比 SVM 的性能有了较大的提高，TLEO-SVM 的准确率达到了 0.675，G-mean 也提高到了 0.583。表明在未过采样时，TLEO-SVM 的性能最高。对数据进行 ADASYN 过采样，TLEO-SVM 在准确率、精确率、召回率、F_1 和 G-mean 上都表现出较好的结果，较未过采样时的模型结果分别提高了 0.063、0.08、0.013、0.019、0.149。与 SVM 相比，两种情况下，TLEO-SVM 的准确率分别提高了 0.048、0.089，G-mean 分别提高了 0.185、0.13。结果表明过采样后模型整体预测能力有所提升，且 TLEO-SVM 的预测能力为最佳。

通过在当阳水稻数据集上进行实验，KNN、LR、SVM、RF、PSO-SVM、SSA-SVM、EO-SVM、TEO-SVM、TLEO-SVM 模型的各项性能评价指标如表 6-6 所列。

表6-6　当阳水稻数据集各项性能评价指标

过采样方法	模型	准确率	精确率	召回率	F_1	G-mean
ADASYN	RF	0.636	0.664	0.855	0.747	0.468
	KNN	0.631	0.656	0.874	0.749	0.434
	LR	0.630	0.647	0.894	0.751	0.418
	SVM	0.640	0.656	0.923	0.767	0.563
	PSO-SVM	0.633	0.702	0.711	0.673	0.484
	SSA-SVM	0.656	0.657	0.967	0.780	0.408
	EO-SVM	0.667	0.673	0.917	0.775	0.606
	TEO-SVM	0.706	0.721	0.884	0.794	0.644
	TLEO-SVM	0.736	0.727	0.926	0.814	0.680
无	RF	0.620	0.658	0.830	0.733	0.463
	KNN	0.596	0.640	0.813	0.715	0.432
	LR	0.612	0.647	0.838	0.730	0.439
	SVM	0.628	0.627	0.989	0.767	0.527
	PSO-SVM	0.618	0.632	0.933	0.753	0.517
	SSA-SVM	0.625	0.627	0.985	0.767	0.325
	EO-SVM	0.653	0.661	0.933	0.772	0.579
	TEO-SVM	0.655	0.662	0.917	0.768	0.571
	TLEO-SVM	0.701	0.699	0.933	0.796	0.630

由表6-6中结果可以看出，针对此数据集，未过采样时RF、KNN、LR、SVM模型的预测准确率分别为0.620、0.596、0.612、0.628，G-mean分别为0.463、0.432、0.439、0.527。SVM模型的表现效果更好，RF次之，KNN模型效果最差。接下来使用优化算法进行优化。EO-SVM的准确率、精确率、召回率、F_1、G-mean分别为0.653、0.661、0.933、0.772、0.579，比SVM的性能有了较大的提高，PSO-SVM、SSA-SVM的准确率分别为0.618、0.625，EO-SVM优于二者。TLEO-SVM的各项指标分别为0.701、0.699、0.933、0.796、0.630，准确率和G-mean均为最高。对数据进行ADASYN过采样，所有模型的预测准确率均在0.6以上，TLEO-SVM在准确率、精确率、召回率、F_1和G-mean上都表现出较好的结果，其中准确率和G-mean分别提高了0.035、0.05。与SVM相比，两种情况下，TLEO-SVM的准确率分别提高了0.073、0.096，G-mean分别提高了0.103、0.117。

通过在小麦数据集上进行实验，KNN、LR、SVM、RF、PSO-SVM、SSA-SVM、EO-SVM、TEO-SVM、TLEO-SVM模型的各项性能评价指标如表6-7所列。

表6-7　小麦数据集各项性能评价指标

过采样方法	模型	准确率	精确率	召回率	F_1	G-mean
ADASYN	RF	0.809	0.869	0.892	0.880	0.667
	KNN	0.796	0.865	0.877	0.871	0.660
	LR	0.792	0.862	0.874	0.868	0.659
	SVM	0.8	0.834	0.938	0.882	0.64
	PSO-SVM	0.814	0.887	0.881	0.884	0.597
	SSA-SVM	0.820	0.888	0.889	0.889	0.601
	EO-SVM	0.85	0.901	0.917	0.908	0.745
	TEO-SVM	0.867	0.904	0.938	0.919	0.889
	TLEO-SVM	0.907	0.973	0.908	0.939	0.916
无	RF	0.788	0.873	0.854	0.863	0.645
	KNN	0.778	0.872	0.847	0.859	0.645
	LR	0.767	0.862	0.844	0.853	0.616
	SVM	0.783	0.818	0.938	0.874	0.639
	PSO-SVM	0.781	0.828	0.897	0.860	0.611
	SSA-SVM	0.783	0.829	0.899	0.861	0.612
	EO-SVM	0.789	0.812	0.958	0.879	0.662
	TEO-SVM	0.800	0.821	0.958	0.884	0.650
	TLEO-SVM	0.833	0.869	0.944	0.901	0.686

由表 6-7 中结果可以看出，针对此数据集，未过采样时 RF、KNN、LR、SVM 模型的预测准确率分别为 0.788、0.778、0.767、0.783，G-mean 分别为 0.645、0.645、0.616、0.639。SVM 的准确率、精确率、召回率、F_1、G-mean 分别为 0.783、0.818、0.938、0.874、0.639，EO-SVM 的各项指标分别为 0.789、0.812、0.958、0.879、0.662，模型准确率上升，且均优于 PSO-SVM、SSA-SVM 的准确率 0.781、0.783，TLEO-SVM 的各项指标达到了 0.833、0.869、0.944、0.901、0.686，准确率和 G-mean 较 EO-SVM 分别提高了 0.044、0.024，达到了较好的效果。对数据进行 ADASYN 过采样，TLEO-SVM 的准确率、精确率、召回率、F_1 和 G-mean 的值均在 0.9 以上，都表现出较好的结果，分别为 0.907、0.973、0.908、0.939、0.916，其中准确率和 G-mean 较未过采样时分别提高了 0.074、0.23。与 SVM 相比，两种情况下，TLEO-SVM 的准确率分别提高了 0.05、0.107，G-mean 分别提高了 0.047、0.276。

6.3.5.2　重金属超标预测实验结果

以农产品对应点位中土壤重金属 As、Hg、Cr、Pb、Cd 含量以及 pH 值为输入，农产品重金属 Cd 是否超标分类结果为输出，进行农产品重金属超标预测。在保持两种不同类别样本数据分布不变的情况下，将数据集分为 80% 和 20%，分为训练集和测试集。分别使用原始数据和对数据进行 ADASYN 过采样处理，在数据集上分别使用 KNN、LR、SVM、RF、PSO-SVM、SSA-SVM、EO-SVM、TEO-SVM、TLEO-SVM 模型的各项性能评价指标如表 6-8 所列。

表6-8　算法性能指标

过采样方法	模型	准确率	精确率	召回率	F_1	G-mean
ADASYN	RF	0.799	0.891	0.873	0.881	0.397
	KNN	0.783	0.880	0.864	0.870	0.349
	LR	0.798	0.867	0.894	0.879	0.234
	SVM	0.800	0.905	0.864	0.884	0.484
	PSO-SVM	0.807	0.877	0.909	0.892	0.334
	SSA-SVM	0.807	0.886	0.898	0.890	0.365
	EO-SVM	0.810	0.891	0.894	0.890	0.664
	TEO-SVM	0.813	0.879	0.909	0.893	0.645
	TLEO-SVM	0.840	0.922	0.894	0.908	0.741
无	RF	0.760	0.877	0.845	0.861	0.215
	KNN	0.752	0.877	0.836	0.856	0.212

续表

过采样方法	模型	准确率	精确率	召回率	F_1	G-mean
无	LR	0.760	0.881	0.841	0.860	0.265
	SVM	0.780	0.885	0.864	0.873	0.261
	PSO-SVM	0.786	0.886	0.870	0.876	0.265
	SSA-SVM	0.789	0.888	0.870	0.879	0.272
	EO-SVM	0.800	0.887	0.886	0.886	0.268
	TEO-SVM	0.800	0.893	0.879	0.885	0.358
	TLEO-SVM	0.813	0.925	0.864	0.891	0.480

由表 6-8 中结果可以看出，针对此数据集，未过采样时 RF、KNN、LR、SVM 模型的预测准确率分别为 0.760、0.752、0.760、0.780，G-mean 分别为 0.215、0.212、0.265、0.261，SVM 的准确率最高。对 SVM 进行优化，EO-SVM 的准确率提高到了 0.800，高于 PSO-SVM、SSA-SVM 的 0.786、0.789，TEO-SVM 与 EO-SVM 准确率相等，G-mean 有所提高。TLEO-SVM 的各项指标提高到了 0.813、0.925、0.864、0.891、0.480，但由于超标样本数量较少，还未能很好地预测出少类样本。对数据进行 ADASYN 过采样，TLEO-SVM 的准确率、精确率、召回率、F_1 和 G-mean 都表现出较好的结果，分别为 0.840、0.922、0.894、0.908、0.741，其中准确率和 G-mean 分别提高了 0.027、0.261。与 SVM 相比，两种情况下，TLEO-SVM 的准确率分别提高了 0.033、0.04，G-mean 分别提高了 0.219、0.257。说明经过采样之后模型预测准确率上升，且识别少数类的能力上升，TLEO-SVM 的预测能力为最佳。

6.4 产地环境预警系统设计

6.4.1 产地环境分级预警系统的组成

农产品产地安全区划与分级预警系统是为了适应农业现代化和信息化管理的需要而设计的，系统通过将 GIS 专题图数据与检测数据相结合，进行分析决策和安全预警，最终在 GIS 地图上全面展示研究区域的农产品产地安全区划和分级预警结果[34-36]。

农产品产地分级预警系统的组成与功能如图 6-4 所示。

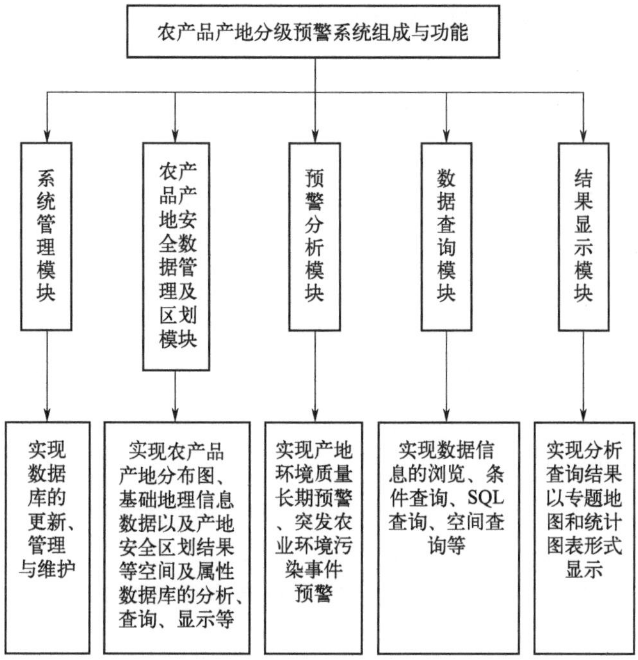

图 6-4　农产品产地分级预警系统的组成与功能

系统可以分为系统管理模块、农产品产地安全数据管理及区划模块、预警分析模块、数据查询模块和结果显示模块五大功能模块。

（1）系统管理模块

利用数据库及 GIS 专业软件来实现数据库的更新、管理与维护。

（2）农产品产地安全数据管理及区划模块

包括农产品产地分布图、基础地理信息数据以及产地安全区划结果等空间及属性数据库的分析、查询、显示等。

（3）预警分析模块

包括产地环境质量长期预警、突发农业环境污染事件预警两部分。该模块具有对用户指定区域进行各种分析统计、预测的功能，利用 GIS 的空间分析、空间数据表达的直观功能，通过调用农产品产地环境检测数据信息，利用开发的预警模型进行运算、分析、模拟和判断，得到农产品产地环境状态预警、趋势预警信息，并可修改或更新预警模型。

（4）数据查询模块

数据查询模块是用来浏览、进行条件查询等操作的工具，它支持在不同数据层之间进行综合查询，并能够实现图形与属性的联动展示，查询结果以分析专题地图的形式呈现，帮助用户更直观地理解和分析数据。

（5）结果显示模块

该模块将分析查询结果以专题地图和统计图表（如饼图、柱状图等）形式显示。

6.4.2 产地环境分级预警系统的功能

农产品产地安全是指农产品产地的土壤、水体以及大气环境质量等符合生产质量安全农产品要求。现如今因人为污染而导致农产品受害的农田面积显著增加，工业“三废”、污水灌溉以及固体废物堆存而导致农产品产地不断受损及被污染[37]。据多年来农业环境监测体系监测和调查结果显示，受污染的农产品产地主要集中在大城市郊区、工矿企业区周边以及污水灌溉区。因此，需要开展农产品产地的安全状况调查，对研究区域周边的工矿企业、污水灌溉区等进行区域划分，对周边重点污染进行登记并设置长期定位监测点对其环境质量发展趋势进行监测，建立相应的产地安全状况数据库，绘制研究区域农产品产地分类区划图，为相关部门决策提供科学的依据。

农产品产地分级预警是指在对过去（回顾）、现在（现状）评价的基础上，研究过去和现在状态的关系，根据预警源等的变化趋势预测未来环境质量的演化方向、趋势、速度，对未来环境质量进行预测、解释和推断。

本系统构建了基于 GIS 的农产品产地安全数字化预警系统，实现产地环境质量长期预警和突发农业环境污染事件预警。对于产地环境质量长期预警，根据土壤污染因子的毒理学特征和生物吸收、富集能力，按照我国现行的《无公害农产品　产地环境评价准则》（NY/T 5295—2015）中规定的土壤严格控制指标，选用 Cd、Pb、Cr、Hg、As 这 5 种重金属作为长期预警模型的评价指标。而对农产品产地环境产生巨大影响的几类突发事件的危害指标则包括如病虫害、过量使用农业投入品（农药、化肥）、危化品泄漏、气象自然灾害（旱、涝、冰雹等）的相应评价指标。对于突发事件预警模型建立，采用复杂事件的群决策支持理论，将突发事件预警中难以量化的指标、状态、级别等关键因素结构化，实现突发事件的及时决策和实时处理。农产品产地安全数字化预警系统的开发将为农业产地环境质量的监控、农业土地资源利用规划和决策、调整农业种植结构等提供基础平台和数据支持。

6.4.3 产地环境分级预警系统的应用

（1）产地质量状况监测及成因分析

点击进入“产地环境质量长期预警”模块后，选择所要预警的地点，系统将调用该地点历年的土壤环境质量监测数据和长期预警模型进行运算，并生成产地环境质量预警折线图，可以预测产地环境质量恶化的方向和速度。

（2）突发农业环境污染预警

用户可以随意在地图的任何位置添加突发事件预警点，然后选择突发事件的类型（病虫害、过量使用农业投入品、危化品泄漏或气象自然灾害），在地图上单击弹出“突发事件记录”窗口，填写相关信息后点击“提交”。提交突发事件后，不同的突发事件类型标识将在地图上显示，农业专家可点击标识对灾害进行评分并提交，系统调用相应的突发事件预警模型对此次事件进行预警，当评分截止日期过后，点击图标将显示预警级别，并以相应的色斑显示。

（3）异常事件管理

针对产地存在的过量使用农业投入品、危化品泄漏等问题建立系统化、自动化的管理体系和工作流程，提高异常事件发现和处理的工作效率。因此，系统通过统一的管理模块，对以上几种情况设置了针对性的差异化报警策略，实现精准管理。通过分级分区计量进行精细到区块产地，以长期历史流量数据为基础制定统计模型，对异常流量自动生成报警。这种方法大大提高了对异常事件的"发现 - 定位 - 反应"速度，为后续处理争取了更多时间。

6.5 案例库与智能决策模块

6.5.1　案例库与智能决策模块的设计背景

为了保障产地环境安全，促进农业经济良性平稳地发展，建立产地环境预警与决策系统是非常重要的。产地环境预警与决策系统可以帮助预测和防范自然灾害、人为事故等风险，对于保护人民生命财产安全和维持社会稳定具有重要作用。未来，随着技术的不断进步和数据的不断积累，这类系统的应用前景将更加广阔。例如，在农业生产中，环境预警系统可以通过对气象、水文、地质等数据的实时监测和模拟预测，提高农作物的产量和品质，并减少灾害性天气事件对农业生产造成的影响。此外，环境预警系统在城市规划、工业生产、交通运输、旅游等领域也可以发挥重要作用。在产地环境预警与决策系统中，案例库与智能决策模块是产地环境预警与决策系统的一个重要组成部分[38,39]。

产地环境预警与决策系统未来的应用前景主要包括以下两个方面：

① 以现代科技促进区域农业经济发展，有助于提高农业生产的产量和质量。我国自改革开放以来，经过几十年的高速发展，各生产领域都达到了现代化水平，农业生产这一行业对环境要求特别高。农业生产环境风险管控这一块存在着较大的空白需要填补，产地环境污染物风险处理不及时，自然灾害的预防措施不符合实际要求或预防不及时可能对农产品产生巨大的负面影响。产地环境预警与决策系统通过智慧监测环境，对环境风险进行评级预警以及制定相关解决方案，可以很好地解决上述问题，从而提高农业生产的产量和质量，促进农业经济发展。

② 以现代科技促进绿色农业发展，减轻农业生产对环境的破坏，通过系统监测使得生产的农产品更加健康。现代化的核心是人的现代化，是不断满足人类多样化、

多层次需求的演化过程。因此，农业的重要功能既包括为社会做出的食物产品贡献，也包括通过减少有毒有害要素使用和污染物排放做出的生态福利贡献。

6.5.2 案例库与智能决策模块的设计组成

案例库与智能决策模块主要以人工智能和决策支持系统相结合，是通过人工智能技术和逻辑推理来帮助解决复杂的决策问题的辅助决策系统。其中包含的产地环境相关的案例库结合了专家系统技术，使得决策系统更加充分地应用人类知识，如关于决策问题的描述性知识，决策过程中的过程性知识，求解问题的推理性知识[40-42]。

产地环境预警与决策系统中的案例库与智能决策模块，是以5G、物联网、大数据、人工智能算法、数据融合、云计算等高新技术为依托，以现有的农业环境风险标准为评判依据，针对农业生产环境中出现的问题，进行风险评价及风险预测，利用案例库和智能决策系统列出应对的措施。首先智慧监控方面采用无线传感器网络，使得监测设备与系统服务器进行数据交互联通，监测的数据来源有各设备的监测参数、设备的运行参数和工作人员主动上传的数据参数等；数据传输方面采用5G通信技术，建立高速传输通道，使数据传输更加稳定、速度更快；数据存储和访问方面使用云计算技术，该技术成熟的共享架构为工作人员处理数据提供稳定的服务；产地风险分级方面采用智能算法、数据融合，智能处理多维数据，减少误差的产生；智能决策方面采用专家系统技术和大数据技术，能够准确智能地给出相关条例信息以及应对风险隐患采取的有效措施。产地环境分析管控智能决策系统的组成主要包括产地环境数据采集上传和智慧监测部分、产地环境风险数据分类存储部分、产地环境风险等级划分和预警部分以及产地环境风险隐患应对措施制定部分。

产地环境预警与决策系统中的案例库与智能决策模块总体设计如图6-5所示。

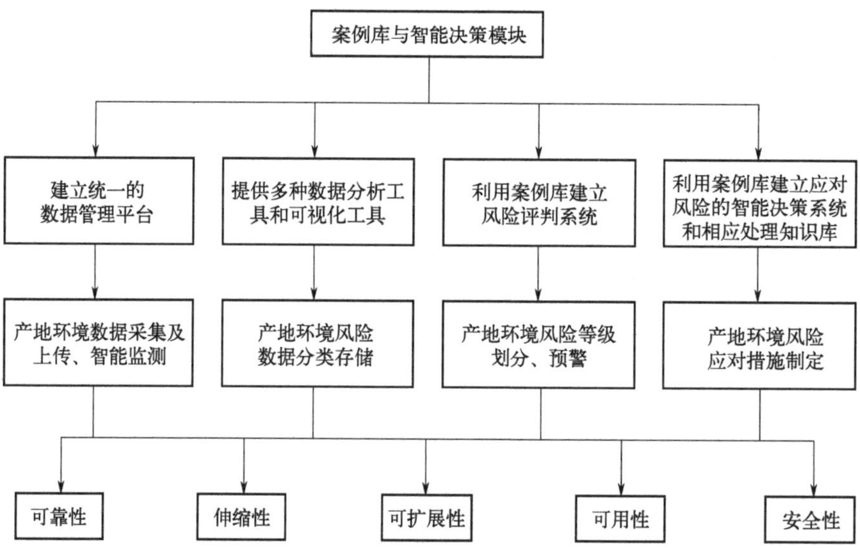

图6-5 案例库与智能决策模块

6.5.3 案例库与智能决策模块的具体功能

（1）数据采集和上传功能

数据采集和上传功能是指产地环境预警与决策系统通过一系列技术手段，主动或被动获取与产地环境相关的数据，并将这些数据上传到系统服务器中。该功能的主要目的是优化数据管理，更好地支持系统的其他功能模块的使用。对于工作人员主动检测的数据，如环境水质、大气状况、土壤状态等数据，系统可以通过授权访问工作人员的智能设备或传感器节点，从而实现主动采集和上传[43]。同时，系统还可以接入无人机、气象站等设备，实时采集并上传产地的各类环境数据。上传的数据经过系统处理后，可以进行存储和分类管理，方便后续的数据分析或者决策运用。例如，针对某个具体的生产场景，系统可以将灌溉量、施肥条件、气象变化等相关数据进行分类汇总，以求在未来发生类似情况时快速做出准确决策。

数据采集和上传功能可以帮助系统更加全面地了解产地环境情况，培养数据驱动的环境决策能力，进而提高我们对产地环境的保护和管理水平。

（2）智慧监控功能

智慧监控功能是指依托于产地环境点位布设的传感器和监控系统，将各种传感器组成无线传感器网络对产地的温度、湿度、光照强度、水质信息、产地环境污染情况等数据进行实时记录和传递，并将位置信息进行定位上传[44]。同时，视频监控设备可以用来监测有关设备的运行情况和人员的活动情况，这些监测数据经过汇总、传递到数据服务中心，进行智能化处理分类后存储到数据库中。

该功能的主要作用有以下几个方面。

1）提供实时监测

相较于人工巡检，智慧监控利用无线传感器网络可以实现对产地环境及相关设备和人员行为的实时监测，对突发事件进行快速响应和处置。

2）提高数据精度

通过对产地环境各类数据进行实时记录和分析，可以提高数据精度和准确性，并有利于优化环境生态系统。

3）为数据分析提供依据

将智慧监控记录的所有数据传输到数据服务中心进行智能化处理分类后，可以确保将产地环境的各种情况都纳入系统中，为下一步的数据分析提供充足和完善的数据来源。

智慧监控功能可以使我们更加全面地了解产地环境及相关设备和人员行为，帮助我们快速了解生产过程中可能涉及的问题，并进行有效干预、处置及优化管理[45]。

（3）数据分析处理功能

数据分析处理功能是案例库与智能决策模块中的一个重要功能，主要依托智慧监控和工作人员采集上传的相关数据，构建起产地环境风险数据智能筛选系统和安全风险智能分级系统。该系统使用专家系统技术和人工智能技术来计算风险评估值，其中包括分析土壤监测数据、农产品检测数据、新型污染源识别、异常累积分析、潜在超标点位识别、污染源解析、农田和周边环境状态分析、污染源主因分析等。在这个功能中，首先，将收集到的原始数据导入安全风险数据智能筛选系统进行筛选，通过粒子群算法寻优特性，排除不符合要求的数据。其次，筛选后的数据经过安全风险智能分级系统处理，利用卷积神经网络放大特征，将风险值扩大至无歧义、更为直观的范围。最后，根据事先设定的风险等级表进行比对，确定当前产地环境的安全状态——绿色、黄色、橙色、红色四种风险等级，方便工作人员及时采取相应的防范措施。

该功能能够快速、准确地提供当前产地环境的安全状况，并以此进行风险预警和决策。它利用了专家系统技术和人工智能技术，通过计算风险评估值和分级处理确定风险等级，提高了风险识别和判断的准确性和可靠性，帮助工作人员更好地保障生产过程的安全和稳定。

（4）风险预警和决策功能

风险预警和决策功能是案例库与智能决策模块中的一个功能，其主要作用是通过将数据分析和智能系统处理后的结果展示到上位机界面，直观地分析目前产地环境安全状况，计算并显示当前产地的安全风险评估值，将安全风险等级划分为绿色、黄色、橙色和红色四种等级。绿色表示产地环境处于低风险，可以正常生产；黄色表示产地环境有部分风险问题需要再次确认检查；橙色表示产地环境处于中度风险，需要实施紧急措施排除风险隐患；红色表示产地处于重度危险，应立即停止生产作业以达到整体安全防范。该功能还通过系统地图展示各处安全风险状态，当收到界面报警信息时，根据风险等级，智能决策系统将给出合适的整改措施。工作人员可以根据产地实际情况结合智能决策系统的整改方案制定并执行整改措施。此外，产地各个时间点的风险等级信息、数据采集和智能监测数据信息等还可以通过饼图、折线图、柱状图等图表方式进行展示，以直观地了解产地区域风险问题的变化趋势。

风险预警和决策功能是一个重要的辅助工具，能够帮助工作人员及时发现和分析产地环境的安全隐患，并制定有效的整改措施，保障生产过程的安全和稳定。这一功能也是案例库与智能决策模块中的核心功能之一[46,47]。

6.5.4 实现案例库与智能决策模块的关键技术和实现步骤

6.5.4.1 案例库与智能决策模块的关键技术

案例库与智能决策模块的关键技术主要包括以下 7 个方面：

① 收集产地环境相关数据：通过采集传感器、监测站等设备获取环境相关数据，如温度、湿度、土壤养分、气象数据等。

② 数据预处理：对采集到的环境数据进行清洗和规范化等操作。

③ 建立专家系统：将领域专家的知识整合进系统中，建立一个包含大量规则和逻辑推理的专家系统，用于解决特定领域的决策问题。

④ 设计决策模型：根据收集到的数据和建立的专家系统，设计一个完整的决策模型，包括目标设定、决策方案选择、评估预测等环节。

⑤ 训练人工智能算法：利用机器学习算法对模型进行训练，提高其预测准确率和决策效率。

⑥ 集成智能决策系统：将训练好的人工智能算法集成到决策系统中，实现自动化决策。

⑦ 实时监测与反馈：对环境数据进行实时监测，并将监测结果反馈到系统中，不断优化决策模型和算法，提高预警和决策的准确性和及时性。

6.5.4.2　收集产地环境相关数据

收集产地环境相关数据的具体步骤如下。

① 确定收集范围：根据预警和决策系统的应用场景，确定需要收集的环境数据的种类、范围和时空分辨率。

② 选择采集设备：根据收集范围和数据类型，选择合适的采集设备，如传感器、监测站等。

③ 设计采集方案：根据实际需求和采集设备的特性，设计合理的采集方案，包括采集频率、采样时间、采样点位等。

④ 实施采集：按照采集方案进行采集工作，确保数据的准确性和完整性。

⑤ 存储与管理：将处理后的数据存储到数据库中，并建立相应的管理系统，方便数据的查询、备份和维护。

⑥ 数据分析与挖掘：利用数据分析和挖掘技术对收集到的环境数据进行深入分析，提取有价值的信息和知识，为后续的决策提供支持。

⑦ 不断优化和完善：根据实际需求和反馈结果，不断优化和完善收集系统的设计和运行，提高数据的准确性和实用性。

6.5.4.3　数据预处理

数据预处理的具体步骤如下。

① 收集原始数据：通过采集设备等途径，收集与预警和决策系统相关的原始数据。

② 数据清洗：去除重复值、缺失值和异常值等，使数据更加准确和可靠。

③ 数据集成：将不同来源的数据进行整合和融合，形成一个完整的数据集。

④ 数据转换：对数据进行归一化、标准化和离散化等操作，以便更好地进行分析和建模。

⑤ 特征提取：从原始数据中提取出有用的特征信息，作为后续分析和建模的输入。

⑥ 数据规范化：将数据按照一定的规则和标准进行组织和管理，方便数据的查询和使用。

⑦ 数据压缩：对数据进行压缩和编码，减小数据的存储空间和传输带宽，提高

系统的效率和可靠性。

⑧ 数据验证：对预处理后的数据进行验证和测试，确保其准确性和可用性。

⑨ 数据集成与共享：将预处理后的数据集成到一个统一的数据仓库或平台中，方便数据的共享和使用。

6.5.4.4 建立专家系统

建立专家系统的具体步骤如下。

① 确定问题领域和任务：明确专家系统的使用范围和任务，例如农业领域中的作物生长预测、病虫害诊断等。

② 收集知识库：通过专家调查、文献资料等方式，收集相关领域的知识和经验，形成一个包含规则、定义、公式、案例等元素的知识库。

③ 确定推理机制：根据问题的性质和复杂程度，确定专家系统的推理机制，如基于规则的推理、基于模型的推理或基于学习的推理等。

④ 建立知识表示形式：将知识库中的知识以适当的形式进行表示和存储，如逻辑表达式、本体论、语义网络等。

⑤ 设计用户界面：设计用户友好的交互界面，方便用户输入问题和获取答案。

⑥ 开发专家系统：根据以上步骤完成系统的设计、编码和测试，实现问题的自动推理和答案的输出。

⑦ 验证和评估：对专家系统进行验证和评估，检查其准确性和效率，并进行必要的修正和改进。

⑧ 部署和维护：将专家系统部署到实际应用环境中，并进行日常维护和更新，以保证系统的稳定性和可靠性。

6.5.4.5 设计决策模型

设计决策模型的具体步骤如下。

① 确定问题和目标：明确需要解决的问题和达成的目标，例如提高农业生产效益、降低成本等。

② 收集数据和信息：通过调查、统计、文献资料等方式，收集与问题相关的数据和信息，建立知识库。

③ 确定决策变量：根据问题的性质和目标，确定影响决策结果的关键因素，即决策变量。

④ 建立数学模型：将决策变量和其取值进行数学建模，如线性规划、整数规划、动态规划等。

⑤ 模型求解和分析：使用数学方法对建立的数学模型进行求解和分析，得出最优解或近似最优解。

⑥ 结果解释和应用：对模型的结果进行解释和应用，给出具体的建议和方案，

指导实际决策。

⑦ 模型优化和更新：根据实际情况和反馈意见，对模型进行优化和更新，不断提高决策的准确性和效率。

6.5.4.6 训练人工智能算法

训练人工智能算法的具体步骤如下。

① 数据收集及预处理：收集与产地环境相关的数据，并对收集到的数据进行清洗、去噪和格式化等操作。

② 特征提取：从原始数据中提取出有用的特征，如温度、湿度、土壤养分含量等。

③ 模型设计：根据任务需求和数据特点，选择合适的机器学习或深度学习算法，并设计相应的模型结构。

④ 模型训练：使用训练集对模型进行训练，通过反复调整模型参数来优化模型性能。在训练过程中，需要使用交叉验证等技术来避免过拟合问题。

⑤ 模型评估：使用测试集对训练好的模型进行评估，检验其预测准确率和泛化能力。可以使用各种指标来评估模型性能，如精度、召回率、F_1 值等。

⑥ 模型优化：根据评估结果对模型进行优化，可能需要调整模型结构、增加或减少特征、调整超参数等。

⑦ 模型应用：将训练好的模型应用到实际场景中，解决具体问题。例如，可以利用该模型进行产地环境预警，帮助农民和相关行业人员更好地了解产地环境变化趋势，做出更加科学的决策。需要注意的是，在训练人工智能算法时需要考虑算法的可解释性、鲁棒性和安全性等问题，以确保算法的可靠性和稳定性。同时，还需要不断更新和扩充数据集，以适应不断变化的环境需求。

6.5.4.7 集成智能决策系统

建立一个集成智能决策系统需要涉及多个层面，从数据采集和预处理到建模和智能决策规则的设计，再到系统实现和测试，最终目的是提供一个具备自主决策能力的集成决策系统，以达到在农业生产过程中及时处理问题、更好地保障作物种植的目的。

集成智能决策系统的具体步骤如下。

① 数据收集及处理：收集与产地环境相关的大量数据，包括历史环境监测数据、气象数据、土壤养分数据等。针对所收集到的数据进行标准化、归一化或转换为可计算值，去除异常值等操作，使得数据更加清晰并且有规律。

② 数据分析和建立模型：采用人工智能技术中的分类/回归算法之一，如决策树、KNN、SVM 等，对经过预处理的数据进行分析，建立相应的环境因素和作物是否出现问题之间的关系模型，预测未来可能的环境变化趋势，形成概率分布和预警等。

③ 智能决策规则设计：设计相应的策略是集成智能决策系统的核心。在此步骤中，将已给定的策略和人工智能算法融合起来，使用户在使用决策系统时，可以根据

系统输出信息快速、精准地做出相应的决策。

④ 系统开发和实现：集成智能决策系统必须依靠先进的数据管理与计算机技术。例如，可以使用 C/C++、Python 等编程语言，利用已有的人工智能模型或者自行训练新的模型，并将其转化为 Web 服务，通过网页或者 APP 等软件实现在线预测和决策。

6.5.4.8 实时监测与反馈

实时监测与反馈环节是一个循环迭代的过程，需要集成各种技术手段，包括数据采集、处理、智能决策规则设计、反馈结果以及系统更新和维护。只有这样才能够实现良好的农田环境监测效果，满足日益变化的农业生产需求。

实时监测与反馈的具体步骤如下。

① 环境数据采集：通过传感器、气象站、卫星遥感、应用程序接口 (API) 等方式进行对气象、土壤、植被覆盖度、降水量、温度、湿度等相关数据的实时采集，并将采集到的数据整合并存储，以便后续处理。

② 数据预处理：在数据采集的同时，对采集到的数据进行实时处理，包括数据清洗、缺失值填充、异常值剔除等，确保数据质量良好，并制定相应的处理策略。

③ 数据分析和建立模型：利用实时采集的数据，结合已有的农业生产信息，针对不同阶段的作物生长情况和环境因素，借助人工智能技术中的分类/回归算法之一，建立相应的环境因素和农作物是否出现问题之间的关系模型，并预测未来可能的环境变化趋势和作物生长状态，形成概率分布和预警信息。

④ 智能决策规则设计和实施：将已给定的策略和人工智能算法融合起来，针对实时监测得到的数据和预警信息，进行分析和排除异常，并提供相应的操作建议。

⑤ 反馈结果：集成智能决策系统实时将监控所收集到的数据反馈到相关的系统模型中，根据系统分析和模型算法输出优化，形成更为准确的环境变化趋势与预测信息，同时发送指令到控制设备（土壤调整控制器、自动混肥装置、降水补充控制器等）当中。

⑥ 系统更新和维护：不断更新与添加新的模型和算法，并根据用户需求对功能进行完善，使集成智能决策系统得以更好地完成任务。同时，在系统维护中需注重对农业生产基础设施的保护，保持传感器和通信线路稳定连接。

6.6 产地安全利用率核算

6.6.1 产地安全利用率的基本概念

农产品产地污染地块安全利用率是指符合规划用地土壤环境质量要求的再开发利

用污染地块面积，占行政区域内全部再开发利用污染地块面积的比例。它主要是从生态环境、食品质量等角度考虑，评估农业生产的合理性、科学性、可持续性以及社会环境影响等方面，反映了农业生产对于资源和环境的消耗程度、质量与安全保障水平[48-50]。

6.6.2　产地安全利用率核算方法

根据2012—2018年全国农产品产地土壤重金属污染普查（以下简称“2012年普查”）结果、2017—2019年全国农用地土壤污染状况详查（以下简称“2017年详查”）结果，计算某区域受污染耕地安全利用率。

（1）计算方式

$$A=(B+C+D)/E\times 100\% \tag{6-11}$$

式中　A——某区域受污染耕地安全利用率（省级或县级）；

B——轻微污染且实施了优先保护类措施（加强监测，因地制宜推行种养结合、秸秆还田、增施有机肥、少耕免耕等措施，提升耕地质量）的耕地面积；

C——实施了安全利用类或治理修复类措施（优化施肥、水分调节、低积累品种替代、土壤调理、撒施石灰、生物修复等），且实现农产品质量达标生产的轻中度污染耕地面积；

D——实施了严格管控类措施（种植结构调整、特定农产品禁止生产区划分、退耕还林还草、休耕等）的重度污染耕地面积；

E——该区域受污染耕地面积，即轻微污染、轻中度污染和重度污染耕地面积之和。

公式中，轻微污染、轻中度污染和重度污染耕地面积先由“2012年普查”结果得出[即《全国农产品产地土壤重金属安全评估技术规定》（农办科〔2015〕42号）中的低风险、中风险与高风险农产品产地]。

优先保护类措施、安全利用类或治理修复类措施、严格管控类措施具体见《农业农村部关于贯彻落实〈土壤污染防治行动计划〉的实施意见》（农科教发〔2017〕3号）。如果某耕地既实施了安全利用类或治理修复类措施，也实施了严格管控类措施，纳入D类面积计算。

（2）计算流程

第一步，依据“2012年普查”结果，得到某区域（省级或县级）内受污染（含轻微污染、轻中度污染和重度污染）耕地面积。

第二步，由地方人民政府组织相关部门确定实施了优先保护类措施的轻微污染耕地面积。需提供相关证明材料，采取检查台账、实地走访等形式，对不少于10%的实施了优先保护类措施的耕地，现场查看优先保护措施落实情况，根据抽查结果比例确定落实了优先保护类措施的轻微污染耕地面积。

第三步，由地方人民政府组织相关部门提供实施了安全利用类或治理修复类措施的轻中度污染耕地面积。通过农产品抽测，考察实施了安全利用类或治理修复类措施的轻中度污染耕地上产出的农产品质量达标情况，计算得出C类面积。

第四步，由地方人民政府组织相关部门提供实施了严格管控类措施的重度污染耕地面积。需提供相关证明材料，采取检查台账、实地走访等形式，对不少于20%的实施了严格管控类措施的耕地，现场查看严格管控措施落实情况，根据抽查结果比例确定落实了严格管控类措施的重度污染耕地面积。

第五步，根据计算公式得出某区域受污染耕地安全利用率。

（3）C类面积的核算方式

$$C = F \times \frac{\sum_{i=1}^{n}(S_i \times x_i)}{\sum_{i=1}^{n} S_i} \times 100\% \tag{6-12}$$

式中 C——实施了安全利用类或治理修复类措施，且实现农产品质量达标生产的轻中度污染耕地面积；

S_i——某区域内第 i 个抽测单元面积；

x_i——抽测单元农产品质量达标率；

F——某区域内实施了安全利用类或治理修复类措施的轻中度污染耕地面积。

6.6.3 产地安全利用率核算示例

南方某省份，2012年普查结果显示，受污染耕地面积700万亩，其中轻微污染面积600万亩，轻中度污染面积50万亩，重度污染面积50万亩。

假设到2020年底，第一步，通过对受污染耕地采取相关措施的工作台账、现场照片、印发的相关文件和有关报告等进行考核，确定实施了优先保护类措施的轻微污染耕地面积（B类面积）为580万亩，实施了安全利用类或治理修复类措施的轻中度污染耕地面积（F类面积）为40万亩，实施了严格管控类措施的重度污染耕地面积（D类面积）为20万亩。

第二步，通过对实施了安全利用类或治理修复类措施的轻中度污染耕地进行农产品抽测，得出F类耕地中，实现农产品质量达标生产的耕地面积（C类面积）为30万亩。

综合第一步和第二步，可得出到2020年底，该省受污染耕地安全利用率为：

$$(580+30+20)/700 = 90.00\%$$

6.7 系统界面及使用说明

本节将在需求分析和系统设计的基础上，根据需求功能说明书对产地环境预警与决策系统的各个功能模块的具体功能进行实现。

6.7.1　点位评价专题展示功能实现

点位评价专题可根据选择的指标（镉、汞、砷、铅、铬或综合）对点位评价结果进行统计，并展示所选择地区的对应级别分类点位数量，效果如图 6-6 所示（书后另见彩图）。

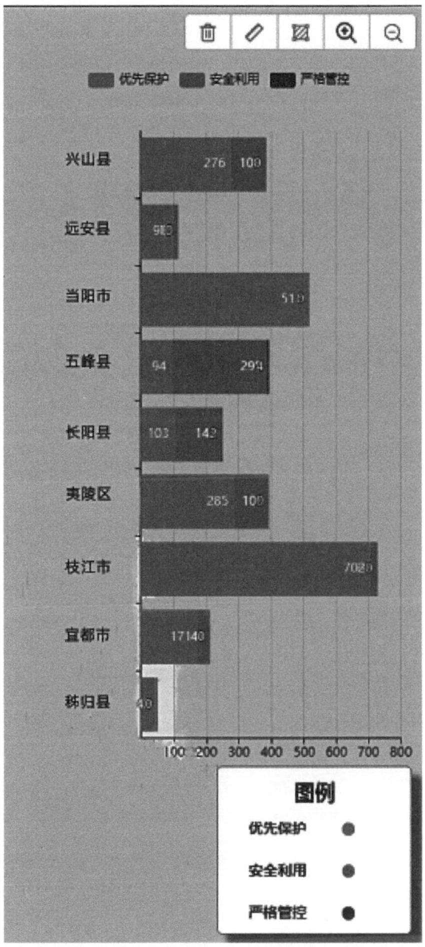

图 6-6　点位评价专题展示功能

6.7.2　土壤背景值预警功能实现

土壤背景值预警功能效果如图 6-7 所示。

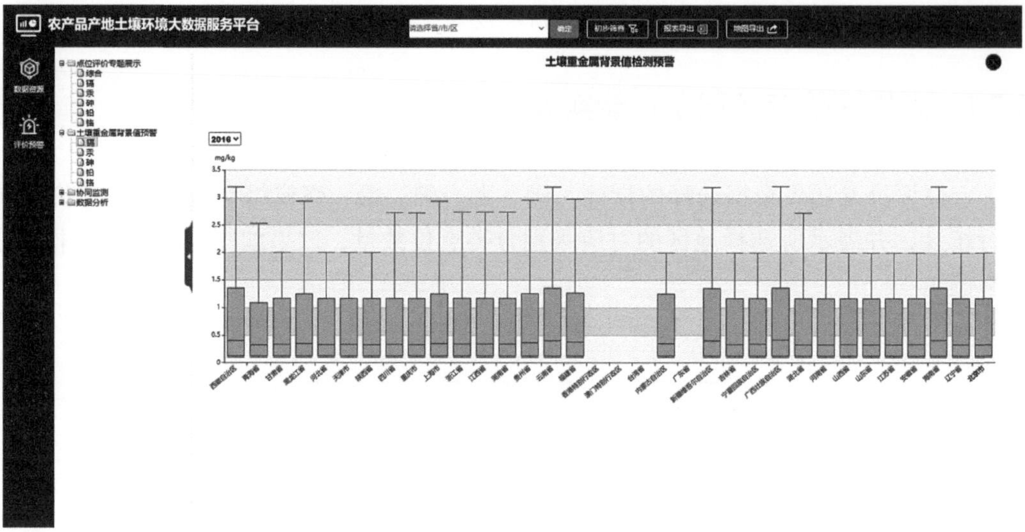

图 6-7　土壤背景值预警功能

6.7.3　协同监测功能实现

协同监测功能可根据 pH 值范围或农作物划分来获取未超标和超标农产品数据，并将结果通过图表的形式进行显示。效果如图 6-8 所示。

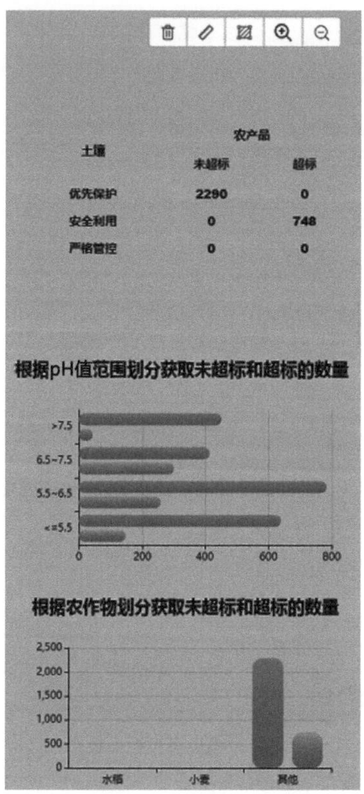

图 6-8　协同监测功能

6.7.4 数据分析功能实现

数据分析功能效果如图 6-9 所示（书后另见彩图）。

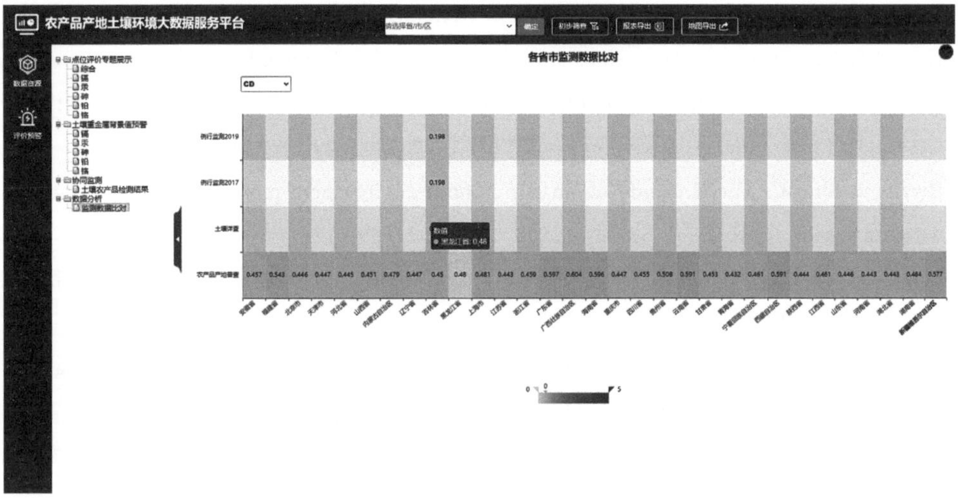

图 6-9 数据分析功能

参考文献

[1] 范小杉，何萍，徐杰，等. 我国生态环境预警研究进展 [J]. 环境工程技术学报，2020, 10(6): 996-1006.

[2] Hammer G L, Hansen J W, Phillips J G, et al. Advances in application of climate prediction in agriculture[J]. Agricultural Systems, 2001, 70(2): 515-553.

[3] Kapsi M, Tsoutsi C, Paschalidou A, et al. Environmental monitoring and risk assessment of pesticide residues in surface waters of the Louros River (N.W. Greece)[J]. Science of The Total Environment, 2019, 650: 2188-2198.

[4] 韩梅. 青海省绿色农业产地环境评估及风险预警研究 [D]. 杨凌：西北农林科技大学，2014.

[5] Sousa J C G, Ribeiro A R, Barbosa M O, et al. A review on environmental monitoring of water organic pollutants identified by EU guidelines[J]. Journal of Hazardous Materials, 2018, 344: 146-162.

[6] Tedesco-Oliveira D, da SILVA R P, Maldonado W, et al. Convolutional neural networks in predicting cotton yield from images of commercial fields[J]. Computers and Electronics in Agriculture, 2020, 171: 105307.

[7] 文传甲. 三峡库区大农业的自然环境现状与预警分析 [J]. 长江流域资源与环境，1997(4): 53-58.

[8] Manfreda S, Mccabe M F, Miller P E, et al. On the use of unmanned aerial systems for environmental monitoring[J]. Remote Sensing, 2018, 10(4): 641.

[9] 吕悦风，谢丽，朱文娟，等. 基于环境容量的县域农用地土壤重金属风险概率预警研究 [J]. 长江流域资源与环境，2020, 29(1): 253-264.

[10] Tmui G, Manfreda S, Aasen H, et al. Current practices in UAS-based environmental monitoring[J]. Remote Sensing, 2020, 12(6): 1001.

[11] 赵艳丽. 农业大数据环境下的农作物病虫害智能化监测预警 [J]. 农业与技术，2021, 41(10): 41-43.

[12] Ankley G, Escher B, Hartung T, et al. Pathway-based approaches for environmental monitoring and risk assessment[J]. Chemical Research in Toxicology, 2016, 29(11): 1789-1790.

[13] Hela D G, Lambropoulou D A, Konstantinou I K, et al. Environmental monitoring and ecological risk assessment for pesticide contamination and effects in Lake Pamvotis, northwestern Greece[J]. Environmental Toxicology and Chemistry, 2005, 24(6): 1548-1556.

[14] Hwang J, Shin C, Yoe H. Study on an agricultural environment monitoring server system using wireless sensor networks[J]. Sensors, 2010, 10(12): 11189-11211.

[15] Lanzolla A, Spadavecchia M. Wireless sensor networks for environmental monitoring[J]. Sensors, 2021, 21(4): 1172.

[16] Ullo S L, Sinha G R. Advances in smart environment monitoring systems using IoT and sensors[J]. Sensors, 2020, 20(11): 3113.

[17] 黄秀梅，申广荣，钱振华，等. 上海市农产品产地环境安全预警数据库的研究与开发 [J]. 上海交通大学学报（农业科学版），2010, 28(04): 385-389.

[18] Boursianis A D, Papadopoulou M S, Diamantoulakis P, et al. Internet of things (IoT) and agricultural unmanned aerial vehicles (UAVs) in smart farming: A comprehensive review[J]. Internet of Things, 2022, 18: 100187.

[19] 陈秋会，席运官，王磊，等. 产地环境中重金属和有机污染物对农产品质量的影响综述 [J]. 江苏农业科学，2018,46(01):5-8.

[20] 范琼，张武，张雪花，等. 温室小气候环境监测预警技术及应用研究 [J]. 中国农机化学报，2016, 37(5): 71-75.

[21] Chu Z, Yu J. An end-to-end model for rice yield prediction using deep learning fusion[J]. Computers and Electronics in Agriculture, 2020, 174: 105471.

[22] van Klompenburg T, Kassahun A, Catal C. Crop yield prediction using machine learning: A systematic literature review[J]. Computers and Electronics in Agriculture, 2020, 177: 105709.

[23] 李冉冉. 空气污染预警系统的建立与应用研究 [D]. 大连：东北财经大学，2020.

[24] 李宇斌，王恩德. 农业土壤危险废物污染的风险管理 [J]. 中国环境监测，2006(4): 91-96.

[25] 刘力宁. 基于物联网的苹果生长环境监测与苹果冻害预警系统研究 [D]. 泰安：山东农业大学，2019.

[26] 刘普幸，李筱琳. 层次分析法在生态预警中的应用——以酒泉绿洲为例 [J]. 干旱区资源与环境，2004(5): 15-18.

[27] 刘志强，张平宇，祝彦杰. 黑龙江省农业资源环境分区预警研究 [J]. 中国生态农业学报，2004(2): 37-40.

[28] Sumon K A, Rashid H, Peeters E T H M, et al. Environmental monitoring and risk assessment of organophosphate pesticides in aquatic ecosystems of north-west Bangladesh[J]. Chemosphere, 2018, 206: 92-100.

[29] 骆天浩. 精准化环境监测预警系统的设计与实现 [D]. 南京：南京邮电大学，2022.

[30] 秦静，李瑾，牛高华，等. 现代农业生态环境安全预警体系研究——以天津市为例 [J]. 广东农业科学，2012, 39(17): 166-169.

[31] 王磊，王玉涛，郭栋梁，等. 山东绿色农业产地环境土壤评估及风险预警探究 [J]. 山东农业科学，2016, 48(1): 91-94.

[32] 王立刚，王迎春，邱建军，等. 中国农区水体环境质量预警体系构建的研究 [J]. 农业工程学报，2008(5): 217-220.

[33] Van A G, Ankley G T, Baldwin W S, et al. Integrating omic technologies into aquatic ecological risk assessment and environmental monitoring: Hurdles, achievements, and future outlook[J]. Environmental Health Perspectives, 2010, 118(1): 1-5.

[34] 吴晓楠，尤佳，杜德来，等. 辽宁省畜禽粪便产污系数测算与环境承载力预警分析 [J]. 土壤通报，2023, 54(2): 424-431.

[35] 夏永秋，于苏俊，张继，等. GIS 下无公害农产品产地空气和灌溉水环境预警区划分 [J]. 西南科技大学学报（自然科学版），2005(1): 38-41.

[36] 薛文龙. 基于物联网的农田环境信息采集控制与预警系统 [J]. 江苏农业科学，2017, 45(9): 195-198.

[37] 胡文友 , 陶婷婷 , 田康 , 等 . 中国农田土壤环境质量管理现状与展望 [J]. 土壤学报 , 2021, 58(05): 1094-1109.

[38] 张佐经，张海辉，翟长远，等. 设施农业环境因子无线监测及预警系统设计 [J]. 农机化研究，2010, 32(11): 78-82.

[39] Wang W C, Freemark K. The use of plants for environmental monitoring and assessment[J]. Ecotoxicology and Environmental Safety, 1995, 30(3): 289-301.

[40] Mendez G R, Md Yunus M A, Mukhopadhyay S C. A WiFi based smart wireless sensor network for monitoring an agricultural environment[C]. 2012 IEEE International Instrumentation and Measurement Technology Conference, 2012: 2640-2645.

[41] Nigam A, Garg S, Agrawal A, et al. Crop yield prediction using machine learning algorithms[C]. 2019 Fifth International Conference on Image Information, 2019: 125-130.

[42] Zhu Y, Song J, Dong F. Applications of wireless sensor network in the agriculture environment monitoring[J]. Procedia Engineering, 2011, 16: 608-614.

[43] Rostami S, Kamani H, Shahsavani S, et al. Environmental monitoring and ecological risk assessment of heavy metals in farmland soils[J]. Human and Ecological Risk Assessment: An International Journal, 2021, 27(2): 392-404.

[44] 常超，鲜晓东，胡颖. 基于 WSN 的精准农业远程环境监测系统设计 [J]. 传感技术学报，2011, 24(6): 879-883.

[45] 吕立新，汪伟，卜天然. 基于无线传感器网络的精准农业环境监测系统设计 [J]. 计算机系统应用，2009(8): 5-9.

[46] Colombo-Mendoza L O, Paredes-Valverde M A, Salas-Zárate M del P, et al. Internet of things-driven data mining for smart crop production prediction in the peasant farming domain[J].

Applied Sciences, 2022, 12(4): 1940.

[47] 蹇念. 农产品溯源在智慧农业中的应用研究 [J]. 智慧农业导刊，2021, 1(4): 3.

[48] 孙伟. 基于改进 SAMR 异构环境 MapReduce 资源调度——以农产品安监平台为例 [D]. 南京：南京工业大学，2017.

[49] 章程，郭曦，田芳. 基于信任算法的分布式农产品交易系统设计 [J]. 华中农业大学学报，2016, 35(6): 6.

[50] Hallock P, Barnes K, Fisher E. Coral-reef risk assessment from satellites to molecules: A multi-scale approach to environmental monitoring and risk assessment of coral reefs[J]. Journal of Environmental Micropaleontology, Microbiology, and Meiobenthology, 2004, 1: 11-39.

第7章

农产品产地环境样品保藏与管理系统

- 开发背景
- 系统需求分析
- 系统设计
- 系统部署及运行环境说明
- 系统界面及使用说明

7.1 开发背景

随着全球经济一体化的加速，现代仓储系统已不再依赖于传统的人工脑力和物力。在全球经济、商业智能和供应链一体化的背景下，智能化仓储产业成为国内外研究的热点[1-5]。随着社会进步和现代工业的不断发展，计算机技术和人类社会的结合越来越紧密。在我国科技信息化快速发展的背景下，“互联网 +”已经与各行各业进行了有效的融合，将互联网与传统的仓库管理模式融合已成为主流。

传统的仓库管理主要依赖于人工方式进行入库和出库信息的统计，以及对仓库内容的管理。然而，仅依靠人工方式进行管理随着仓库规模的扩大也会带来人力和时间成本的负担，并且容易出错。在初期解决问题的探索中，更多方式是通过投入更多人力和物力来实现高效率的产品存储信息管理。

随着存储数量的不断增加，需要管理的产品数量也在不断增加。人工进行大量样本管理容易导致信息不对称的情况，从而导致仓库存储管理的低效甚至错误，人力管理的局限性将会限制后续工作的开展。长期使用人工方式进行仓库管理，不仅效率低下，而且人工费用高昂。因此，需要优化传统的仓库存储模式，使用计算机技术建立智能化的仓库管理系统[6-9]。

构建智能化仓库管理系统可以提高仓库管理效率，并通过数字化管理减轻人员负担。随着仓库管理系统不断更新优化，仓库业将会得到促进发展，日常工作流程将会更加规范、严谨，这是高效运作的重要保障。

土壤仓库在土壤研究中占据着重要地位，土壤环境研究所的主要工作是对土壤环境进行研究。土壤环境与每个人都息息相关，关乎我国农业的发展和人民的生活质量。由于污染问题已成为我国现代化农业发展上的一个重要问题，掌握土壤的各项性质和信息，有助于及时制定休耕和治理调整策略，解决已污染土地和不利于耕作的土地问题。因此，对土壤仓库的智能化管理对于高效完成研究具有重要性[10-12]。

每年，某科学院都会派出研究团队前往全国各地进行土壤样本收集和检测工作，以分析各地的土壤性质并对其进行评估，这对于现代化农业发展以及科学耕种具有重要意义[13]。为了便于管理土壤样本，并为各地土壤性质的研究提供基础，该科学院建立了符合需求的土壤样本仓库管理系统。由于土壤样本的特殊性，采集之后再次获取同类样本的可能性很小，因此对于研究人员来说这些土壤样本非常珍贵。为了合理保存这些土壤样本并且严格管控土壤信息，该土壤样本管理系统是单机版的不联网的系统[14]。同时，为了展示整个样本仓库的布局和样本存放方式，需要提供 3D 建模版本的土壤样本仓库。

传统的土壤样本仓库管理方式主要依靠人力核对和借出记录登记，这种方法效率低下，所耗人力物力也较高。在现代化智能仓储发展如此迅速的今天，可以通过计算机技术建立土壤仓库管理系统，从而提高仓库管理效率，减少维护成本[15-22]。

7.2 系统需求分析

产地环境样品保藏与管理系统的主要功能是存储样本，所以产地环境样品管理业务都是围绕样本展开的。通过各地收集样本上交进入实体产地环境样品仓库，经过入库操作后，录入产地环境样品数据库，通过产地环境样品管理系统可以对这些数据进行管理，新数据进来需要添加，已过期数据需要删除[23]。除了对数据库中的样本信息进行增删改查处理外还可以对货箱货架信息进行增删改查等管理。样本可以执行样本入库和出库操作，在入库时选择对应的货箱货架信息，入库后的样本有了自己所对应的位置信息，可以 3D 展示位置信息，已录入样本还可以进行借出操作，对每一次借出进行记录，并可以通过管理员完成记录的管理。另外不同样本的属性含量有所不同，而不同地点的土壤性质决定了样本的维护时间会有所差异，因此还需要设计算法对样本进行维护方案提醒和推荐，得到样本维护方案后可以进行 3D 展示使用户可以更直观地了解维护方案[24]。

通过对系统整体功能需求进行分类，产地环境样品管理系统所需要完成的主要功能分别为对样本的管理、对仓库信息的管理、对样本存储的管理、对样本借出的管理、对样本维护的管理和 3D 产地环境样品管理几部分[25]。

业务流程如图 7-1 所示。

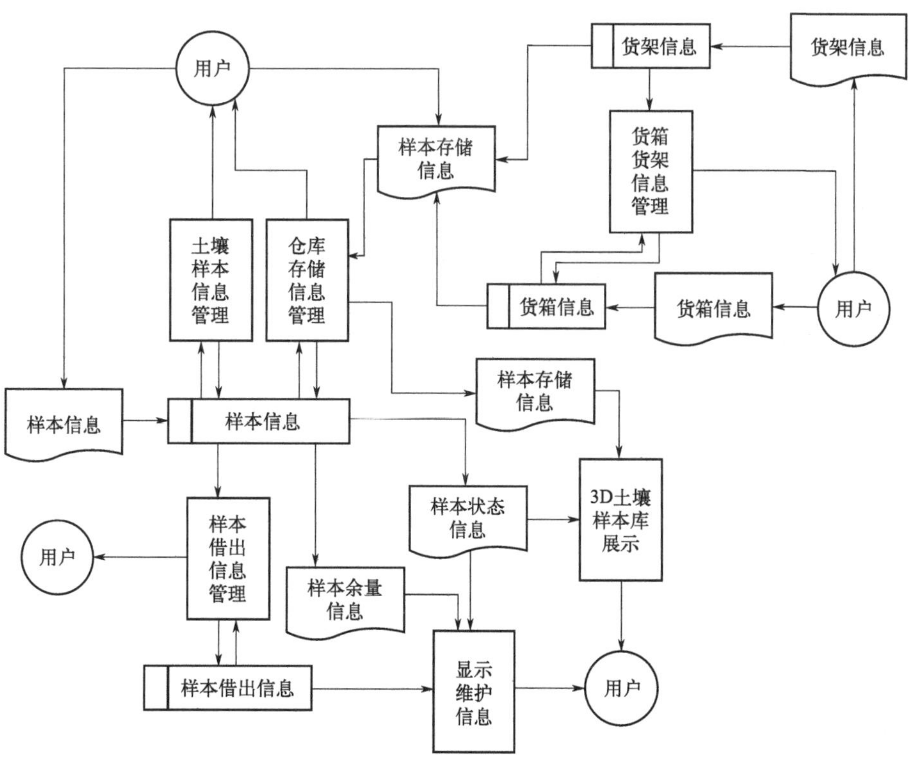

图 7-1　样品仓库管理系统的业务流程图

7.2.1 产地环境样品信息管理功能

产地环境样品信息管理主要是对产地环境样品仓库管理系统所需的产地环境样品信息进行录入数据库操作并提供管理页面，产地环境样品信息数据主要包括点位编码、省、市、区、乡、镇、经纬度、采样信息（包括起止采样日期和采样深度）、土地农田状况、pH 值、CEC、有机质、土壤机械组成以及化合物含量等，可进行单独或组合查询。在添加样本信息时，设置了必填项，并对添加的值进行基本筛查，避免添加不符合规范的信息[26,27]。在删除样本信息时，管理员用户会收到提示，并在修改时提供差错检测功能。图 7-2 显示了基础样本信息管理的业务流程，其中用户是指可以对系统进行操作的人员，包括管理员用户和普通用户，用户权限及对应功能见用例图。

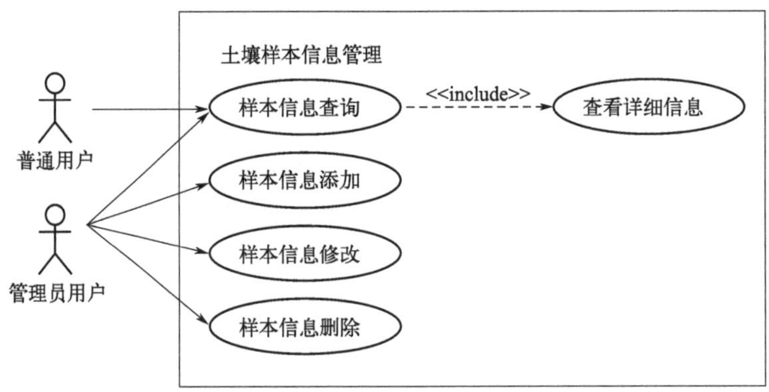

图 7-2　样本信息管理用例

产地环境样品信息的录入过程简单，但是工程量较大，产地环境样品信息数据的录入有 3 种方式：

① 单条添加，在界面上点击即可逐条添加样本信息，这种方法比较适用于新增样本数目不多的情况，操作效率较慢；

② 由于样本信息入库的条目由各地采集上交入库的信息决定，在需要入库的信息过多时，可以采用批量添加的方式，按照给定的模板，将已有信息直接批量导入样本库；

③ 适用于和大型实体样本库进行连接时的操作，对于每个实体样本库来说都有自己的基础样本库，它们往往样本量非常大，但是变化较少比较稳定，使用批量导入时效率很低，可以采用直连方式，在主界面设置好所需参数即可进行连接[28]。

在样本入库时，不同样本所需要存放的位置也有所不同，已录入信息的样本会在正式放入样本仓库时登记样本所存放的位置信息，这一系列操作将由仓库存储信息管理功能完成。样本信息管理业务流程如图 7-3 所示。

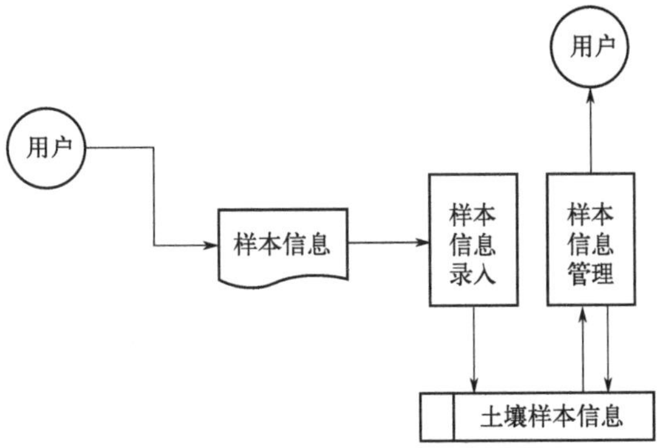

图 7-3　样本信息管理的业务流程

7.2.2　仓库存储信息管理功能

仓库存储信息管理是指对土壤样本在仓库中的存储位置进行管理，并提供相应的管理页面。与某科学院沟通后，确定基本的入库流程为：采集的土壤样本数据先进行数据库登记，此时样本信息没有对应的实体仓库位置，随后操作人员检验入库，每条样本数据信息便有了对应的实体仓库位置 [29]。

实体土壤样本仓库中存在货架和货箱两种承载实体。不同种类的货架规格不同，每个货架可容纳的货箱数目也不同。同种样本存放于一个货箱中，且对于样本的操作（如样本借出等）均以货箱为单位 [30]。因此，在实际操作中，以货箱作为一条样本信息的存储单位。所有用户都可以在仓库存储信息管理中完成对仓库中货箱、货架信息的检索，对未入库样本进行入库，以及查询样本存放位置等功能 [31]。图 7-4 为仓库存储信息管理用例。该操作所涉及的操作中，普通用户和管理员用户无差别，用户包括普通用户和管理员用户，均可以完成样本信息入库的基本操作。除了样本入库的基本操作外，可以通过数据信息显示已入库样本的位置信息，也可以选择在 3D 土壤仓库中显示该样本对应货箱所在位置。

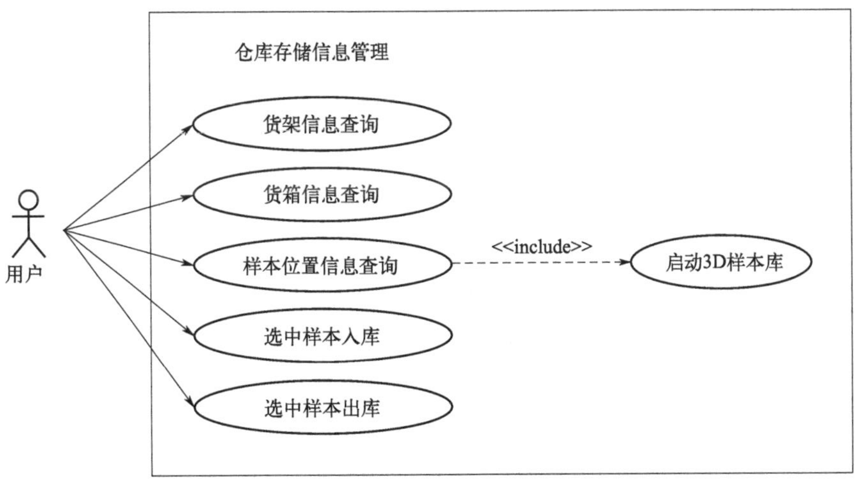

图 7-4　样品仓库存储信息管理用例

当用户点击“3D 土壤样本库展示”时，将弹出对应货箱在样本库中的 3D 位置显示，可以更直观地显示要查询的样本货箱所在的位置。图 7-5 为仓库存储信息的业务流程。

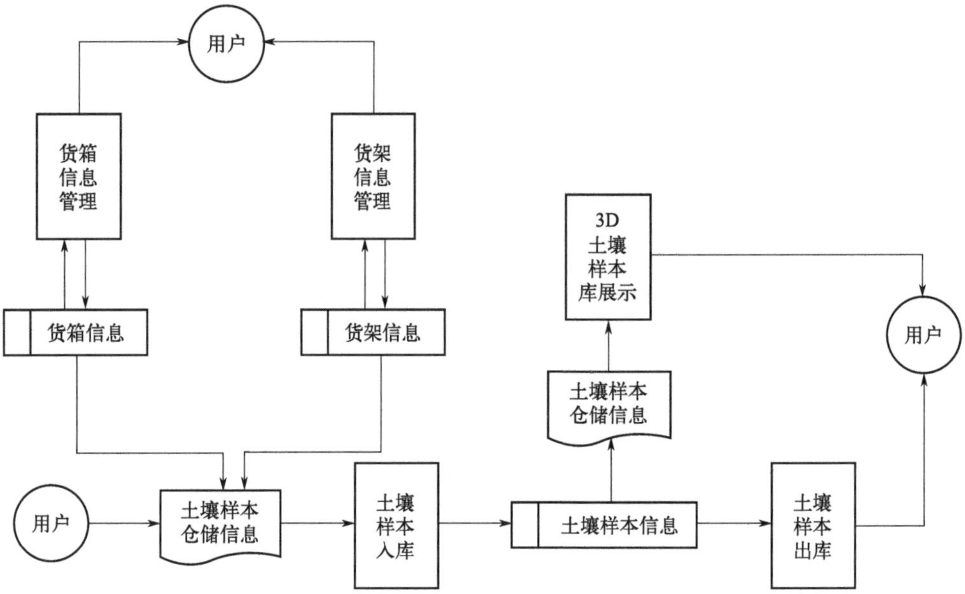

图 7-5　样品仓库存储信息管理业务流程

在该操作界面可以查看未录入实体样本库中的所有样本信息。可以通过单条点击进行逐条入库。由于操作精准性和安全性的限制，该操作需要逐条完成。在样本查询界面中，同样支持不同属性条件的单独查询和组合查询。除此之外，在该界面还可以查看目前样本库中所存在的所有货架，以及与货架对应的货箱。通过点击需要查看的货架，可以找到想要搜索的货箱信息。点击对应货箱信息，可以得到该货箱中存储的样本信息。仓库存储信息管理可以完成样本的入库操作，同时查询已入库样本所在的实体仓库位置信息，方便操作人员对已入库样本信息进行检索。同时，可以使用 3D 土壤仓库较为直观地显示当前样本存储位置情况。

7.2.3　样本借出信息管理功能

对于存放在土壤样本仓库中的样本，由于实验所需取出的样本量通常较少，因此系统支持部分样本出库的登记操作，而不必全部取出。样本借出信息管理的主要目的是提供借出样本所需的功能，管理借出流程的信息，并提供相应的界面。为了保证样本去向的透明性和可追溯性，在样本信息流程中需要登记的信息除了样本的借出量外，还包括出借人信息（姓名、单位、联系方式）、借出日期以及借出样本所在位置[32-34]。此外，由于土壤样本的珍贵性，需要采取以下 2 种操作来保护样本仓库中的样本。

① 设置一次取出样本的最大值，当超过此值时弹出提醒，并限制取出；

② 当仓库中的剩余量低于所设阈值时系统将进行存量不足提醒。

图 7-6 为样本借出信息管理用例。

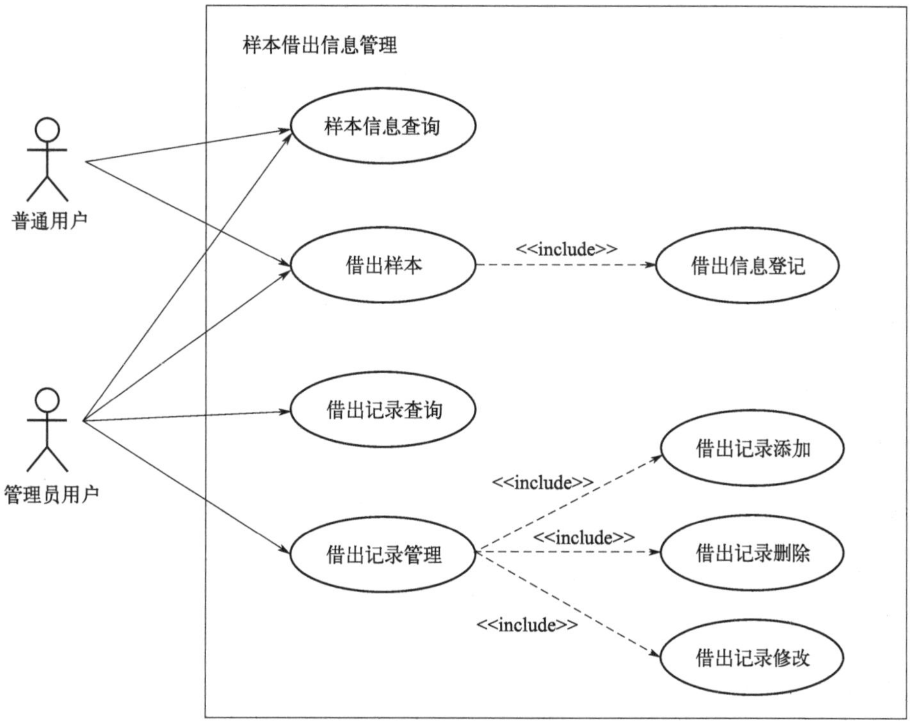

图 7-6　样本借出信息管理用例

涉及样本信息借出的用户有普通用户和管理员用户，二者均可以完成借出操作和样本查询操作，但只有管理员可以完成对借出记录的管理。业务流程如图 7-7 所示。在样本借出时需要填写个人信息，通过对以往进行过借出样本操作的出借人员进行的信息登记，可以追溯样本去向。在图 7-7 中，用户包括管理员用户和普通用户，用户权限见用例图。

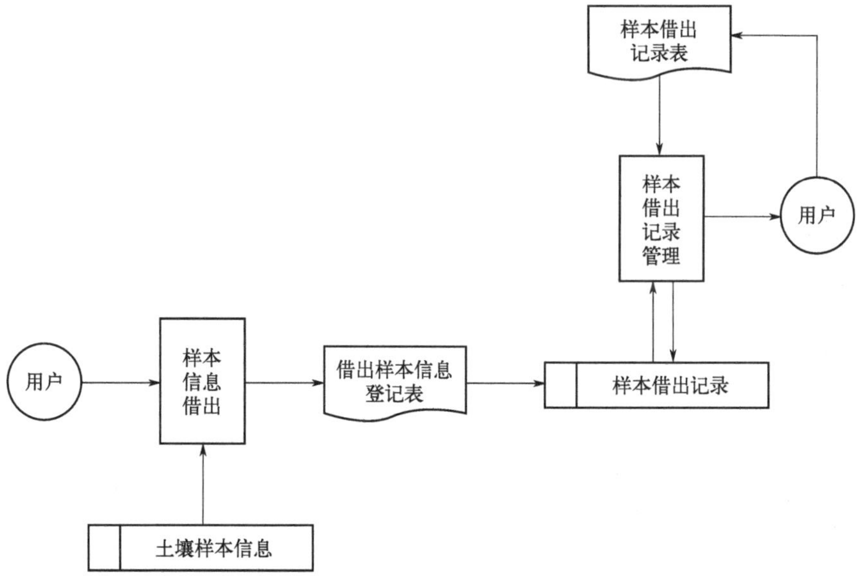

图 7-7　样本借出信息管理业务流程

7.2.4 货箱 / 货架信息管理功能

除了对存入样本信息进行管理以外，对于仓库中所存在的货架和货箱信息进行管理也同样十分重要。货箱 / 货架信息管理的主要内容是对仓库中的货箱和货架信息进行修改、添加和删除。普通用户和管理员用户均可以完成货箱 / 货架信息的查询操作，但是对于货箱 / 货架信息的管理操作只允许管理员用户进行，包括货箱和货架信息的添加、修改和删除功能[35-37]。这样可以保证货箱 / 货架信息的安全性和准确性，从而提高样本存储管理的效率和可靠性。图 7-8 为样本货箱 / 货架信息管理用例。

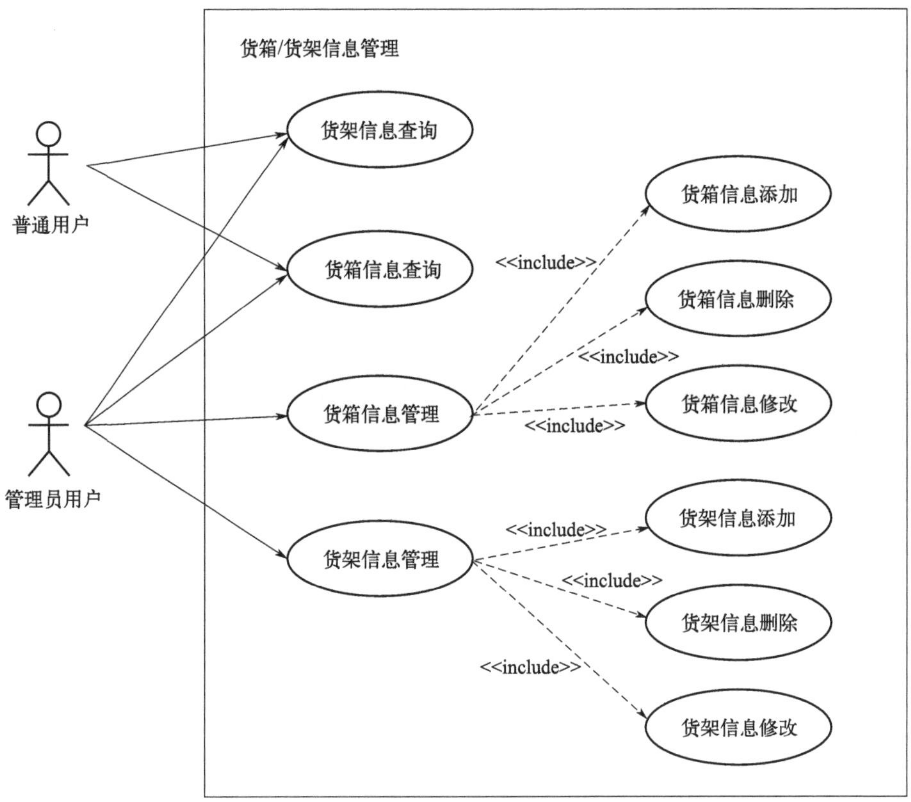

图 7-8　货箱 / 货架信息管理用例

货箱 / 货架信息管理的业务流程如图 7-9 所示，用户包含管理员用户和普通用户。

7.2.5 3D 产地环境样品管理功能

在土壤样本信息管理系统中，建立一个可以模拟操作的 3D 土壤仓库，可以展示某科学院环境研究所土壤仓库的信息和基本操作。利用 3D 建模技术，根据土壤仓库设计图，创建一个模拟的三维土壤仓库模型[38-40]。在3D土壤仓库中，可以实现样本信息查询、显示样本位置信息和样本维护信息的显示等简单功能。如图7-10所示，3D土壤仓库管理的用例图中，管理员和普通用户使用3D土壤仓库没有区别。

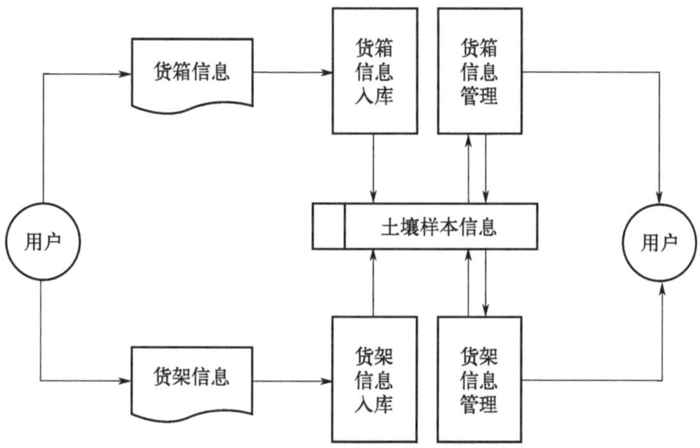

图7-9　货箱/货架信息管理业务流程

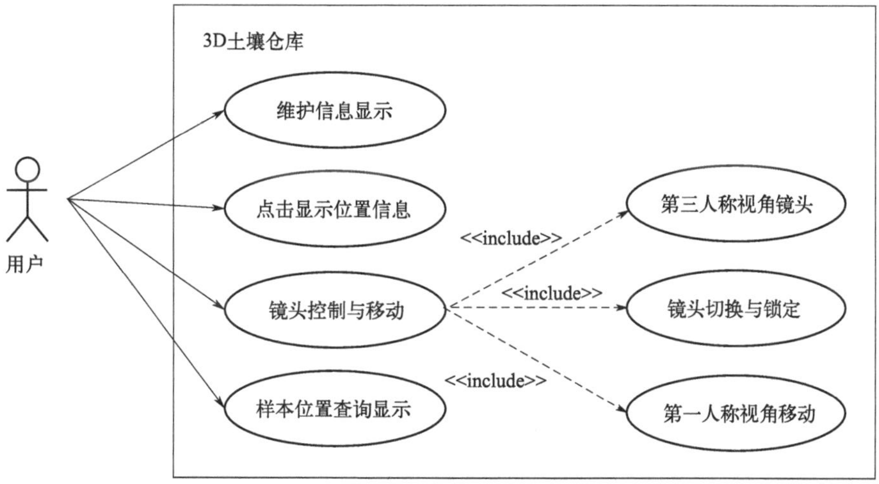

图7-10　3D土壤仓库管理用例

3D土壤仓库还可以实现线上样本仓库的可视化展示。操作人员可以通过3D土壤仓库完成存取过程的演示。即从用户入门开始，通过第一人称视角操作到指定位置。这样可以演示样本存取过程。此外，提供样本位置信息查询显示和点击显示位置信息的功能。与维护信息管理相结合，可以提供显示样本维护信息的功能。这样，可以直观地显示当前需要维护的样本和推荐的维护路径。

图7-11为3D土壤仓库业务流程。

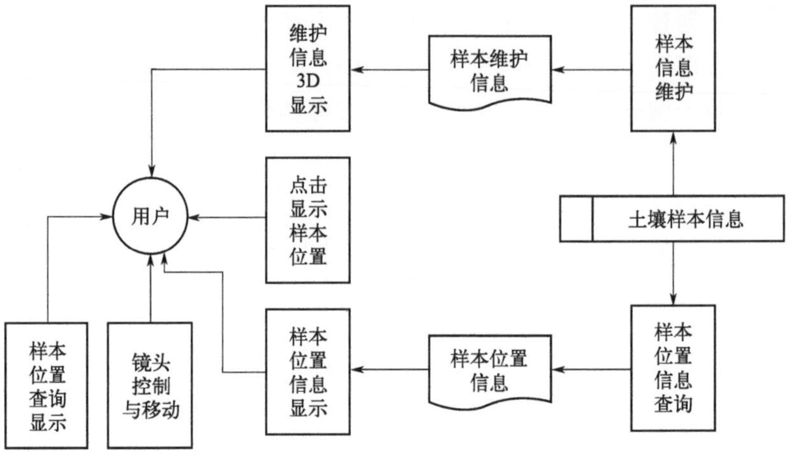

图 7-11　3D 土壤仓库业务流程

7.2.6　数据库连接及权限设置功能

土壤样本维护信息管理系统是用于管理土壤仓库中需要维护的信息的系统。所有用户每次登录系统时都能看到相应的信息，如最近的样本借出记录、样本余量显示以及样本维护信息提示[41]。

图 7-12 展示了样本信息维护管理的用例。

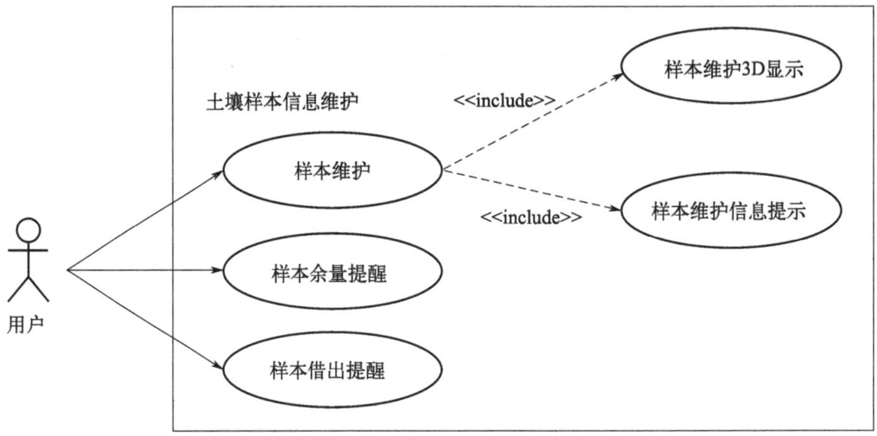

图 7-12　样本信息维护管理的用例

由于土壤样本的珍贵性，每次借出记录除了可以通过查询完成记录管理外，在主页面也需要展示近期的借出记录概览，以提醒用户样本的情况。同时，样本的剩余量也需要注意，对于样本数量低于设定阈值的样本信息，将在首页进行显示，提醒操作人员注意。每个样本的维护时间不同，且样本数量较多，不同样本的维护时间也不同，因此需要提供样本信息的维护方案，及时提醒用户进行样本维护操作，并提供维护路径推荐。维护路径显示可以与 3D 土壤仓库结合进行实现，使操作人员可以更直观地查看维护信息。

图 7-13 展示了样本信息维护管理的业务流程。

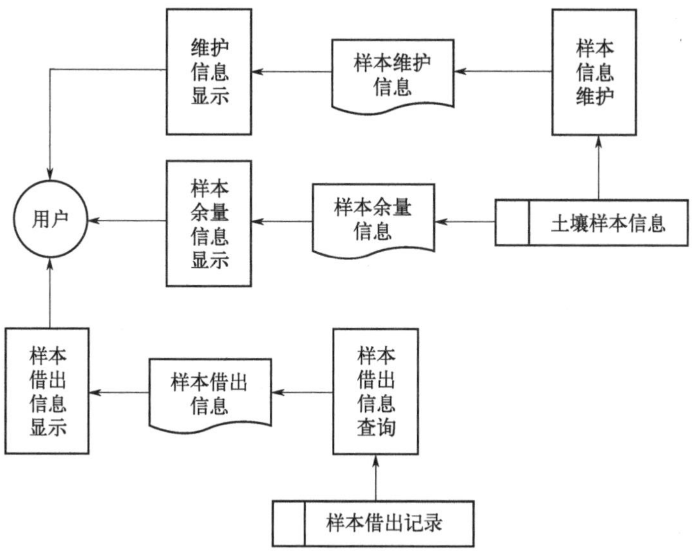

图 7-13　样本信息维护管理业务流程

7.3 系统设计

7.3.1　设计目标与原则

通过分析用户需求制订了设计系统的基本依据，根据用户的实际使用环境和操作流程，在本次系统设计过程中应遵循以下 3 点原则。

（1）实用性和先进性

在系统设计过程中要考虑到所使用的技术框架是否成熟，如在一定时间内不会被业界淘汰，避免系统因技术淘汰原因产生的更新迭代问题，要对不得不进行系统重构的风险进行规避。

（2）可靠性

可靠性是评价系统设计质量的一个重要指标，可靠的系统才能在实际中发挥它应有的作用。在设计系统的过程中，应保证系统是可靠的，包括检错、纠错能力等。

（3）扩展性

由于产地环境样品属性的不确定性，为了避免日后产地环境样品信息字段发生改变而导致不得不重新进行布局规划和系统设计这一状况，在实际设计数据库和界面过程中最好做好弹性扩展，即设置一些备用字段和备用接口可以在属性字段发生变化时有效应对。在面对一定量范围内的变化时，可以实现既经济又高效的整体结构修改[42-45]。

7.3.2 技术架构图

系统采用了MVVM模式，MVVM通过WPF的数据驱动属性实现双向绑定，即通过View层与ViewModel层的绑定完成View层递交的命令，对数据进行处理，Model层通过实现INotifyChangedProperty接口来完成数据更新。INotifyChangedProperty接口的主要作用是当属性发生变化时，可以及时发出数据变化通知，实现对数据的更新处理[46-50]。在代码实现时使用Model层继承自PropertyChangedBase类，该类继承自INotifyPropertyChanged接口，封装了处理属性值更新时的委托方法。

以土壤样本信息查询功能模块为例，介绍进行三层分离时的MVVM模式。在土壤样本信息查询功能模块中，实现MVVM模式主要需要以下3个文件：

① View层的SampleInfo.xaml，主要用来实现面向用户的UI界面。

② ViewModel层的SampleInfoViewModel.cs，用于处理相关的代码逻辑，作为View层和Model层的沟通桥梁。

③ Model层的QuerySampleInfoModel.cs，建立了查询所需要的数据模型。

MVVM模式如图7-14所示。

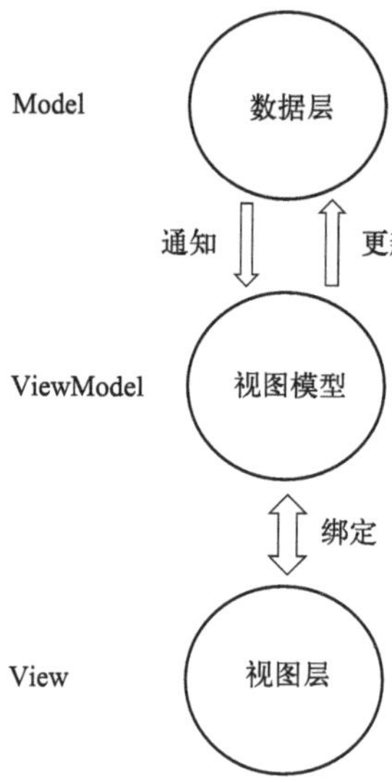

图7-14 MVVM架构

在这一模块中所有关于样本的操作均需要涉及土壤样本的各种基本信息，因此使用SampleInfoModel构建土壤样本的数据模型，在进行查询操作时，用户首先点击View层的查询功能按钮，按钮通过CommandBinding，绑定查询操作命令。由于View层与ViewModel层进行了DataContext指定，用户在View层进行的操作逻辑实际上是与DataContext进行交互，当点击UI组件后通过绑定在DataContext中寻找对应的值。因此在 ViewModel 中进行了查询 Command 的实现，查询命令中通过与数据库进行交互，使用 SampleInfoModel 和 QuerySampleInfoModel 两个数据模型来进行带条件的样本查询，最终得到结果后，由于 View 层的 DataGrid 绑定到了 ViewModel 层的 SampleInfoModel 结果模型中，而这一 Model 层继承 INotifyChangedProperty 接口可以完成属性变化的及时通知和显示，查询结果将显示在 View 层中[51-53]。

7.3.3 系统功能模块设计

（1）产地环境样品管理系统

根据产地环境样品管理系统需求设计的结果，将产地环境样品管理系统（土壤仓库管理系统）功能分为土壤样本信息管理模块、仓库存储信息管理模块、样本借出信息管理模块、货箱/货架信息管理模块、3D 产地环境样品管理模块（3D 土壤仓库管理模块）、产地环境样品维护信息管理模块（土壤仓库维护信息管理模块）六个功能模块。

图 7-15 展示了产地环境样品管理系统总体模块结构。

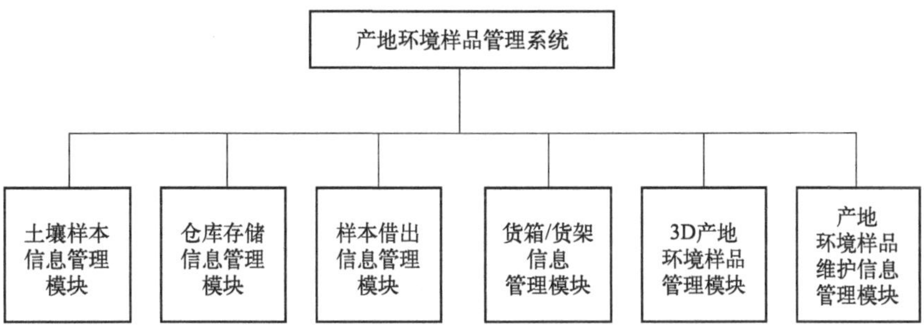

图 7-15 产地环境样品管理系统总体模块结构

（2）土壤样本信息管理模块

土壤样本信息管理模块的结构如图 7-16 所示，根据所提供的需求分为土壤样本信息的查询、添加、删除和修改功能。由于产地环境样品信息的属性条目过多，为了方便显示，设计了简略显示和详细信息展示，用户可以通过点击详细信息展示来展示样本的详细信息。同理为了方便用户进行查询筛选，设计了组合条件查询。在产地环境样品信息添加功能模块设计批量添加和单独添加两个模块。可以根据每次入库量的多少选择不同的入库方法。在样本信息的添加、删除、修改时均提供差错检测，对于不符合属性限定条件的值设计提示，对于不合法录入不允许操作。

在界面设计上使用 View 层进行前端界面显示，View 层除了基本的界面设计外，还需将 DataContext 绑定到对应的 ViewModel 层，在 ViewModel 层中封装了所需要用到的 Command 命令，ViewModel 层通过对 Model 层封装好的数据进行操作来实现相应的功能，View 层与 Model 层不直接交互，以 ViewModel 层作为桥梁，通过数据绑定和命令绑定完成交互操作。

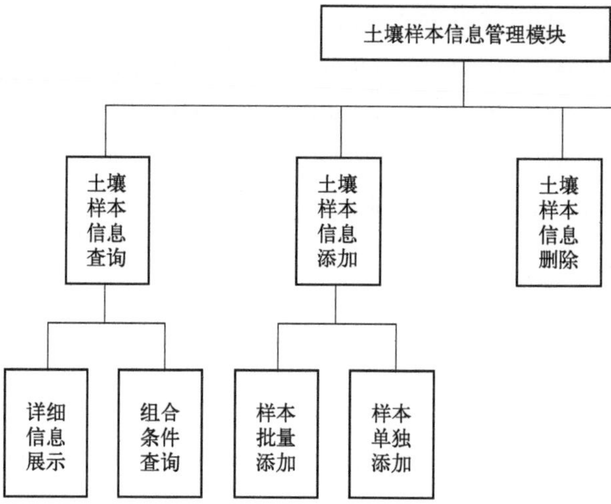

图 7-16　土壤样本信息管理模块结构

图 7-17 为土壤样本信息管理模块查询功能时序，在土壤样本模块中支持用户进行查询、删除、添加、修改和显示详细信息的操作，以查询功能为例，用户发出查询请求后，首先需要创建一个组合条件查询子窗口，通过点击相应的按钮，执行绑定的 Command 命令。窗口弹出后，用户填写需要使用的查询条件，若不填写则为全部查询，此时再次点击确认按钮，ViewModel 通过执行与数据库相关的命令和方法，将数据库中的结果数据通过 Model 层封装。封装后的结果集，通过数据绑定的方式在 View 层显示。完成一次查询操作。

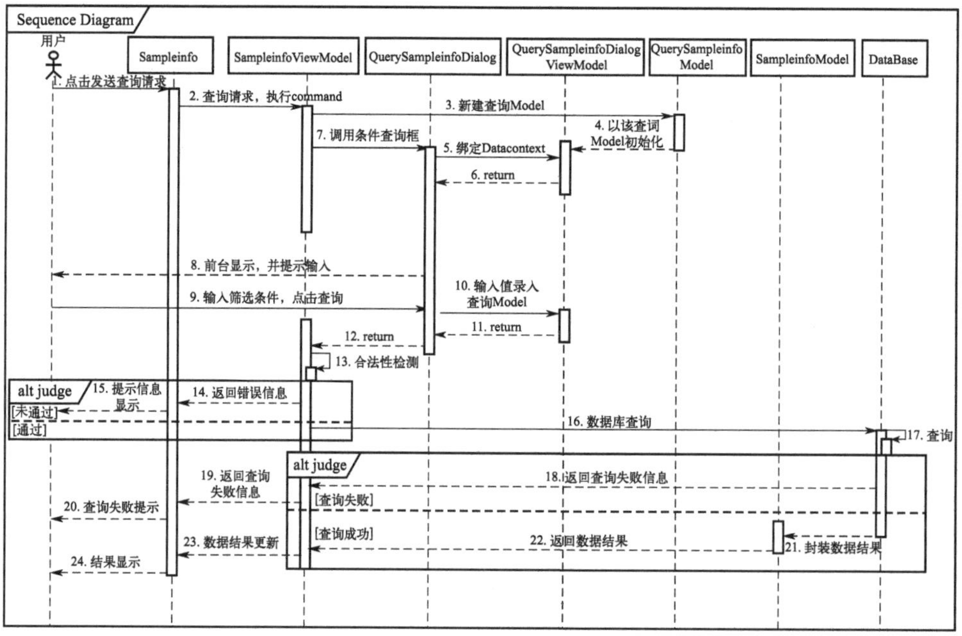

图 7-17　样本信息管理模块查询功能时序

（3）仓库存储信息管理模块

根据需求分析中关于样本仓储方向的要求，在仓库存储信息管理模块中，设计包含了查询样本信息、查询货箱信息、查询货架信息、显示样本位置、土壤样本入库和土壤样本出库几个主要功能。

图 7-18 为仓库存储信息管理模块结构。

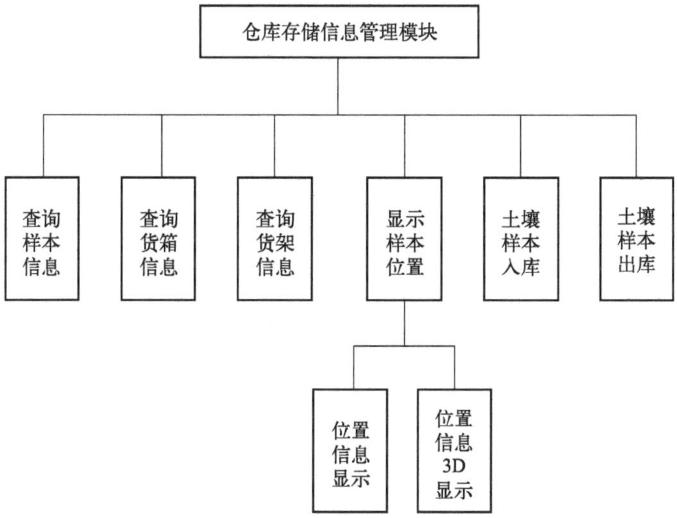

图 7-18　仓库存储信息管理模块结构

产地环境样品信息入库后，每一条产地环境样品就有了自己的存放坐标，用户可以通过仓库存储信息管理模块完成这一功能。仓库存储信息管理模块主要负责管理样本在产地环境样品中的存储位置。

在该模块中，用户可以查看当前仓库中货架和货箱的基本信息，并根据实际情况将土壤样本存放到对应的货箱和货架中。已入库的土壤样本可以在此界面中查看位置信息，除了提供基本的文字显示外，用户还可以选择在 3D 土壤仓库中模拟显示土壤样本。用户也可以在此界面完成土壤样本的出库功能，将已经无效的土壤样本从仓库中移出。

已入库土壤样本的位置展示有两种方式：用户可以直接通过弹出的新窗口查看文字信息，也可以点击 3D 显示功能按钮，启动 3D 土壤仓库，样本的位置信息将会进行展示。

在 MVVM 模式中，一个 View 层可以通过绑定多个 ViewModel 层来完成功能，与传统的一个 View 层必须绑定一个文件不同。在此模块中，由于需要进行样本、货箱、货架的操作，View 层需要绑定 ViewModel 层，将需要显示信息的控件进行数据绑定。通过这种方式可以解耦 UI 层与后台程序代码。

该模块的时序如图 7-19 所示。

（4）样本借出信息管理模块

样本借出信息管理模块所包含的功能根据需求分析过程中得到的内容可以分为查询样本信息、借出土壤样本、借出记录管理 3 个功能。

图 7-20 为样本借出信息管理模块的结构。

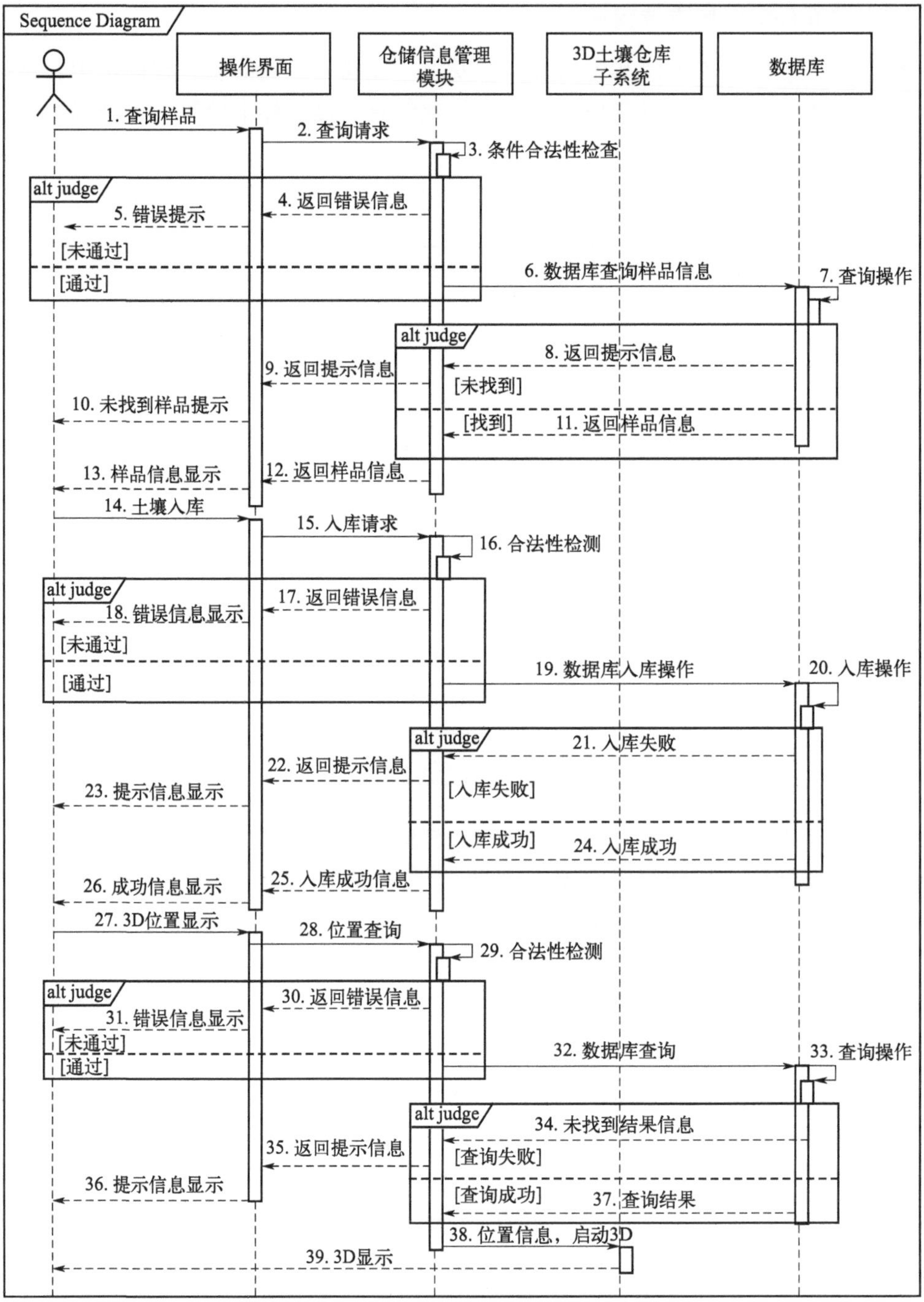

图 7-19　仓库存储信息管理模块时序

样本借出信息管理模块提供了操作人员在日常使用中的产地环境样品借出信息登记，用户首先通过查询条件检索自己所需要借出的样本信息，然后进行产地环境样品借出信息填写，在不超过额定最大借出值的情况下，用户可以通过这一方式完成产地环境样品借出操作的登记。

图 7-21 为主要功能时序。

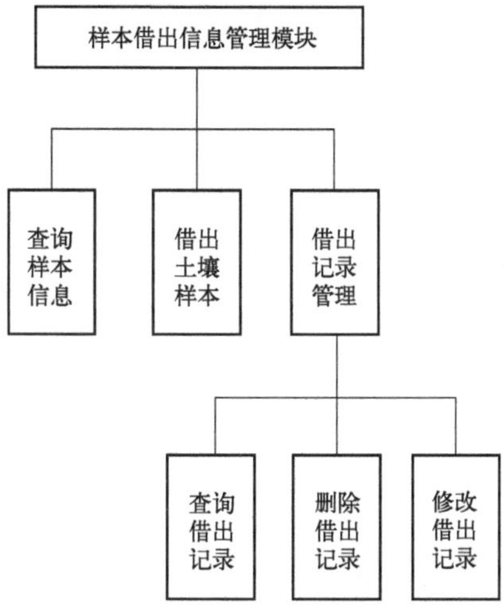

图 7-20　样本借出信息管理模块的结构

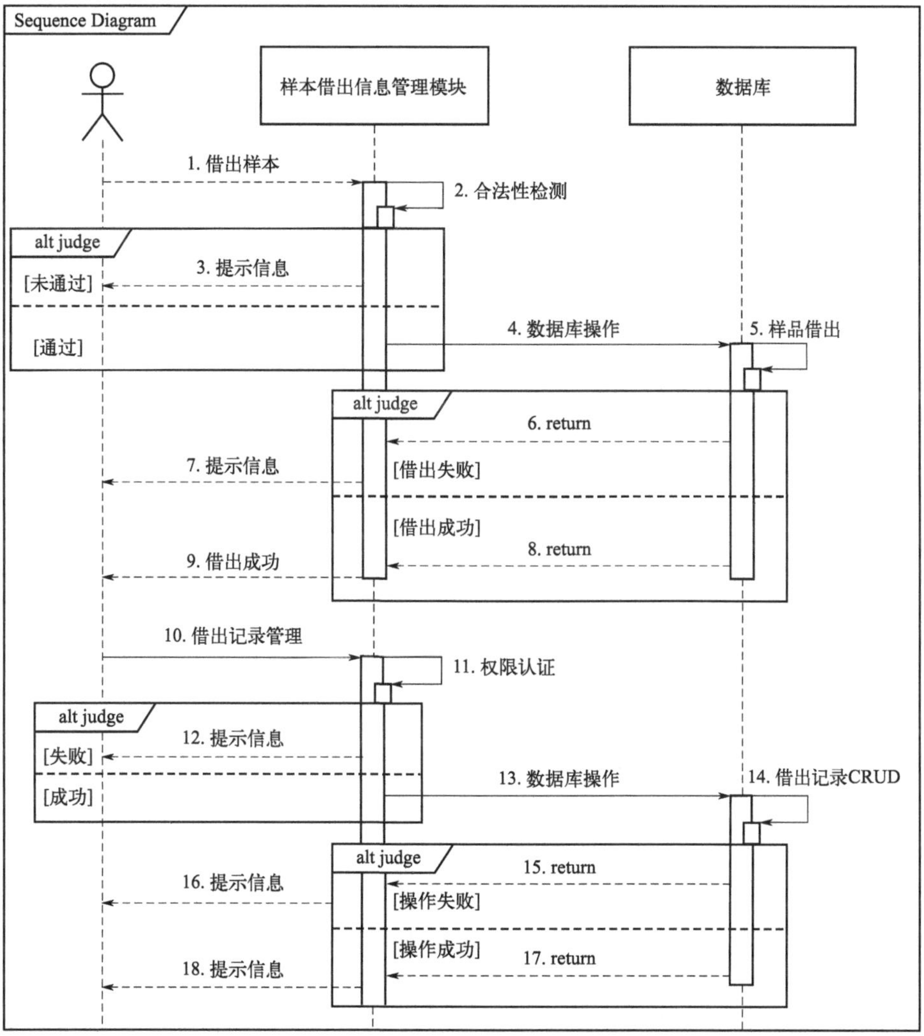

图 7-21　样本借出信息管理模块主要功能时序

当样本余量低于设定值或单次借出量超过设定借出最大值时，系统将根据设定的规则限制用户的使用。在借出记录管理模块中，只有管理员用户才能进行借出记录的管理操作，而普通用户只能进行样本和借出记录的查询操作。如果用户想要对借出记录进行管理，需要通过管理员身份验证来获取权限。

（5）货箱 / 货架信息管理模块

货箱 / 货架信息管理模块的功能，根据需求分析过程中得到的内容可以分为货箱信息管理和货架信息管理两大模块。每个模块中均包含对货箱和货架信息的查询、添加、修改和删除操作。普通用户可以进行信息查询，管理员用户除了查询之外可以对货箱 / 货架信息进行添加、修改和删除操作。图 7-22 为货箱 / 货架信息管理模块的结构。

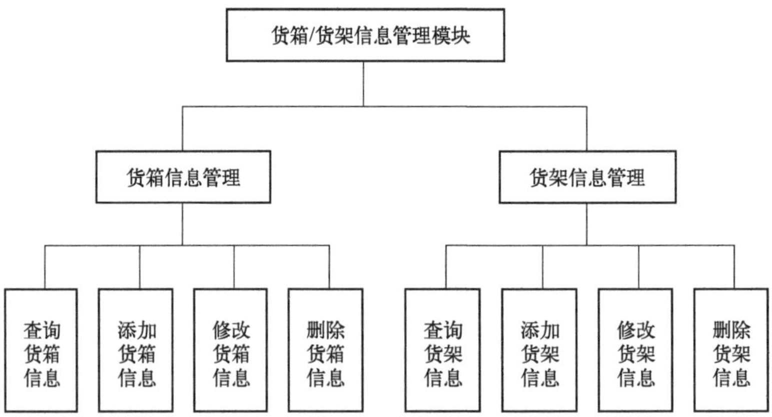

图 7-22　货箱 / 货架信息管理模块的结构

货箱 / 货架信息管理模块与样本信息管理模块并无太大区别，因此这里不再一一赘述，在设计过程中要考虑到对货箱 / 货架的非查询类操作需要进行身份验证。在 ViewModel 层同样封装了实现功能所需要的命令方法，当用户点击相应功能按钮时，View 层将处理逻辑递交给 ViewModel 层进行处理，ViewModel 层根据所绑定的命令执行不同的方法，通过 Model 层封装数据库中的结果数据，通过双向绑定在 View 层显示。

（6）3D 产地环境样品管理模块

3D 产地环境样品管理模块（3D 土壤仓库管理模块）使用 Unity3D 软件进行开发，根据需求分析，3D 产地环境样品管理模块主要包含以下几个功能：第一人称视角在仓库内移动，菜单呼出，样本位置展示，点击显示样本位置，样本维护信息显示。

图 7-23 为 3D 土壤仓库管理模块的结构。

针对 3D 土壤仓库的三维建模版本，主要用于展示样本信息。当用户在土壤仓库管理子系统中查询样本位置时，用户可以通过点击相应按钮来查看所查询的样本位置。如图 7-24 所示，主要展示了与土壤仓库管理子系统的交互部分。在 3D 土壤仓库中，除了与仓库存储信息管理模块关联显示样本位置，还可以与土壤样本维护模块相联系，以便操作人员更直观地查看样本维护信息。

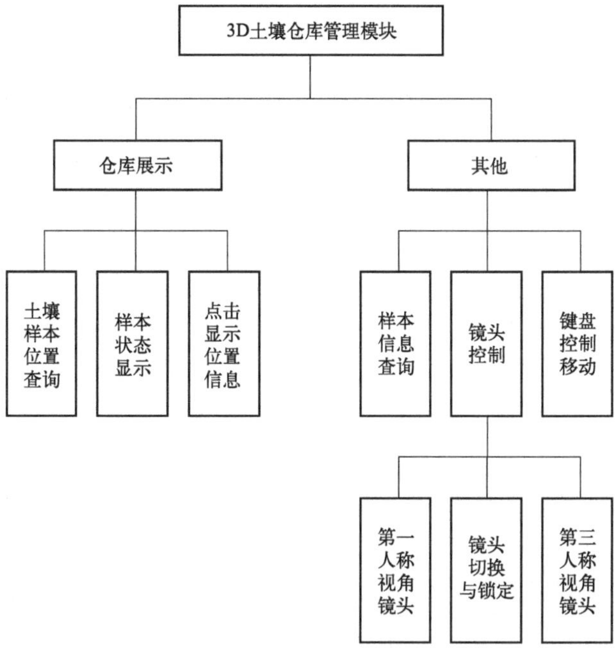

图 7-23　3D 土壤仓库管理模块的结构

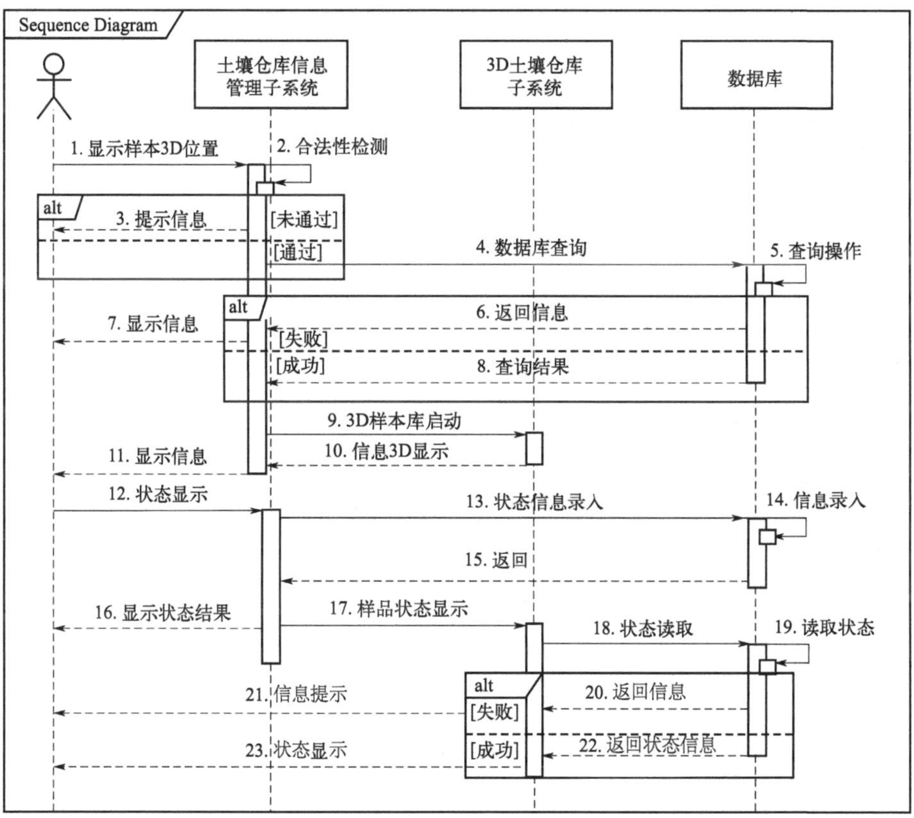

图 7-24　3D 土壤仓库管理模块交互部分时序

在实现过程中，需要完成基础建模和三维模拟操作功能的实现，并考虑到程序运行可能会发生卡顿的问题，特别是由于货箱货架较多。为减少卡顿，需要对建模过程进行优化，如使用通用材质、去掉不必要的阴影、对不移动的物体使用静态处理，来减少 DrawCall 操作。

在 Unity3D 的样本库实际实现过程中，首先要对整个仓库环境进行建模设计。根据给出的土壤样本仓库平面图，进行环境建模，并根据实际情况给对象进行不同材质的贴图。由于货架和货箱的种类不同，在建模过程中需要将不同规格的货架和货箱分别进行单独建模。仓库中的货架货箱数量较多，可以通过 GameObject 的直接复制粘贴实现，但由于对货箱货架的操作大多相同，因此将单独建立的货架货箱转为 Prefabs 进行实例的创建。Prefabs 可以实现对每个 GameObject 的副本的自动同步，避免副本的重复添加以及编辑，相比直接新建 GameObject，使用 Prefabs 可以更便捷、高效地完成修改。

对于第一视角的人物仓库内移动的实现，可以将操作人员设置为一个圆形 GameObject 并为其绑定 Camera，然后进行基本操作。Unity 提供了特殊的脚本 API 来完成 3D 建模中的许多工作，摄像机 Camera 就是其中一种。在 Unity 中，主相机 MainCamera 是一定存在的，它主要用于渲染视线范围内的图像，如果没有主摄像机，场景图像将无法显示。在实际使用过程中，可以通过编写脚本操作 Camera 来实现各种不同的功能。在本系统的需求中，除了第一视角人物仓库内移动以外，样本位置展示、点击显示样本位置、样本更新状态颜色变化这几个功能，同样需要建立 Camera 脚本来完成对应工作。

在样本更新状态颜色变化这一功能的设计上，除了基本的摄像机脚本外，在渲染 Object 的过程中还需要一项重要参数就是从数据库中读取并经过计算的维护状态，在 Unity3D 系统中，通过读取的维护状态数值不同而对对应的货箱进行不同的颜色渲染。

（7）产地环境样品维护信息管理模块

产地环境样品维护信息管理模块（土壤仓库维护信息管理模块），主要包括维护信息显示、样本余量提醒和样本借出提醒。维护信息管理模块提供了维护信息反馈机制，用户登录系统后即可从主页面的信息提示界面看到相应的信息。通过消息的推送，可以方便用户查看并进行相应操作。

图 7-25 为土壤仓库维护信息管理模块结构。

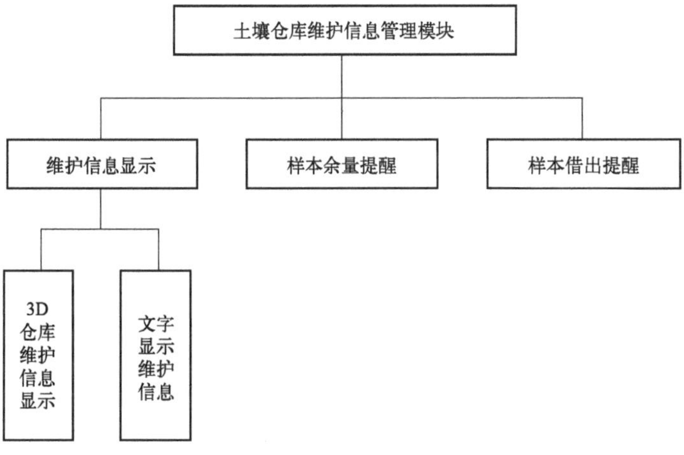

图 7-25　土壤仓库维护信息管理模块结构

在维护信息推送时设计算法实现样本维护的提示和路径规划功能，图 7-26 为仓库维护信息管理模块主要功能时序。

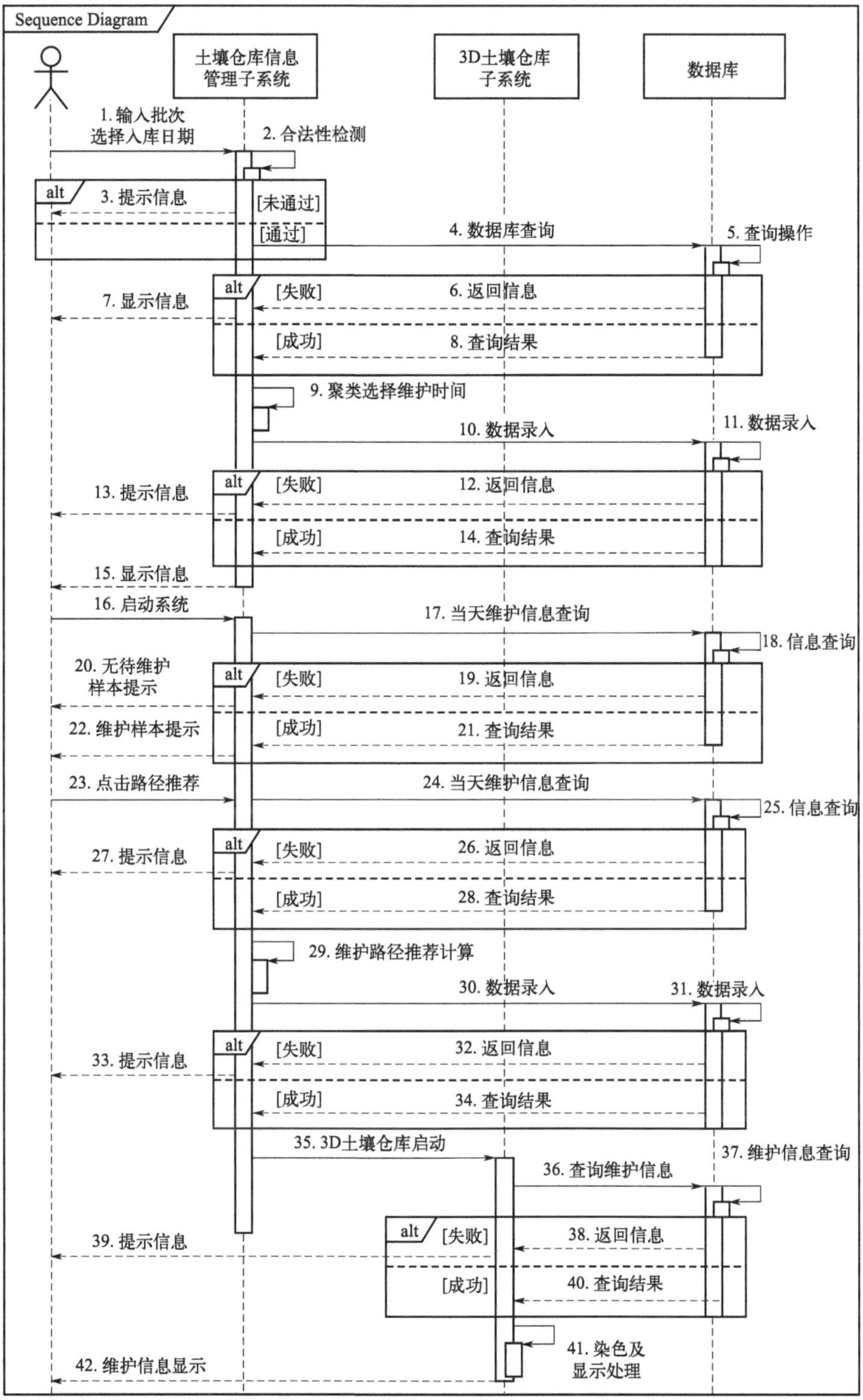

图 7-26　仓库维护信息管理模块主要功能时序

7.3.4 数据库设计

系统使用的数据库为SQL-Serve数据库，产地环境样品信息管理均通过链接SQL-Server数据库来访问产地环境样品仓库的数据，在数据库的设计中，要设计能够满足用户需求的数据库表[54-57]。接下来将通过一些重点数据表的结构来介绍土壤仓库管理系统的数据库设计。根据具体的业务流程，将系统中关键部分的流程中所涉及的实体以及实体所拥有的属性，它们之间的联系进行抽象，得到图7-27的产地环境样品仓库系统的实体-关系（E-R）图。

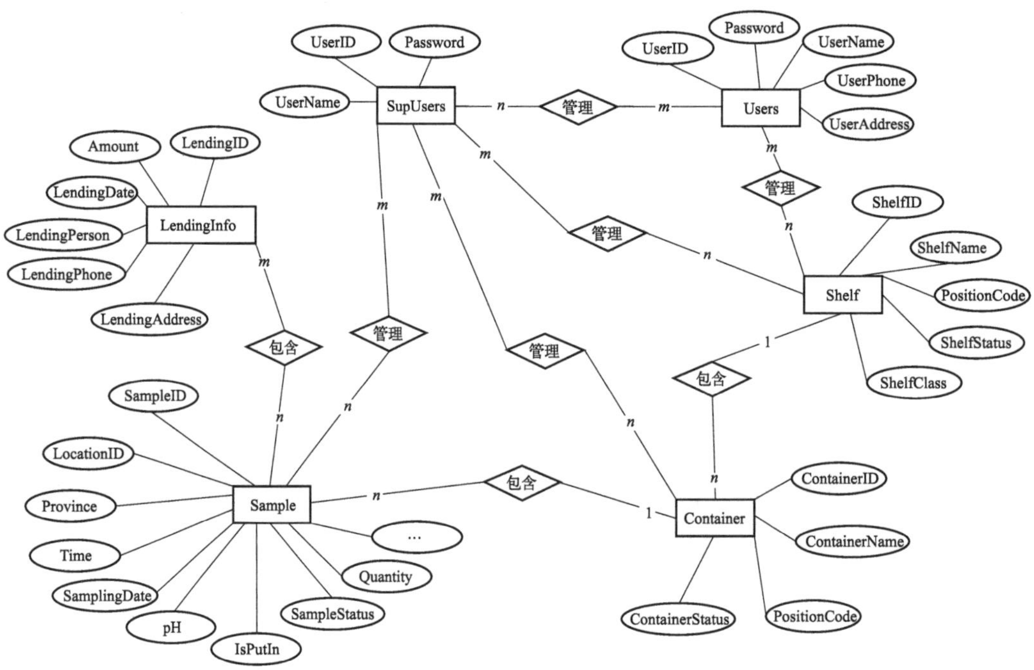

图7-27 产地环境样品仓库系统的数据库实体-关系（E-R）图

图7-27所包含的实体主要有样本（Sample）、用户（Users）、管理员用户（SupUsers）、货架（Shelf）、货箱（Container），以及样本借出表（LendingInfo）。在本系统中，用户和货架的关系是多对多的，所有管理员用户均可对货架信息进行管理，同理，管理员用户和样本以及货架之间的关系也是多对多的，可以创建多个管理员用户对样本、货架和货箱信息进行管理。货架和货箱的关系是一对多，即一个货架可以存放多个货箱，一个货箱只能存储在一个货架中，货箱与样本的关系同理，也是一对多，这符合用户需求以及日常常识。对这几个实体、实体对应的属性字段以及各个实体之间关系的分析，可以为接下来建表打好基础[58-63]。

省略了性质相同的字段，以星号（*）表示，如Sample表中同样表示化合物含量的土壤镉含量、汞含量、铜含量等含量字段，这里只显示土壤镉含量字段作为代表，如表7-1～表7-5所列。

表7-1　土壤仓库管理系统样本信息表

序号	字段名	描述	类型	主键	外键
1	SampleID	每个样本的编号，自动编号	Int	是	
2	Province*	表示土壤样本的取样地方信息	Nvarchar(32)		
3	MainDate	样本维护日期	Date		
4	SamplingDate	采样日期	Date		
5	pH	酸碱性	Decimal(18,2)		
6	CdContent*	镉含量	Decimal(18,3)		
7	Quantity	样本剩余量	Int		
8	LocationID	样本点位编码	Nvarchar(48)		
9	IsPutIn	是否放入样本库中	Bit		
10	ShelfID	存放货架编码	Nvarchar(32)		是
11	ContainerID	存放货箱编码	Nvarchar(32)		是
12	Time	维护较优时间	Int		
13	Maintenancep	维护度量	Decimal(18,2)		
14	SampleStatus	样本维护信息	Int		

表7-2　土壤仓库管理系统货箱信息表

序号	字段名	描述	类型	主键	外键
1	ContainerID	货箱的编号，自动编号	Int	是	
2	ContainerName	货箱名称	Nvarchar(32)		
3	PositionCode	货箱所在位置信息代码	Nvarchar(32)		
4	ShelfID	货箱所存放的货架信息	Int		是
5	ContainerStatus	货箱维护信息	Nvarchar(32)		

表7-3　土壤仓库管理系统货架信息表

序号	字段名	描述	类型	主键	外键
1	ShelfID	货架编号	Int	是	
2	ShelfName	货架名称	Nvarchar(32)		
3	PositionCode	货架所在位置代码	Nvarchar(60)		
4	ShelfClass	货架种类	Nvarchar(32)		
5	ShelfStatus	货架维护信息	Navarchar(32)		

表7-4　土壤仓库管理系统样本借出信息表

序号	字段名	描述	类型	主键	外键
1	LendingID	样本借出记录编号，自动编号	Int	是	
2	SampleID	所借样本 ID	Int		是
3	LocationID	样本点位编码	Nvarchar(48)		
4	Amount	借出量	Decimal		
5	LendingPerson	借出人信息	Nvarchar(48)		
6	LendingDate	借出时间	DateTime		
7	LendingPhone	借出人电话	Nvarchar(48)		
8	LendingAddress	借出人地址联系方式	Nvarchar(48)		
9	Remaining	库存量	Decimal		

表7-5　土壤仓库管理系统普通用户信息表

序号	字段名	描述	类型	主键	外键
1	UserID	用户编号	Nvarchar(32)	是	
2	Password	用户密码	Nvarchar(32)		
3	UserName	用户名字	Nvarchar(32)		
4	UserPhone	用户电话	Nvarchar(32)		
5	UserAddress	用户地址联系方式	Nvarchar(32)		

7.4 系统部署及运行环境说明

（1）系统部署

由于保密协议，系统部署于仓库中的单机版电脑上。

（2）环境要求

操作系统：Windows7 及以上版本。

SQL-Server 版本：2008 及以上。

7.5 系统界面及使用说明

本节将在需求分析和系统设计的基础上，根据需求功能说明书对土壤样本管理系统的各个功能模块的具体功能进行实现。

7.5.1　产地环境样品库管理系统

使用 MaterialDesign 前端设计语言编写的界面具有更加统一的风格和更加简洁的操作，用户点击土壤样本仓库管理系统启动后，首先弹出绿色的预加载界面，这时系统对首次运行中的某些模块进行预加载。

图 7-28 为土壤仓库管理系统的启动加载界面。

图 7-28　土壤仓库管理系统启动加载界面

系统完成加载后，用户将进入土壤仓库管理系统的首页，在这里用户需要完成登录、注册等操作，图 7-29 为土壤仓库管理系统主界面。

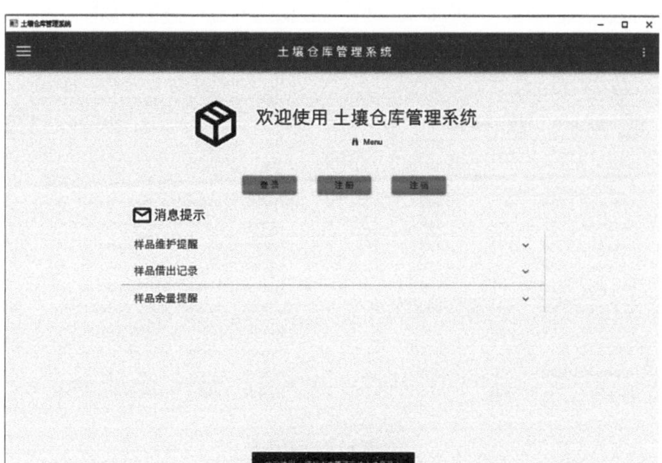

图 7-29　土壤仓库管理系统主界面

主界面左右两部分分别为主菜单和副菜单，如图 7-30 所示。用户可以通过点击菜单完成相应功能，主菜单需要完成用户认证登录才可以使用。可以通过副菜单进行数据库连接测试、数据库连接设置以及管理员认证，完成管理员认证后可以进行用户管理。

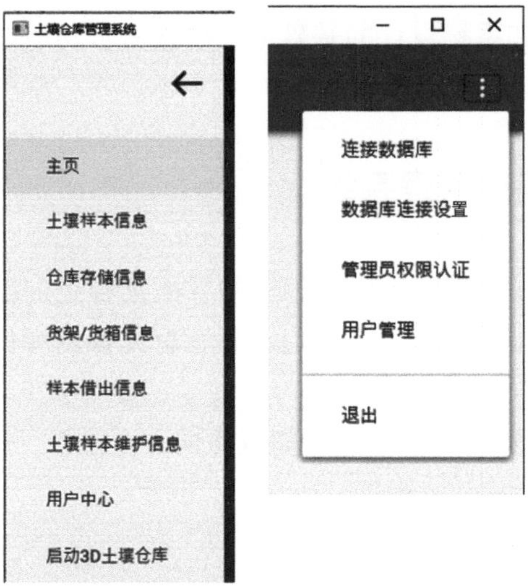

图 7-30　土壤仓库管理系统主界面菜单

7.5.2　土壤样本信息管理模块

图 7-31 为土壤样本信息管理功能界面，在土壤样本信息管理模块中主要实现土壤样本信息的增删改查功能。

图 7-31　土壤样本信息管理功能界面

用户首先要在菜单中打开土壤样本信息管理界面，然后点击界面上的查询按钮，输入要筛选的查询条件，点击确定后系统将根据输入的查询条件显示符合条件的样本条目。对于每一条信息，用户也可以点击详细信息显示查看不同样本的全部属性内容。

以这一模块作为代表对 MVVM 的实现进行简要阐述，查询功能的实现主要需要用到与用户进行交互的 View 层 SampleInfo 界面，进行数据封装的 Model 层 QuerySampleInfoModel，以及用于进行命令执行和数据同步更新的 ViewModel 层 SampleInfoViewModel[64,65]。

用户首先点击 SampleInfo 界面的查询按钮，由于系统支持组合条件查询，因此点击按钮后将弹出查询 Dialog 窗口。图 7-32 为查询条件填写界面。

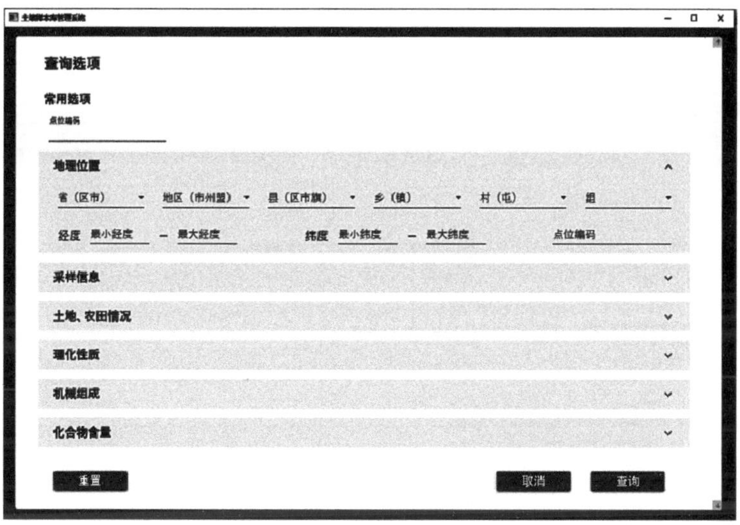

图 7-32　查询条件填写界面

为了方便用户进行浏览，由于样本所包含的属性比较多因此在结果显示界面进行了简要筛选，选出了常用的几条属性。如果用户想要查看全部的属性界面，可以选中想要查看的样本，点击查看详细信息。在编程过程中为 Dialog 按钮同样设置了 View 层 QuerySampleInfoDialog，用于给用户添加查询条件，Model 层所用的即 QuerySampleInfoModel 负责封装 Dialog 中用户填写的相应数据。

设置了相应的 ViewModel 层 QuerySampleInfoDialogViewModel，用于接收 Model 层封装好的查询条件数据，并将其传递给 SampleInfoViewModel 进行处理。SampleInfoViewModel 接收了封装好的查询条件数据后，将根据查询条件去数据库中查询相应数据，结果数据被 Model 封装好，当数据发生更新时绑定好对应属性的 View 层控件将接收到通知，并完成数据的更新。

在 SampleInfoModel 使用 MutateVerbose 用于检测值是否发生变化，只有在所对应的属性值发生改变时才进行更新。为了使 Binding 机制生效，Model 层还要实现 INotifyPropertyChanged 接口，并实现 PropertyChangedEventHandler 事件，在系统中将这一内容进行了封装。用以实现当属性值发生变化时目标和绑定数据源之间的数据同步机制[66]。

7.5.3 仓库存储信息管理模块

用户通过点击菜单栏中的仓库存储信息管理模块进入这一界面。在这一模块中，用户可以完成查询样本信息、显示样本位置、选中样本入库、选中样本出库和基本的货箱货架搜索功能。

为了方便用户使用，在每次加载这一页面时，由于货架的稳定性相较于货箱更高，系统将自动进行货架搜索并显示目前系统中所存在的货架信息。用户可以通过双击对应货架搜索货架中所装载的货箱信息。图 7-33 为仓库存储信息管理模块主界面。

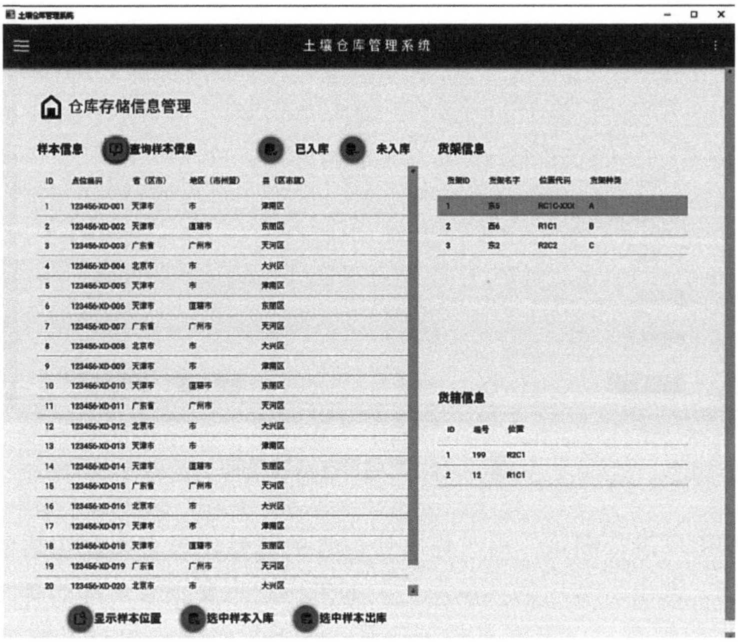

图 7-33　仓库存储信息管理模块主界面

用户点击搜索样本信息后，将会显示符合输入的查询条件的样本信息。通过选择样本以及想要入库的货架和货箱可以完成入库，同样也可以通过点击显示样本位置来完成样本位置信息显示。图 7-34 为仓库存储信息管理模块样本入库界面。用户首先按顺序在操作页面选择想要入库的样本，在右侧选择入库的货架和货箱，然后点击选中样本入库，确认入库信息后即可入库。

当用户筛选出已入库样本，并选中样本选择显示样本位置中的在 3D 中展示时，3D 样本库会根据选择的样本所在位置信息启动并进行显示，图 7-35 为 3D 土壤仓库进行对应位置显示。

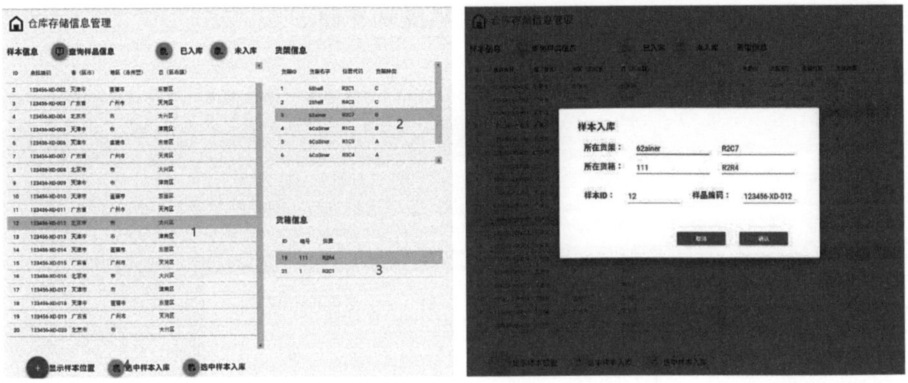

图 7-34　仓库存储信息管理模块样本入库界面

图 7-35　3D 土壤仓库进行对应位置显示

7.5.4　样本借出信息管理模块

用户通过点击菜单栏中的样本借出信息管理模块进入这一界面。在这一模块中，普通用户可以完成查询样本信息、借出选中样本、查询借出记录的操作，当用户完成管理员认证后还可以进行修改借出记录和删除借出记录的操作。用户需要首先进行样本查询，通过组合条件查询筛选出想要借出的样本，然后点击借出选中样本按钮，填写出借信息就可以完成样本的借出操作。图 7-36 为样本借出信息填写界面。

当样本借出成功后，借出记录中将会进行更新，显示借出信息。同时，用户可以通过点击查询借出记录来进行借出记录查询，当完成管理员权限认证后也可以进行对借出记录的修改和删除。当用户想要借出的量或库存量大于给定限定值时，系统将给出提示并不予借出。图 7-37 为样本借出超额提示界面。

图 7-36　样本借出信息填写界面

图 7-37　样本借出超额提示界面

对借出额进行限制的操作在 ViewModel 层完成，ViewModel 层通过获取 View 层填写的样本数量进行逻辑计算，当超出限制时操作失败直接返回，并在系统的消息队列中插入新的提示消息。

7.5.5　货箱 / 货架信息管理模块

用户通过点击菜单栏中的样本货箱 / 货架信息管理进入这一界面。在这一模块中，普通用户可以查询货架和货箱信息，当想要进行添加、删除或修改时需要完成管理员身份认证。货箱 / 货架信息管理模块界面如图 7-38 所示。

图 7-38　货箱 / 货架信息管理模块界面

7.5.6　3D 土壤仓库管理模块

（1）土壤仓库的 3D 建模

图 7-39 为土壤仓库的 3D 建模图示，在这一模块中包含了查询位置、操作引导菜单和点击显示位置等信息栏。同时用户可以通过操作鼠标和键盘在样本库中完成模拟行走等功能，对于查出的样本可以进行视角定位和高亮显示，方便对目标样本的位置进行展示。

图 7-39　土壤仓库的 3D 建模图示

（2）箱子信息点击显示

图 7-40 为点击高亮显示箱子及显示位置信息，用户可以通过点击需要查询位置的样本箱，使对应点击的箱子进行高亮显示，并且弹出箱子对应的货架货箱位置信息。

图 7-40 点击高亮显示箱子及显示位置信息

点击显示样本位置的主要实现代码，以鼠标发射一条射线 Ray，发射过程中碰到 Collider 碰撞器时停止发射，可以用于检测碰撞到的物体。在点击显示中用碰撞检测获取点击的物体，返回在 Hierarchy 中的路径，根据路径布局进行字符串处理得到位置信息，然后进行 GameObject 颜色渲染。

（3）三维行进

用户在使用 3D 土壤仓库时，可以通过鼠标和键盘的结合在场景中完成视角变换、移动等操作。这一动作通过设置一个单独 Camera 完成，当用户使用在场景中移动这一功能时，RoamCamera 被激活，同时根据用户在键盘上的输入不同，Camera 根据指示完成向前后左右方向进行行走，对于视角的变换，则通过鼠标的旋转角度决定。图 7-41 为向前移动示意。

图 7-41 向前移动示意

当利用键盘和鼠标进行移动时，在 Update 函数中进行每一帧的移动判断，根据按下按键的不同执行移动操作，根据光标相对于水平位置的角度执行镜头的角度变化。

（4）样本信息查询

在使用土壤仓库查询到所选中样本的货架货箱位置信息后，可以通过点击在 3D 土壤仓库中显示的按钮使该样本的所在位置在 3D 库中显示。对应的货架会向上升起，同时目标箱子显示颜色。若已存在升起的货架，则该货架会降落回原地，前一个红色箱子回归白色。

图 7-42 为查询样本时的结果显示动画（书后另见彩图）。

图 7-42　原货架降落目标货架升起动画

在 Unity 中如果要实现动画效果，需要逐帧计算然后运行所需要的移动函数，所提供的 Update 函数就是每一帧执行一次。因此动画效果可以通过 Update 实现，在实现过程中需要对货箱进行判断，同货架不同货箱时不执行动画只改变颜色，当不同货架时才执行动画效果，因此在动画执行之前需要进行相同货架判断，当目标与已显示货架不属于同一个货架时，除了新货架升起还需要记录原货架位置并进行下降动画的计算。

（5）信息显示与着色

系统通过连接数据库，读取数据库中的样本状态字段和货架字段，根据字段的值对相应位置的货箱进行染色。在实现过程中，由于系统使用的是 SQL-Server 数据库，而 Unity 引擎所需求的支持多平台语言的 MONO 框架虽然参与了 .NET 框架的概念，但是无法实现与 SQL-Server 直连，因此在实现过程中需要单独运行一个通信脚本将数据从 SQL-Server 数据库中读取出来再传给 3D 土壤仓库进行染色处理。

需要传送的数据是各个位置上的维护信息，采用将字典转换为 Json 文件的方式进行传输，Untiy 收到信息后将 Json 文件转化为字典，对指定位置的货箱货架进行处理[67]。

7.5.7　土壤仓库维护信息管理模块

土壤仓库维护信息管理模块主要用于用户提醒，对样本余量、借出记录和样本维护信息进行提醒。图 7-43 为土壤仓库维护信息管理模块首页界面。用户登录首页时将会有 3 个模块可以进行相应信息查看，当出现数据变化时如今日有待维护样本或近期有样本借出或样本余量不足等报警时会在右上角进行红点提醒。用户需要完成身份认证后展开查看以及跳转到相应界面进行操作。

除了在主页进行显示外，用户还可以通过土壤样本维护信息界面进行维护方案生成和维护路径 3D 显示。图 7-44 为土壤样本维护信息界面，在这一界面可以显示当天需要维护的样本及其位置，用户还可以点击生成维护方案，选择样本入库批次并填写维护次数以生成新的维护方案。点击生成方案后，系统会进行样本维护日期选择并录入数据库，每次打开软件时，系统将根据当天的日期对当天需要维护的样本进行检索，若当天有需要维护的样本则在首页和土壤样本信息界面显示。

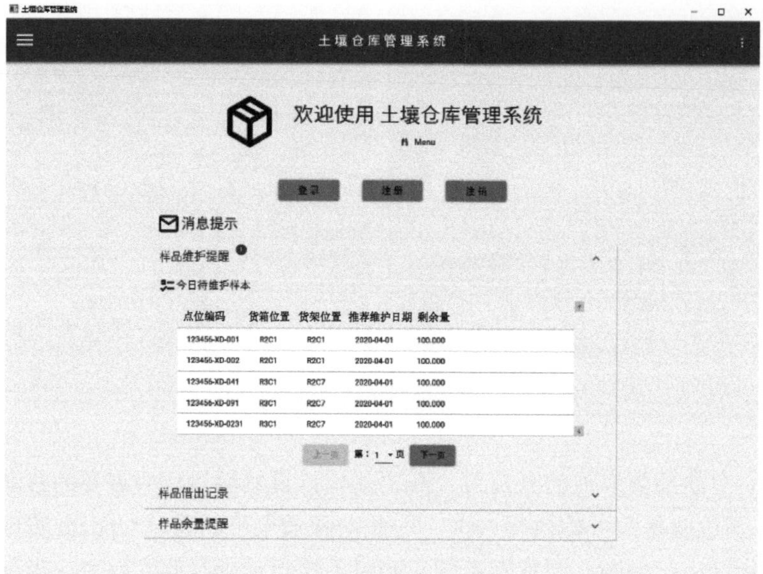

图 7-43　土壤仓库维护信息管理模块首页界面

图 7-44　土壤样本维护信息界面

若当天有需要维护的样本，用户可以点击维护路径推荐启动土壤 3D 仓库，系统会首先进行维护路径计算，然后将对应的维护信息存储到数据库中。在土壤 3D 仓库中，用户通过点击显示维护信息查看需要维护的货架以及推荐的维护路径。如图 7-45 所示（书后另见彩图），每个待维护货架均抬起显示，货架中需要维护的货箱呈蓝色显示，推荐维护路径顺序在待维护货架上方显示。

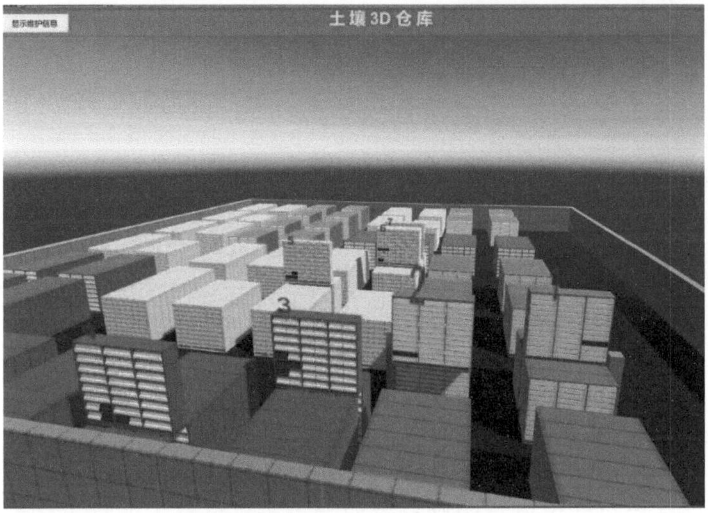

图 7-45　3D 仓库的维护信息显示

7.5.8　日志文件模块

在 Log 模块，设定 ERROR、DEBUG、INFO 三个级别，分别设定值为 ERROR = 1，DEBUG = 2，INFO = 3，在项目初始化时创建 Logger 实例，可以通过设定日志级别 LimitLevel 来决定日志文件中输出哪些内容，LimitLevel=3 时全部输出，LimitLevel=2 时输出 DEBUG、ERROR 级别的信息，LimitLevel=1 时输出 ERROR 级别信息，LimitLevel=0 时不输出信息。良好的日志文件记录机制可以在系统的开发和使用过程中提供很大便利，使用者可以通过 Log 文件定位发生问题的地方然后进行相应的完善和修改。图 7-46 为相应路径中的 Log 文件，每个 Log 文件都有对应的使用日期，方便用户进行查阅。

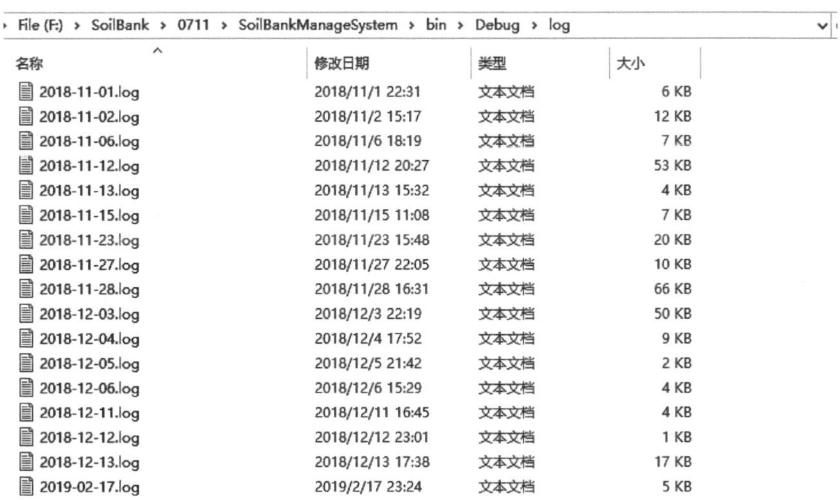

File (F:) › SoilBank › 0711 › SoilBankManageSystem › bin › Debug › log

名称	修改日期	类型	大小
2018-11-01.log	2018/11/1 22:31	文本文档	6 KB
2018-11-02.log	2018/11/2 15:17	文本文档	12 KB
2018-11-06.log	2018/11/6 18:19	文本文档	7 KB
2018-11-12.log	2018/11/12 20:27	文本文档	53 KB
2018-11-13.log	2018/11/13 15:32	文本文档	4 KB
2018-11-15.log	2018/11/15 11:08	文本文档	7 KB
2018-11-23.log	2018/11/23 15:48	文本文档	20 KB
2018-11-27.log	2018/11/27 22:05	文本文档	10 KB
2018-11-28.log	2018/11/28 16:31	文本文档	66 KB
2018-12-03.log	2018/12/3 22:19	文本文档	50 KB
2018-12-04.log	2018/12/4 17:52	文本文档	9 KB
2018-12-05.log	2018/12/5 21:42	文本文档	2 KB
2018-12-06.log	2018/12/6 15:29	文本文档	4 KB
2018-12-11.log	2018/12/11 16:45	文本文档	4 KB
2018-12-12.log	2018/12/12 23:01	文本文档	1 KB
2018-12-13.log	2018/12/13 17:38	文本文档	17 KB
2019-02-17.log	2019/2/17 23:24	文本文档	5 KB

图 7-46　文件夹中的 Log 日志文件

图 7-47 为 Log 文件中的信息，在文件信息中对 ERROR 信息进行了记录，以及出现错误的位置，方便开发人员和用户进行错误定位。

```
[DEBUG] 2019-06-28 13:00:09.375 | SqlHelper.GetLendInfo: 借出样本信息查询成功
[DEBUG] 2019-06-28 13:00:16.102 | SqlHelper.QuerySampleInfo: 土壤样本信息查询成功
[DEBUG] 2019-06-28 13:00:25.000 | SqlHelper.QuerySampleInfo: 土壤样本信息查询成功
[ERROR] 2019-06-28 13:00:33.111 | SqlHelper.LendSample: 样本借出失败
System.Data.SqlClient.SqlException (0x80131904): An explicit value for the identity column in table 'LendingInfo' can only be specified when a column list is used and IDENTITY_INSERT is ON.
   在 System.Data.SqlClient.SqlConnection.OnError(SqlException exception, Boolean breakConnection, Action`1 wrapCloseInAction)
   在 System.Data.SqlClient.SqlInternalConnection.OnError(SqlException exception, Boolean breakConnection, Action`1 wrapCloseInAction)
   在 System.Data.SqlClient.TdsParser.ThrowExceptionAndWarning(TdsParserStateObject stateObj, Boolean callerHasConnectionLock, Boolean asyncClose)
   在 System.Data.SqlClient.TdsParser.TryRun(RunBehavior runBehavior, SqlCommand cmdHandler, SqlDataReader dataStream, BulkCopySimpleResultSet bulkCopyHandler, TdsParserStateObject stateObj, Boolean& dataReady)
   在 System.Data.SqlClient.SqlCommand.FinishExecuteReader(SqlDataReader ds, RunBehavior runBehavior, String resetOptionsString, Boolean isInternal, Boolean forDescribeParameterEncryption, Boolean shouldCacheForAlwaysEncrypted)
   在 System.Data.SqlClient.SqlCommand.RunExecuteReaderTds(CommandBehavior cmdBehavior, RunBehavior runBehavior, Boolean returnStream,
Boolean async, Int32 timeout, Task& task, Boolean asyncWrite, Boolean inRetry, SqlDataReader ds, Boolean describeParameterEncryptionRequest)
   在 System.Data.SqlClient.SqlCommand.RunExecuteReader(CommandBehavior cmdBehavior, RunBehavior runBehavior, Boolean returnStream, String method,
TaskCompletionSource`1 completion, Int32 timeout, Task& task, Boolean& usedCache, Boolean asyncWrite, Boolean inRetry)
   在 System.Data.SqlClient.SqlCommand.InternalExecuteNonQuery(TaskCompletionSource`1 completion, String methodName, Boolean sendToPipe, Int32 timeout, Boolean& usedCache, Boolean asyncWrite, Boolean inRetry)
   在 System.Data.SqlClient.SqlCommand.ExecuteNonQuery()
   在 SoilBankManageSystem.Helper.SqlHelper.LendSample(LendingInfoModel lendingInfo) 位置 C:\Users\Teasus_Zt\Desktop\190618-农科部署\SoilBankManageSystem\SoilBankManageSystem\Helper\SqlHelper\Lending.cs:行号 42
ClientConnectionId:5a841fe3-4815-41b6-b61f-43fff4f2dd7a
Error Number:8101,State:1,Class:16
```

图 7-47 系统 Log 日志信息

本章主要阐述了土壤样本管理系统各个模块的功能实现，首先对本系统所需要使用的开发环境以及运行环境进行明确，然后根据系统设计中对各个功能模块的设计进行实现，截取主要功能实现图进行展示。

参考文献

[1] 张茗起，张云龙，赵怡锟，等. 农作物分子检测实验室样品库管理系统构建 [J]. 实验室研究与探索，2022, 41(10): 270-276.

[2] 付春艳. 食品检测中样品管理问题的解决方案的研究 [D]. 贵阳：贵州大学，2022.

[3] 郭凌霄. 样品管理系统在实验室样品管理中的应用 [J]. 中国石油和化工标准与质量，2021, 41(18): 67-68.

[4] 严玲琳，邱洁，高晨，等. 环境检测实验室样品智能化管理系统的设计、应用及改善 [J]. 理化检验（化学分册），2021, 57(09): 804-807.

[5] 吴霞，王长军. 土壤样品规范化管理系统设计与实现 [J]. 现代农业科技，2019(24): 144-146.

[6] 杨晓曦，彭银霞，赵娟，等. 基于二维码和物联网技术的样品管理系统的构建和应用 [J]. 环境科学导刊，2019, 38（增 2): 77-80.

[7] 王经顺，陈焕然，赵永刚. 环境监测实验室样品智能物流管理系统的设计研究 [J]. 环境监控与预警，2019, 11(02): 54-58.

[8] 韩冰，肖红章，娄亮杰，等. 基于 C/S 架构检测实验室样品管理系统的设计与实现 [J]. 实验室科学，2018, 21(06): 57-60.

[9] 巩玉翔. 基于 RFID 的实验室样品管理系统设计 [J]. 中国自行车，2018 (11): 60-62.

[10] 郭子山，李哲兵，陈穗，等. 基于无线数据采集技术的纺织检测实验室样品管理系统的实现 [J]. 中国纤检，2018(08): 68-71.

[11] 郭子山，吴文宜，李娟，等. 基于无线条码技术的监督抽查样品管理系统研制 [J]. 中国纤检，2016(04): 46-49.

[12] 熊贝贝，丁晶，梁通雯，等. 基于无线射频识别技术的食品检测实验室样品管理系统的设计与建立 [J]. 食品安全质量检测学报，2014, 5(11): 3514-3519.

[13] 倪浩. 基于 RFID 的型式试验样品管理系统的设计与实现 [D]. 上海：华东理工大学，2015.

[14] 刘娅，杨利. 食品检验样品管理中常见问题及对策探究 [J]. 食品安全导刊，2023(06): 25-27.

[15] 王惠君，王凯，李玉红，等. 基于物联网的计量技术机构样品智能管理系统研究 [J]. 计量与测试技术，2022, 49(06): 34-36，40.

[16] 花宁宁，韩家忠，田洪根. B/S 架构下样品信息管理系统的设计与实现 [J]. 食品安全导刊，2020(03): 152-153.

[17] 方兴. 基于 RFID 的 CNAS 认可实验室安全管理系统设计与开发 [D]. 杭州：中国计量大学，2019.

[18] 郭名芳，董玉芹，张锁，等. 基于一体化平台的实验室样品物流管理系统 [J]. 计量与测试技术，2018, 45(05): 105-107，109.

[19] 杨阳. 公路工程试验检测管理系统设计与实现 [D]. 成都：电子科技大学，2017.

[20] 侯庭栋. 基于 SSH 框架的实验室信息管理系统的设计与实现 [D]. 西安：西安电子科技大学，2014.

[21] 毛晓舟，蒋洁蓉. 射频识别技术在样品管理信息化系统中的应用 [J]. 中国纤检，2014(12): 68-69.

[22] 张欢. 辽宁省计量科学研究院型式评价管理系统的设计与实现 [D]. 沈阳：东北大学，2013.

[23] 赵俊江，任慧颖. RFID 电子标签在建设工程检测样品管理中的应用 [J]. 中国自动识别技术，2022(03): 45-49.

[24] 王宏，郝红娟，姚静. 数字化转型下的进口棉花样品管理探索 [J]. 中国棉花加工，2022(03): 30-32.

[25] 商晓晨. 检验检测机构样品管理工作中常见问题分析和改进措施探讨 [J]. 中国标准化，2020(07): 229-232.

[26] 吴妍. 国家标准样品管理办法开始征求意见稿 [J]. 福建轻纺，2019(09): 3.

[27] 陈荣春. 广西电子产品检测管理系统的设计与实现 [D]. 南宁：广西大学，2019.

[28] 冀雪妮. 能源工程分析测试实验室的样品管理 [J]. 绿色科技，2018(24): 216-218.

[29] 何依娜，郭远明，张小军，等. 水产品质检实验室样品管理流程优化探析 [J]. 现代农业科技，2018(12): 253-255.

[30] 陈晓玲，林小燕，陈惠琴. 龙岩市疾控实验室样品管理质量控制探讨 [J]. 疾病监测与控制，2017, 11(10): 849-850.

[31] 魏兆生. 延锋百利得实验室管理系统设计与实现 [D]. 大连：大连理工大学，2017.

[32] 黄彦. 基于 DNAMicroarray 实验流程的实验室信息管理系统的应用研究 [D]. 上海：上海交通大学，2009.

[33] 刘敏华，黄国雄，卢琰. 基于 EXCEL 服务器的实验室样品管理信息系统的设计 [J]. 计算机时代，2011(06): 31-34.

[34] 胡仙超，王美黎，吴伟军，等. 基于网络的实验室样品测试管理系统的开发 [J]. 实验室研究与探索，2010, 29(05): 170-172.

[35] 胡建平，郑存江. 地球化学样品分析质量管理系统 [J]. 岩矿测试，2003(03): 211-216.

[36] 蒋秋涵，马文，郭传杰. 化妆品检验业务受理及样品管理流程探讨 [J]. 质量安全与检验检测，2021, 31(03): 94-96.

[37] 王奕，涂春仁，王冲，等. 基于 OA 平台设计与应用的实验室信息管理系统 [J]. 实验室科学，

2018, 21(01): 77-80.

[38] 刘庆琳. 在地质样品管理中引入二维码技术的探讨 [J]. 中国新技术新产品，2015(17): 24.

[39] 陈婷，刘清珺，张旭，等. 食品安全检测实验室信息管理系统的应用架构 [J]. 食品科学，2016, 37(03): 258-265.

[40] 林燕奎，熊贝贝，王丙涛，等. 大型实验室样品管理流程的自动化应用 [J]. 实验室科学，2014, 17(02): 169-172.

[41] 陈红梅，王明力. 建材检测实验室的样品管理 [J]. 计量与测试技术，2012, 39(03): 75-76.

[42] 刘忠妹，黎小清，杨春霞，等. 实验室信息管理系统 (LIMS) 在农业检测实验室中的应用 [J]. 中国标准化，2020(13): 161-164.

[43] 黄铃冰，彭瑞迪，吴明生，等. 北京市农作物品种标准样品管理与应用 [J]. 中国种业，2018(04): 29-31.

[44] 何文彪. 浅析地质测试实验室样品管理分析 [J]. 世界有色金属，2017(08): 209，211.

[45] 韩学鸿. 基于 GIS 的土壤自动化采样与高效管理技术研究 [D]. 石家庄：河北经贸大学，2011.

[46] 徐辉. 检测实验室的样品管理 [J]. 计量与测试技术，2011, 38(05): 81-82.

[47] 罗清尧，薛夫光，吕坚强. 饲料样品采集信息管理系统设计与实现 [J]. 电子技术与软件工程，2019(07): 177-178.

[48] Tabacco M B, DiGiuseppe T G. Optical chemical sensors for environmental control and system management[J]. Advances in Space Research, 1996,18(4-5):125-134.

[49] Choy K L, Chow K H, Moon K L, et al. A RFID-case-based sample management system for fashion product development[J]. Engineering Applications of Artificial Intelligence, 2009, 22(6): 882-896.

[50] Ueno G, Hirose R, Ida K, et al. Sample management system for a vast amount of frozen crystals at SPring-8[J]. Journal of Applied Crystallography, 2010, 37(6): 867-873.

[51] Feng B, Zhan W H, Sun J. Business model of natural gas hydrate sample management based on workflow and its realization[J]. Applied Mechanics & Materials, 2013, 278-280: 2123-2127.

[52] Moon K, Ngai E W T. R&D framework for an intelligent fabric sample management system: A design science approach[J]. International Journal of Operations & Production Management, 2010, 30(7-8): 721-743.

[53] Kaneko Y. PCR tube, RFID sample management system, and RFID sample management method: US11307211B2[P]. 2022-04-19.

[54] Ndiaye M, Abu-Mahfouz A M, Hancke G P. SDNMM—A generic SDN-based modular management system for wireless sensor networks[J]. IEEE Systems Journal, 2020, 14(2): 2347-2357.

[55] Yang Y, Bai N, Tang M J, et al. Development and application of sample management system for phase Ⅰ clinical trial in our hospital[J]. Chinese Journal of New Drugs, 2018, 27(24): 2925-2927.

[56] Moon K, Ngai E. R&D framework for an intelligent fabric sample management system: A design science approach[J]. International Journal of Operations & Production Manageme-

nt,2010,30(7-8):721-743.

[57] Wendel G J. Development of automation in sample management[M]. Weinheim: Wiley-VCH Verlag GmbH & Co. KGaA, 2012.

[58] Suroso J S, Fadhillah R. Evaluation of knowledge management system application with technology acceptance model method in education division[C]. 2018 International Conference on Orange Technologies (ICOT), 2018.

[59] Sardjono W, Pujadi T, Sukardi S, et al. Dissemination of sustainable development goals through knowledge management systems utilization[J]. ICIC Express Letters, 2021, 15(8): 877-886.

[60] El-Ebiary Y, Al-Sammarraie N A, Moaiad Y A, et al. The impact of Management Information System in educational organizations processes[C]. 2016 IEEE Conference on e-Learning, e-Management and e-Services (IC3e), 2016.

[61] Kurniawan Y, Bhutkar G, Alfarrel J F, et al. Unlocking student's preference on two BINUS mobile learning management system[C]. 2020 International Conference on Information Management and Technology (ICIMTech), 2020.

[62] Puiadi T, Sardiono W. Evaluation of knowledge management system for disaster management using factor analysis[C]. 2018 International Conference on Information Management and Technology (ICIMTech), 2018.

[63] Tjong Y, Sugandi L, Nurshafita A, et al. User satisfaction factors on learning management systems usage[C]. 2018 International Conference on Information Management and Technology (ICIMTech), 2018.

[64] Lin F, Cheng T C E, Cheng H, et al. Developing an organization design framework and sample based on the total relationship flow management theorems[J]. IEEE Transactions on Systems, Man, and Cybernetics: Systems, 2013, 43(6): 1466-1476.

[65] Wang L, Xia J, Chen G, et al. Reachable set estimation and aperiodic sampled-data controller design for Markovian jump systems[J]. International Journal of Robust and Nonlinear Control, 2021, 31(17): 8442-8462.

[66] Gomozov O, Trovao J P, Kestelyn X, et al. Adaptive energy management system based on a real-time model predictive control with nonuniform sampling time for multiple energy storage electric vehicle[J]. IEEE Transactions on Vehicular Technology, 2017, 66(7): 5520-5530.

[67] Battilotti S. Continuous-time and sampled-data stabilizers for nonlinear systems with input and measurement delays[J]. IEEE Transactions on Automatic Control, 2019, 65(4): 1568-1583.

附表

表A.1　地类图斑属性结构描述表（属性表名：DLTB）

序号	字段名称	字段说明	字段类型	字段长度[①]	小数位数	值域	约束条件
1	BSM[②]	标识码	Long Int	14		＞0	M
2	YSDM	要素代码	Char	10		见本表注①	M
3	TBYBH	图斑预编号	Char	8		非空	C
4	TBBH	图斑编号	Char	8		非空	M
5	DLBM	地类编码	Char	4		见本表注①	M
6	DLMC	地类名称	Char	60		见本表注①	M
7	QSXZ	权属性质	Char	3		见本表注①	M
8	QSDWDM	权属单位代码	Char	19		见本表注①	M
9	QSDWMC	权属单位名称	Char	50		非空	M
10	ZLDWDM	坐落单位代码	Char	19		见本表注①	M
11	ZLDWMC	坐落单位名称	Char	50		非空	M
12	GDLX	耕地类型	Char	2		见本表注①	C
13	KCLX	扣除类型	Char	2		见本表注①	C
14	KCDLBM	扣除地类编码	Char	4		见本表注①	C
15	TKXS	扣除地类系数	Double	5	2	＞0	C
16	TBMJ	图斑面积	Double	15	2	＞0	M
17	XZDWMJ	线状地物面积	Double	15	2	≥0	C
18	LXDWMJ	零星地物面积	Double	15	2	≥0	C
19	TKMJ	扣除地类面积	Double	15	2	≥0	C
20	TBDLMJ	图斑地类面积	Double	15	2	≥0	M
21	PZWH	批准文号	Char	255		非空	C
22	BGJLH	变更记录号	Char	20		非空	C
23	BGRQ	变更日期	Date	8		YYYYMMDD[③]	C

① 实际字段长度应不小于规定字段长度（下同）。

② 标识码第一至第六位码（行政区划代码）；第七至第十四位码以县（市、区）为单位，从“00000001”开始编码。

③ YYYYMMDD 代表年月日的表达方式。

注：约束条件取值中 M 表示必选，C 表示条件必选，下同。

表A.2　省级行政区划属性结构描述表（属性表名：PXZQ）

序号	字段名称	字段说明	字段类型	字段长度	小数位数	值域	约束条件
1	BSM	标识码①	Long Int	10		＞0	M
2	PXZQDM	省级行政区代码②	Char	2		非空	M
3	PXZQMC	省级行政区名称	Char	50		非空	M

① 标识码为省级行政区代码。

② 按照《中华人民共和国行政区划代码》(GB/T 2260—2007) 和国家统计局于 2017 年 3 月发布的最新县及县以上行政区划代码，填写 2 位数字码。

表A.3　市级行政区划属性结构描述表（属性表名：CXZQ）

序号	字段名称	字段说明	字段类型	字段长度	小数位数	值域	约束条件
1	BSM	标识码①	Long Int	10		＞0	M
2	PXZQDM	省级行政区代码	Char	2		非空	M
3	PXZQMC	省级行政区名称	Char	50		非空	M
4	CXZQDM	市级行政区代码②	Char	4		非空	M
5	CXZQMC	市级行政区名称	Char	50		非空	M

① 标识码为市级行政区代码。

② 按照《中华人民共和国行政区划代码》(GB/T 2260—2007) 和国家统计局于 2017 年 3 月发布的最新县及县以上行政区划代码，填写 4 位数字码。

表A.4　县级行政区划属性结构描述表（属性表名：FXZQ）

序号	字段名称	字段说明	字段类型	字段长度	小数位数	值域	约束条件
1	BSM	标识码①	Long Int	10		＞0	M
2	PXZQDM	省级行政区代码	Char	2		非空	M
3	PXZQMC	省级行政区名称	Char	50		非空	M
4	CXZQDM	市级行政区代码	Char	4		非空	M
5	CXZQMC	市级行政区名称	Char	50		非空	M
6	FXZQDM	县级行政区代码②	Char	6		非空	M
7	FXZQMC	县级行政区名称	Char	50		非空	M

① 标识码为县级行政区代码。

② 按照《中华人民共和国行政区划代码》(GB/T 2260—2007) 和国家统计局于 2017 年 3 月发布的最新县及县以上行政区划代码，填写 6 位数字码。如果地级市无下辖的县级行政区，县级行政区名称即为市级行政区名称，县级行政区代码即为市级行政区代码 +00，下同。

表A.5　乡镇级行政区划属性结构描述表（属性表名：TXZQ）

序号	字段名称	字段说明	字段类型	字段长度	小数位数	值域	约束条件
1	BSM	标识码①	Long Int	10		>0	M
2	PXZQDM	省级行政区代码	Char	2		非空	M
3	PXZQMC	省级行政区名称	Char	50		非空	M
4	CXZQDM	市级行政区代码	Char	4		非空	M
5	CXZQMC	市级行政区名称	Char	50		非空	M
6	FXZQDM	县级行政区代码	Char	6		非空	M
7	FXZQMC	县级行政区名称	Char	50		非空	M
8	TXZQDM	乡镇级行政区代码②	Char	9		非空	M
9	TXZQMC	乡镇级行政区名称	Char	50		非空	M

① 标识码为乡镇级行政区代码。

② 在现有县级行政区代码的基础上扩展到乡级，即县级行政区代码＋乡级代码，乡镇级代码为3位数字码。

表A.6　行政村级行政区划属性结构描述表（属性表名：XZQ）

序号	字段名称	字段说明	字段类型	字段长度	小数位数	值域	约束条件
1	BSM	标识码①	Long Int	10		>0	M
2	PXZQDM	省级行政区代码	Char	2		非空	M
3	PXZQMC	省级行政区名称	Char	50		非空	M
4	CXZQDM	市级行政区代码	Char	4		非空	M
5	CXZQMC	市级行政区名称	Char	50		非空	M
6	FXZQDM	县级行政区代码	Char	6		非空	M
7	FXZQMC	县级行政区名称	Char	50		非空	M
8	TXZQDM	乡镇级行政区代码	Char	9		非空	M
9	TXZQMC	乡镇级行政区名称	Char	50		非空	M
10	XZQDM	行政村级行政区代码②	Char	12		非空	M
11	XZQMC	行政村级行政区名称	Char	50		非空	M

① 标识码为行政村级行政区代码。

② 在乡级区域代码的基础上扩展到村级，即乡级区域代码＋村级代码，村级代码为3位数字码。

表A.7　详查土壤点位属性结构描述表（属性表名：XCT）

序号	字段名称	字段说明	字段类型	字段长度	小数位数	值域	约束条件
1	BSM	标识码①	Long Int	10		＞0	M
2	PXZQDM	省级行政区代码	Char	2		非空	M
3	PXZQMC	省级行政区名称	Char	50		非空	M
4	CXZQDM	市级行政区代码	Char	4		非空	M
5	CXZQMC	市级行政区名称	Char	50		非空	M
6	FXZQDM	县级行政区代码	Char	6		非空	M
7	FXZQMC	县级行政区名称	Char	50		非空	M
8	TXZQDM	乡镇级行政区代码	Char	9		非空	M
9	TXZQMC	乡镇级行政区名称	Char	50		非空	M
10	XZQDM	行政村级行政区代码	Char	12		非空	M
11	XZQMC	行政村级行政区名称	Char	50		非空	M
12	LON	经度②	Double	20	6	＞0	M
13	LAT	纬度②	Double	20	6	＞0	M
14	YDBM	样点编码③	Char	20		非空	M
15	XCDYBM	详查单元编码④	Char	20		非空	M
16	NYDLX	农用地类型⑤	Char	20		非空	M
17	Cd	镉含量	Double	10	4	＞0	M
18	Hg	汞含量	Double	10	4	＞0	M
19	As	砷含量	Double	10	4	＞0	M
20	Pb	铅含量	Double	10	4	＞0	M
21	Cr	铬含量	Double	10	4	＞0	M
22	pH	pH 值	Double	10	2	＞0	M
23	Cd_CLASS	镉等级⑥	Short Int	1		＞0	M
24	Hg_CLASS	汞等级⑥	Short Int	1		＞0	M

续表

序号	字段名称	字段说明	字段类型	字段长度	小数位数	值域	约束条件
25	As_CLASS	砷等级⑥	Short Int	1		＞0	M
26	Pb_CLASS	铅等级⑥	Short Int	1		＞0	M
27	Cr_CLASS	铬等级⑥	Short Int	1		＞0	M
28	ZH_CLASS	五项综合等级⑦	Short Int	1		＞0	M

① 标识码第一至第六位码（行政区划代码）；第七至第十二位码以县（市、区）为单位，从“000001”开始编码。

② 经纬度应采用坐标系 CGCS_2000，十进制经纬度，小数点保留 6 位数，默认为东经与北纬，如 114.037419（下同）。

③ 农用地详查的点位编码，如 33012206741。

④ 10 位详查单元编码，最后一位为详查单元类型，A 为灌溉水污染型、B 为大气污染型、C 为其他污染型，如 330122025C。

⑤ 农用地类型，ST 为水田，GY 为果园，QT 为其他。

⑥ 等级评价参照《农用地土壤环境质量类别划分技术指南》(环办土壤〔2019〕53 号)。

⑦ 按表层土壤的镉、汞、砷、铅、铬中类别最差的因子确定该点位综合评价结果：优先保护类Ⅰ为 1，安全利用类Ⅱ为 2，严格管控类Ⅲ为 3。

表A.8　详查农产品点位属性结构描述表（属性表名：XCN）

序号	字段名称	字段说明	字段类型	字段长度	小数位数	值域	约束条件
1	BSM	标识码①	Long Int	10		＞0	M
2	PXZQDM	省级行政区代码	Char	2		非空	M
3	PXZQMC	省级行政区名称	Char	50		非空	M
4	CXZQDM	市级行政区代码	Char	4		非空	M
5	CXZQMC	市级行政区名称	Char	50		非空	M
6	FXZQDM	县级行政区代码	Char	6		非空	M
7	FXZQMC	县级行政区名称	Char	50		非空	M
8	TXZQDM	乡镇级行政区代码	Char	9		非空	M
9	TXZQMC	乡镇级行政区名称	Char	50		非空	M
10	XZQDM	行政村级行政区代码	Char	12		非空	M
11	XZQMC	行政村级行政区名称	Char	50		非空	M
12	LON	经度	Double	20	6	＞0	M
13	LAT	纬度	Double	20	6	＞0	M
14	YDBM	样点编码	Char	20		非空	M
15	XCDYBM	详查单元编码	Char	20		非空	M

续表

序号	字段名称	字段说明	字段类型	字段长度	小数位数	值域	约束条件
16	NCPLX	农产品类型②	Char	4		非空	M
17	CdN	镉含量	Double	10	4	＞0	M
18	HgN	汞含量	Double	10	4	＞0	M
19	AsN	砷含量	Double	10	4	＞0	M
20	PbN	铅含量	Double	10	4	＞0	M
21	CrN	铬含量	Double	10	4	＞0	M
22	CdN_CLASS	镉等级③	Short Int	1		＞0	M
23	HgN_CLASS	汞等级③	Short Int	1		＞0	M
24	AsN_CLASS	砷等级③	Short Int	1		＞0	M
25	PbN_CLASS	铅等级③	Short Int	1		＞0	M
26	CrN_CLASS	铬等级③	Short Int	1		＞0	M
27	ZHN_CLASS	五项综合等级④	Short Int	1		＞0	M

① 标识码第一至第六位码（行政区划代码）；第七至第十二位码以县（市、区）为单位，从“000001”开始编码。

② 农产品类型，A 为水稻，B 为小麦，C 为其他。

③ 等级评价参照《农用地土壤环境风险评价技术规定（试行）》（环办土壤函〔2018〕1479 号）：未超标为 1，超标为 2，重度超标为 3。

④ 按点位农产品的镉、汞、砷、铅、铬中类别最差的因子确定该点位农产品综合评价结果：未超标为 1，超标为 2，重度超标为 3。

表A.9　详查评价单元属性结构描述表（属性表名：XCPJDY）

序号	字段名称	字段说明	字段类型	字段长度	小数位数	值域	约束条件	备注
1	BSM	标识码①	Long Int	10		＞0	M	
2	PXZQDM	省级行政区代码	Char	2		非空	M	
3	PXZQMC	省级行政区名称	Char	50		非空	M	
4	CXZQDM	市级行政区代码	Char	4		非空	M	
5	CXZQMC	市级行政区名称	Char	50		非空	M	
6	ZH5_CLASS	五项综合等级	Short Int	1		＞0	M	
7	SUM_NYDTBMJ	单元农用地面积	Double	15	2	＞0	C	单位：m^2
8	XCDYBM	详查单元编码	Char	20		非空	M	

① 标识码第一至第六位码（行政区划代码）；第七至第十二位码以县（市、区）为单位，从“000001”开始编码。

表A.10　其他土壤点位属性结构描述表（属性表名[①]）

序号	字段名称	字段说明	字段类型	字段长度	小数位数	值域	约束条件
1	BSM	标识码[②]	Long Int	10		＞0	M
2	PXZQDM	省级行政区代码	Char	2		非空	M
3	PXZQMC	省级行政区名称	Char	50		非空	M
4	CXZQDM	市级行政区代码	Char	4		非空	M
5	CXZQMC	市级行政区名称	Char	50		非空	M
6	FXZQDM	县级行政区代码	Char	6		非空	M
7	FXZQMC	县级行政区名称	Char	50		非空	M
8	TXZQDM	乡镇级行政区代码	Char	9		非空	M
9	TXZQMC	乡镇级行政区名称	Char	50		非空	M
10	XZQDM	行政村级行政区代码	Char	12		非空	M
11	XZQMC	行政村级行政区名称	Char	50		非空	M
12	LON	经度	Double	20	6	＞0	M
13	LAT	纬度	Double	20	6	＞0	M
14	YDBM	样点编码	Char	20		非空	M
15	NYDLX	农用地类型	Char	20		非空	M
16	Cd	镉含量	Double	10	4	＞0	M
17	Hg	汞含量	Double	10	4	＞0	M
18	As	砷含量	Double	10	4	＞0	M
19	Pb	铅含量	Double	10	4	＞0	M
20	Cr	铬含量	Double	10	4	＞0	M
21	pH	pH 值	Double	10	2	＞0	M
22	Cd_CLASS	镉等级[③]	Short Int	1		＞0	M
23	Hg_CLASS	汞等级[③]	Short Int	1		＞0	M
24	As_CLASS	砷等级[③]	Short Int	1		＞0	M
25	Pb_CLASS	铅等级[③]	Short Int	1		＞0	M
26	Cr_CLASS	铬等级[③]	Short Int	1		＞0	M
27	ZH_CLASS	五项综合等级	Short Int	1		＞0	M
28	XMMC	项目名称[④]	Char	30		非空	M

①依照点位数据的来源命名表名：普查（PCT）、例行监测 (JCT)、多目标地球化学调查（DMBT）、省级其他土壤点位（SJQTT）。

②标识码第一至第六位码（行政区划代码）；第七至第十二位码以县（市、区）为单位，从“000001”开始编码。

③评价等级参照《农用地土壤环境质量类别划分技术指南》（环办土壤〔2019〕53 号）。

④点位数据的项目实际名称，如普查、例行监测、多目标地球化学调查、省级其他项目等。

表A.11　其他农产品点位属性结构描述表（属性表名①）

序号	字段名称	字段说明	字段类型	字段长度	小数位数	值域	约束条件
1	BSM	标识码②	Long Int	10		＞0	M
2	PXZQDM	省级行政区代码	Char	2		非空	M
3	PXZQMC	省级行政区名称	Char	50		非空	M
4	CXZQDM	市级行政区代码	Char	4		非空	M
5	CXZQMC	市级行政区名称	Char	50		非空	M
6	FXZQDM	县级行政区代码	Char	6		非空	M
7	FXZQMC	县级行政区名称	Char	50		非空	M
8	TXZQDM	乡镇级行政区代码	Char	9		非空	M
9	TXZQMC	乡镇级行政区名称	Char	50		非空	M
10	XZQDM	行政村级行政区代码	Char	12		非空	M
11	XZQMC	行政村级行政区名称	Char	50		非空	M
12	LON	经度	Double	20	6	＞0	M
13	LAT	纬度	Double	20	6	＞0	M
14	YDBM	样点编码	Char	20		非空	M
15	NCPLX	农产品类型	Char	4		非空	
16	CdN	镉含量	Double	10	4	＞0	M
17	HgN	汞含量	Double	10	4	＞0	M
18	AsN	砷含量	Double	10	4	＞0	M
19	PbN	铅含量	Double	10	4	＞0	M
20	CrN	铬含量	Double	10	4	＞0	M
21	CdN_CLASS	镉等级③	Short Int	1		＞0	M
22	HgN_CLASS	汞等级③	Short Int	1		＞0	M
23	AsN_CLASS	砷等级③	Short Int	1		＞0	M
24	PbN_CLASS	铅等级③	Short Int	1		＞0	M
25	CrN_CLASS	铬等级③	Short Int	1		＞0	M
26	ZHN_CLASS	五项综合等级	Short Int	1		＞0	M
27	XMMC	项目名称④	Char	30		非空	M

① 依照点位数据的来源命名表名：普查农产品点位（PCN）、例行监测农产品点位（JCN）、省级其他农产品点位（SJQTN）。

② 标识码第一至第六位码（行政区划代码）；第七至第十二位码以县（市、区）为单位，从“000001”开始编码。

③ 评价等级参照《农用地土壤环境质量类别划分技术指南》（环办土壤〔2019〕53 号）。

④ 点位数据的项目实际名称，如普查、例行监测、省级其他项目等。

表A.12　类别划分成果属性结构描述表（属性表名：LBHF）

序号	字段名称	字段说明	字段类型	字段长度	小数位数	值域	约束条件	备注
1	BSM	标识码①	Long Int	10		＞0	M	
2	PXZQDM	省级行政区代码	Char	2		非空	M	
3	PXZQMC	省级行政区名称	Char	50		非空	M	
4	CXZQDM	市级行政区代码	Char	4		非空	M	
5	CXZQMC	市级行政区名称	Char	50		非空	M	
6	FXZQDM	县级行政区代码	Char	6		非空	M	
7	FXZQMC	县级行政区名称	Char	50		非空	M	
8	TXZQDM	乡镇级行政区代码	Char	9		非空	M	
9	TXZQMC	乡镇级行政区名称	Char	50		非空	M	
10	QSDWDM	权属单位代码	Char	19		非空	M	
11	QSDWMC	权属单位名称	Char	50		非空	M	
12	ZLDWDM	坐落单位代码	Char	19		非空	M	
13	ZLDWMC	坐落单位名称	Char	50		非空	M	
14	DLBM	地类编码	Char	10		非空	M	
15	DLMC	地类名称	Char	10		非空	M	
16	TBDLMJ	图斑地类面积	Double	20	2	非空	M	单位：m^2
17	Cd_CLASS	镉等级	Short Int	1		＞0	M	
18	Hg_CLASS	汞等级	Short Int	1		＞0	M	
19	As_CLASS	砷等级	Short Int	1		＞0	M	

续表

序号	字段名称	字段说明	字段类型	字段长度	小数位数	值域	约束条件	备注
20	Pb_CLASS	铅等级	Short Int	1		＞0	M	
21	Cr_CLASS	铬等级	Short Int	1		＞0	M	
22	ZH_CLASS	五项综合等级	Short Int	1		＞0	M	
23	LBBM	类别编码①	Char	20		非空	M	
24	DLWZ	地理位置②	Char	200		非空	M	
25	MJ_MU	面积③	Char	10		非空	M	单位：亩（1 亩 =666.67m^2）
26	CNZZNZW	常年主栽农作物④	Char	2		非空	M	
27	TRMBWRW	土壤目标污染物⑤	Char	20		非空	M	
28	ZLLB	质量类别⑥	Char	5		非空	M	
29	XCWFNY	现场为非农用⑦	Char	5		见表注⑦	M	

① 类别编码如下：（1）第一至第六位码（行政区划代码），按照《中华人民共和国行政区划代码》（GB/T 2260—2007）和国家统计局于 2017 年 3 月发布的最新县及县以上行政区划代码（截至 2016 年 7 月 31 日）进行编码；（2）第七至第十二位码（耕地土壤环境质量类别单元代码），以县（市、区）为单位，按照从北至南、从西至东编码，从“000001”开始编码；（3）第十三位码（耕地土壤环境质量类别代码），优先保护类为Ⅰ，安全利用类为Ⅱ，严格管控类为Ⅲ。详查单元外的优先保护类耕地，可由各地根据耕地的物理边界、地块边界或权属边界等，因地制宜确定其边界，参照上述要求进行编码。飞地按照地类图斑归属地属性进行统计。标识码为类别编码的第一至第十二位码。

② 用类别单元的外包矩形边界描述（即经纬度范围），填写格式如下：经度（x_{min}–x_{max}），纬度（y_{min}–y_{max}）。采用坐标系 CGCS_2000，十进制经纬度，小数点保留 6 位数，默认为东经与北纬，如 114.037419。

③ 指该边界核实和优化调整后的类别划分单元耕地面积，结果需四舍五入后保留整数。

④ 常年主栽的作物类别代码：水稻（A）；小麦（B）；其他（C）。

⑤ 填写镉、汞、砷、铅和铬 5 种重金属中超标程度最重的元素。

⑥ 质量类别：优先保护类为Ⅰ，安全利用类为Ⅱ，严格管控类为Ⅲ。

⑦ 指边界核实后耕地是否发生土地变更转为非农用地，如果发生，填写“是”，如果未发生，则为空。

索引

W

X

Y

Z

其它

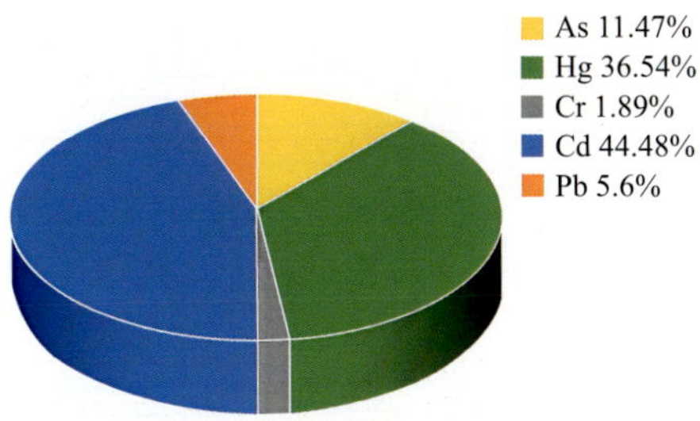

图 3-3　重金属元素对潜在生态危害的贡献率

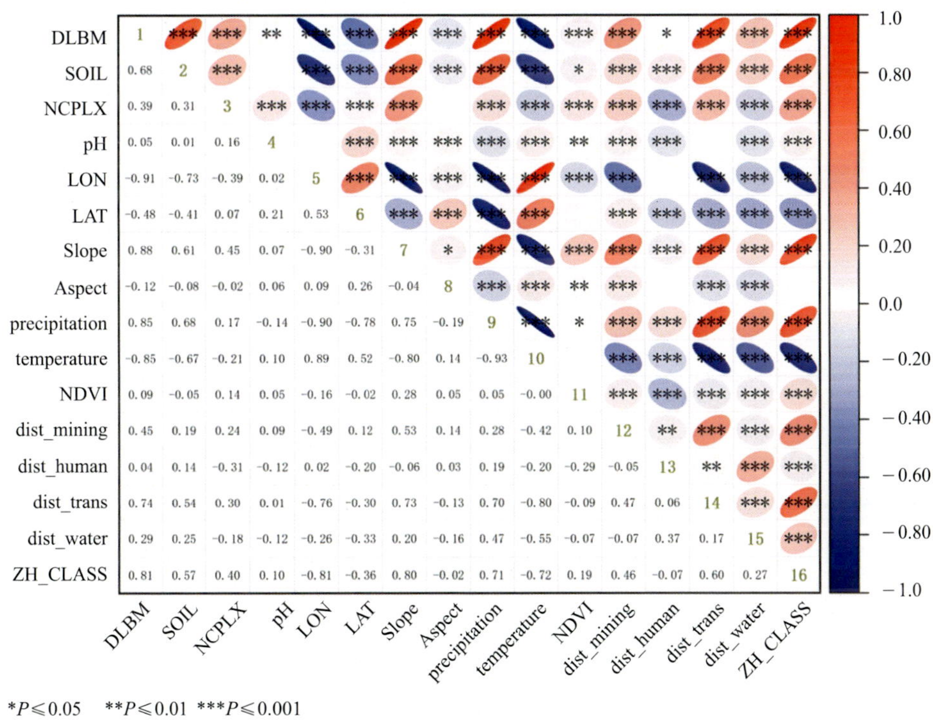

图 5-8　相关性分析

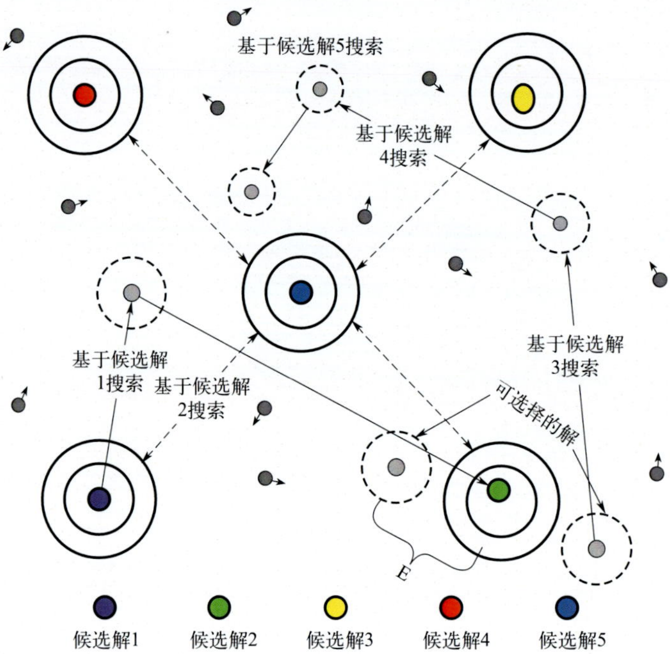

图 6-2　平衡优化器原理

（E 代表可选解与候选解的距离）

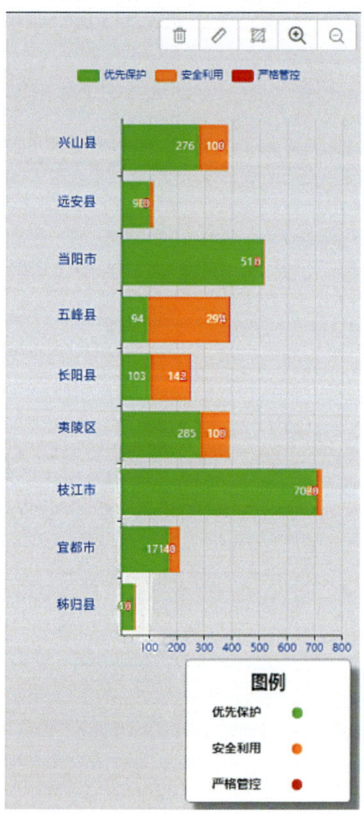

图 6-6　点位评价专题展示功能

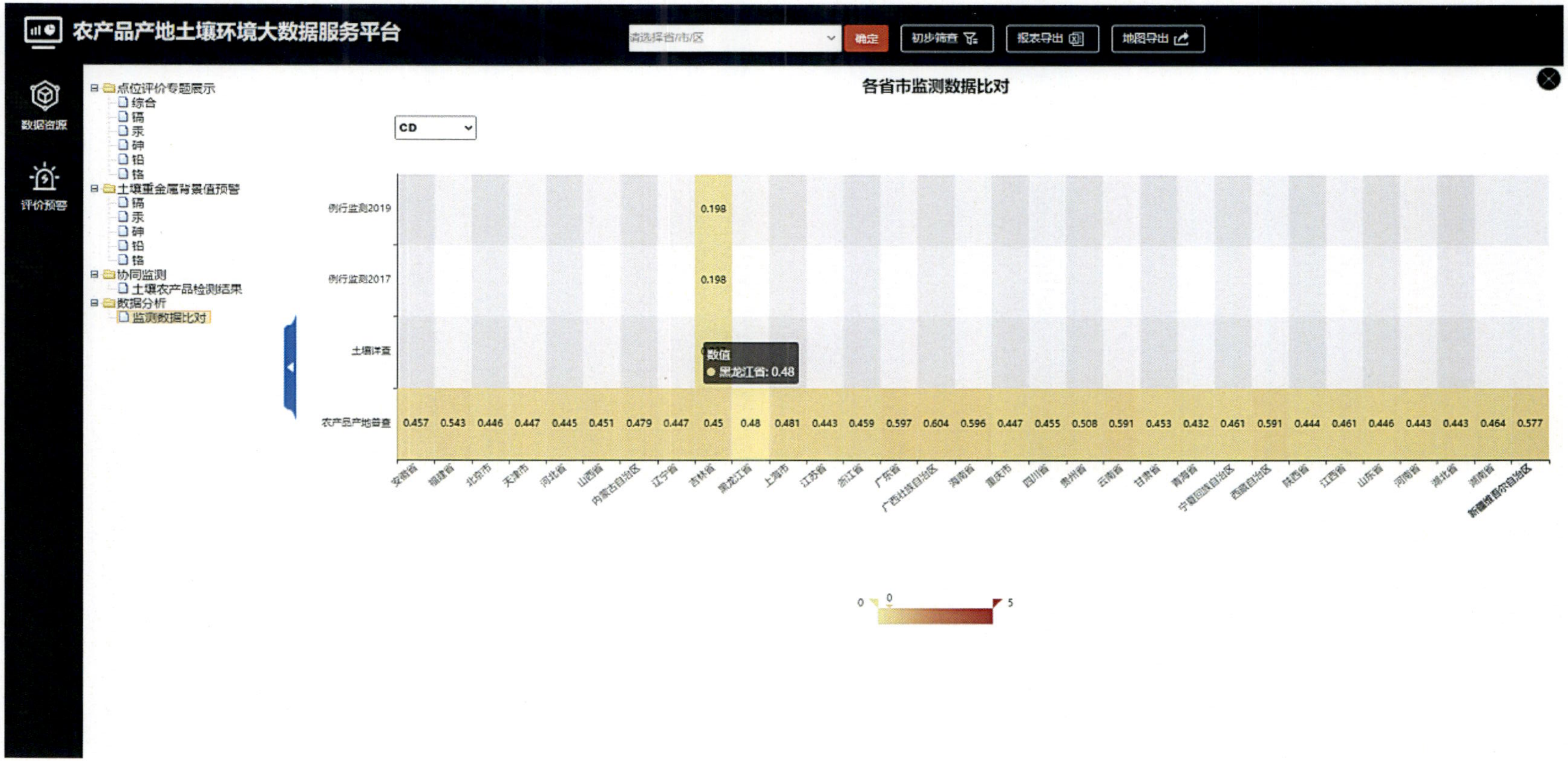
农产品产地土壤环境大数据服务平台
请选择省/市/区
确定
初步筛查
报表导出
地图导出
数据资源
评价预警
点位评价专题展示
综合
镉
汞
砷
铅
铬
土壤重金属背景值预警
镉
汞
砷
铅
铬
协同监测
土壤农产品检测结果
数据分析
监测数据比对
各省市监测数据比对
CD
例行监测2019
例行监测2017
土壤详查
农产品产地普查
0.198
0.198
数值
黑龙江省: 0.48
0.457 0.543 0.446 0.447 0.445 0.451 0.479 0.447 0.45 0.48 0.481 0.443 0.459 0.597 0.604 0.596 0.447 0.455 0.508 0.591 0.453 0.432 0.461 0.591 0.444 0.461 0.446 0.443 0.443 0.464 0.577
安徽省 福建省 北京市 天津市 河北省 山西省 内蒙古自治区 辽宁省 吉林省 黑龙江省 上海市 江苏省 浙江省 广东省 广西壮族自治区 海南省 重庆市 四川省 贵州省 云南省 甘肃省 青海省 宁夏回族自治区 西藏自治区 陕西省 江西省 山东省 河南省 湖北省 湖南省 新疆维吾尔自治区
0
0
5

图 6-9 数据分析功能

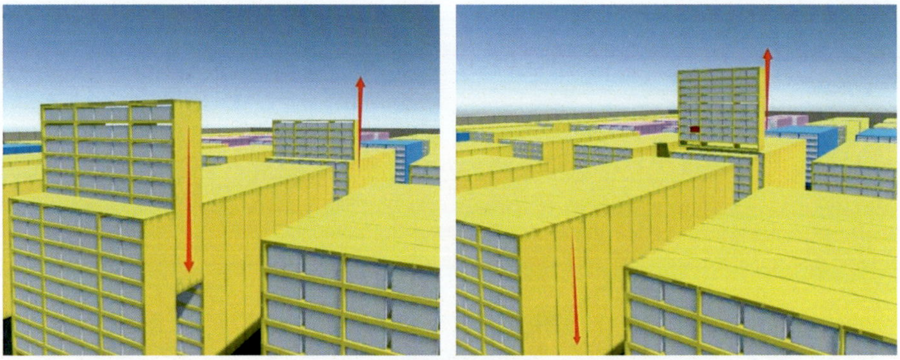

图 7-42　原货架降落目标货架升起动画

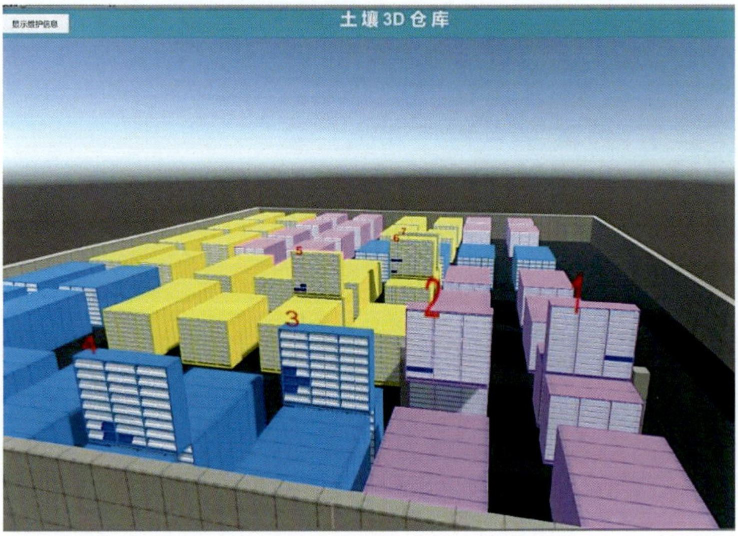

图 7-45　3D 仓库的维护信息显示